中央空调
设计及典型案例

张国东 主编

CENTRAL
AIR
CONDITIONING
Design and Typical Cases

U0208323

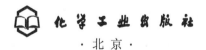

化学工业出版社

·北京·

本书内容主要介绍了中央空调基础理论，中央空调冷负荷与送风量，中央空调风系统，中央空调水系统，中央空调冷热源及机房设计，中央空调系统的消声、防振与防火排烟设计等内容，同时分析了中央空调设计中存在的问题和典型实例。本书内容丰富、图文并茂，在强调实用性的前提下，充分重视内容的先进性，较好地与现行最新国家设计规范和施工安装规范保持一致，对于提高从业者职业素质，掌握中央空调设计的职业能力有较大的帮助和指导作用。

　　本书除适用于高职、中职制冷专业作为专业教学教材外，也可用于劳动和社会保障系统、社会力量办学以及其他培训机构所举办的培训教学，还适用于各级各类职业技术学校举办的中短期培训教学，以及企业内部的培训教学。

图书在版编目（CIP）数据

　　中央空调设计及典型案例/张国东主编 . —北京：化学工业出版社，2017.1（2023.2重印）
　　ISBN 978-7-122-28571-3

　　Ⅰ.①中… Ⅱ.①张… Ⅲ.①集中空气调节系统-系统设计-案例　Ⅳ.①TB657.2

　　中国版本图书馆 CIP 数据核字（2016）第 287015 号

责任编辑：辛　田　　　　　　　　　　　文字编辑：冯国庆
责任校对：边　涛　　　　　　　　　　　装帧设计：王晓宇

出版发行：化学工业出版社（北京市东城区青年湖南街 13 号　邮政编码 100011）
印　　装：北京虎彩文化传播有限公司
787mm×1092mm　1/16　印张 16　字数 398 千字　2023 年 2 月北京第 1 版第 9 次印刷

购书咨询：010-64518888　　　　　　　售后服务：010-64518899
网　　址：http：//www.cip.com.cn
凡购买本书，如有缺损质量问题，本社销售中心负责调换。

定　　价：58.00 元

　　伴随着我国经济的高速发展，在各种大中型企业、民用建筑、娱乐场所及购物中心等普遍使用中央空调系统来对空气进行调节。中央空调的使用极大地改善了人们的工作和生活环境，它已成为了现代社会的必要技术装备。随之，各地对经过训练的应用型空调专业技术人才的需求也越来越多。为适应这种需要，笔者编写了此书。

　　本书共7章，内容主要包括中央空调基础理论，中央空调冷负荷与送风量，中央空调风系统，中央空调水系统，中央空调冷热源及机房设计，中央空调系统的消声、防振与防火排烟设计等内容，并分析了中央空调设计中存在的问题和典型实例。

　　本书内容丰富、图文并茂，在强调实用性的前提下，充分重视内容的先进性，较好地与现行最新国家设计规范和施工安装规范保持一致，对于提高从业者职业素质，掌握中央空调设计的职业能力有较大的帮助和指导作用。

　　本书除适用于高职、中职制冷专业作为专业教学教材外，也可用于劳动和社会保障系统、社会力量办学以及其他培训机构所举办的培训教学，还适用于各级各类职业技术学校举办的中短期培训教学，以及企业内部的培训教学。

　　本书由张国东担任主编，冯飞任副主编。编写分工如下：第1、2章冯飞，第3、4章陶洁，第5～7章张国东。本书在编写过程中，得到了魏龙、张蕾、金良、蒋李斌、沈宫新、李建雄、张桂娥等的大力帮助，在此一并表示衷心感谢。

　　限于笔者的水平，书中疏漏之处在所难免，敬请广大读者批评指正。

编　者

第6章　中央空调系统的消声、防振与防火排烟设计/143

第7章　中央空调设计实例/165

第 1 章

中央空调基础理论

为满足人们生活和生产科研活动对室内气候条件的要求，需要对空气进行适当的处理，使室内空气的温度、湿度、洁净度和气流速度等保持在一定的范围内。这种制造人工室内气候环境的技术措施称为空气调节，简称空调。将室内的温度和湿度保持在一定的范围内是空调最基本的任务。

1.1 中央空调的任务和发展方向

根据服务对象不同，空调分为舒适性空调和工艺性空调两大类。舒适性空调以室内人员为对象，着眼于制造出满足人体卫生要求、使人感到舒适的室内气候环境。民用建筑和公共建筑的空调多属于舒适性空调。工艺性空调主要以工艺过程为对象，着眼于制造符合工艺过程（包括物品储存和设备运转）所要求的室内气候环境，同时尽量兼顾人体的卫生要求。车间、仓库、电子计算机房、程控交换机房等的空调属于工艺性空调。

按空调设备设置情况的不同，空调系统可分为局部机组式、半集中式和集中式三类。

局部机组式系统的特点是将具有完整系统的独守式空调器（自身具有制冷系统）直接安装在各个要求有空调的房间内。例如，在各空调房间内分散安装窗式空调器或分体式空调器等。因此，局部机组式系统又称全分散系统。

半集中式系统的特点是将空调用冷热源装置集中安装在中央机房内，各空调房则采用不带制冷系统的非独立式空调器，如诱导器、风机盘管空调器或不带制冷系统的柜式空调器。这种系统需用输送冷热媒（冷水或热水）的管道，将中央机房内的冷源（冷水机组）、热源（热水器或中央热水机组）、循环水泵和空调房内的空调机换热器（水-空气换热器）盘管连接起来。

集中式系统的特点是设有专用的空调机房，新风（室外新鲜空气）和回风（室内循环空气）经由新风管及回风管或直接在机房上开设的新风口与回风口进入机房混合，再经空调机集中处理后，由送风管道输送到各送风口，送入空调房间。它可以是一个大型房间设一个或几个空调机房，也可以是多个中小型房间共用同一个空调机房。集中式系统采用的空调机，根据是否设中央机房集中生产和供应冷热媒，相应选用非独立式或独立式机组。

工程上通常将集中式和半集中式空调系统统称为中央空调系统。宾馆和多功能大型综合楼的中央空调系统，一般都没有中央机房，并且楼中的餐厅、商场、舞厅、展览厅、营业厅、大会议室、半间隔的大统间办公室等多采用集中式系统；而中小型会议室、办公室和客房等则采用风机盘管加独立新风系统。对于局部机组式系统小的局部机组，如果其制冷系统冷凝方式为水冷却，则可以通过水管将若干台局部机组串接起来形成一个系统，共用一台或一组冷却塔。这种集中冷却的系统组成方式，称作集中冷却分散型机组系统，也可以视为中央空调系统的一种。

1.1.1 中央空调的任务

中央空调的任务就是要对空气进行调节和控制，使其达到所要求的室内空气环境。其具体任务如下。

（1）创造出适合人体舒适感的室内空气环境 由于室内空气环境对人体的舒适感有着非常重要的作用，因此创造人体舒适感所要求的室内空气环境，就成为空调工作的首要任务。如要求室内空气温度为 $24℃\pm1℃$，相对湿度为 $55\%\pm5\%$，那么空调工作不仅要保持24℃的温度基数和55％的湿度基数，而且还要确保±1℃的温度精度、±5％的湿度精度（即允许温度、湿度的波动范围）以及较高的新鲜度和洁净度。

（2）满足工艺生产所需求的室内空气环境　某些工艺生产的工序对温度、湿度环境要求极高，温度、湿度条件不仅直接影响生产工序的正常进行，而且还影响着产品的产量和质量。

（3）排除室内有害气体和集中散发的热量与湿量　舒适空调房间的二氧化碳及卫生间的不良气味，工艺空调的生产车间所产生的有毒、有味等有害气体，以及大量散发热量和湿量的局部部位，均需通过它调节排风设施予以消除，这样才能获得一个良好的室内空气环境。

1.1.2　中央空调的发展方向

影响人的舒适与健康最为直接的因素就是建筑室内环境。　人们运用中央空调技术创造了美好的建筑室内环境，同时却使室外自然环境遭到破坏。　氯氟烃（CFC）制冷剂正在破坏保护人类生存的大气臭氧层，大量化石能源的使用使得可供利用的自然资源日益枯竭，大气、水和土壤正受到污染，夏季空调排出的热也造成"热岛"现象，恶化了所处的城市环境。　为了贯彻可持续发展战略，建筑与空调未来的发展必须坚持"绿色建筑"和"绿色空调"的方向。

所谓"绿色建筑"就是指能为建筑中的人提供健康、舒适、安全、方便的室内环境，而又不损害周边、区域乃至全球环境，充分开发利用可再生能源和高效利用自然资源的建筑，同时，符合这种条件的空调称为"绿色空调"。

"绿色空调"是中央空调发展的必然方向。　总部设在澳大利亚的"世界绿色建筑委员会"为推动全世界"绿色建筑"与"绿色空调"起了重大作用，中国的"绿色建筑"也已在北京、深圳和哈尔滨等地展开。

未来几年，中国商用中央空调行业仍将保持发展势头，商用中央空调企业之间的差距有可能进一步加大，企业要想在激烈的市场中取胜，必须准确给自己定位，在提升企业整体实力的同时，应加大技术与产品创新的力度，整合企业内部与外部资源。

1.2　国内常用中央空调的市场布局

我国本土空调企业涉足中央空调市场已经有20余年，在新近的10年强势崛起，并在市场占据一席之位。　本土空调品牌近年来在家用空调市场做出了很大的成绩。　随着格力、美的、海尔、志高等空调企业的不断成长壮大，家用空调市场逐渐"驱逐"了外资品牌，成为我国家用空调市场的领军企业，牢牢掌握市场主动权。　国产品牌不比国外品牌差的想法逐渐深入人心，这在很大程度上为国内一线空调企业积累了良好的信誉和口碑，为本土品牌开拓中央空调市场奠定了一定的群众基础。

2014年共有15个企业的出货额超过10亿元，总出货额占整个中国中央空调市场的比例达到了84.6％。　同时，出货额在5亿元以上的品牌数量同比2013年也增加了2个。　在这些主导乃至主流品牌的拉动下，2014年中国中央空调市场在经济环境和行业环境均不太理想的情况下实现总容量的继续攀升，总出货额突破700亿元大关，同比2013年增长9.0％。

然而，到了2015年，国内外经济复杂多变，全球经济表现出极为复杂的走势。　诸多不利因素的叠加，带给中国中央空调产业巨大的压力。　不仅对中央空调产业链的盈利生存构成威胁，而且对行业的信心打击巨大。　截止到2015年底，行业出货总量约为600.5

亿元，较之 2014 年同比下滑 7.04％，自 2008 年全球金融危机以来回落最大，也是 2013 年、2014 年连续两年增长后的再次回落。 回顾总结 2015 年中国中央空调市场，特点明显，主要体现在以下几个方面。

（1）需求结构发生变化 国内中央空调的需求，以往集中在工业和大型项目上，随着工业化的逐步完成和城镇化进程加速，已经被以个人居住、生活改善、商业娱乐等消费类需求所取代。

（2）需求区域有所变化 国内中央空调市场以往都是集中在大中城市，县级以下的乡镇很少有所涉及。 随着大中城市的需求饱和，加上城镇化的步伐始终没有停歇，由此带来的需求和商机不容忽视。 因此，中央空调从大中城市向中小城市再向县以下小城镇延伸已经成为一种趋势，其潜在商机非常巨大。

（3）从互联网思维到互联网做法的落地 2015 年，依靠互联网的融资平台在中央空调领域出现，共享众筹模式的落地，对资金需求比较大的中央空调来说，无疑是一个从资金层面的大变革，为行业融资开辟了一个前所未有的新模式。

（4）价格战带来的盈利水平大幅下滑 中央空调行业还处于竞争并不充分的发展时期。 为了争夺市场和客户资源，一些厂家采取了低利润的竞争手法。 相关数据显示，2015 年，行业单品平均利润水平下降至少在 20％以上。 由此带来的利润下滑，甚至亏损经营，已经伤害到行业的健康有序发展。

（5）去库存，为上年买单 2015 年的行业库存高，从某种意义上说是 2014 年度厂家过度营销的结果。 2014 年，整体经济开始回落，压货模式引进到中央空调领域，巨大的市场压力转嫁给代理商，造成虽然 2014 年经济不景气，但中央空调行业依然增长超过 10％。 进入 2015 年，经济环境依旧没有改观，而累积的库存显现出巨大压力。 造成 2015 年行业围绕去库存展开营销活动，同时也是造成价格战的根本性原因。

（6）"抱团取暖"成为新的生存方式 2015 年，为抗衡市场低迷而出现的业内并购或合作要比往年频繁。 如开利分别与美的、天加展开深度合作，美的同时与博世取得合作。 市场上原本的激烈竞争关系，在环境的催逼下转换成竞合关系。

（7）产业链上下游连带受到冲击 在中央空调前几年高速增长时期，带动了上游的压缩机、制冷剂、铜管等产能的扩展，产能过剩的情况逐渐显现出来。 随着 2015 年需求的萎缩，压缩机、制冷剂等主流厂家逐步停止扩展步伐，原计划新投产的产能也放缓周期。 不仅限于上游，与中央空调相伴而生的设计院，在 2015 年启动了裁员和降薪的"瘦身"办法，以图度过运营的艰难时期。

（8）各大品牌表现基本一致 虽然 2015 年的市场并不理想，但品牌格局却是相对稳定的，不仅退出或新进品牌甚少，而且品牌排序上与 2014 年相比几乎没有大的变化，平稳发展是新常态。 可以说，各自耕耘、难有突破、格局稳定，是当前中央空调产业格局的最大特点。

（9）机型特征"大弱小强" 市场销量萎缩，各类机型全部出现销量回落。 冷水机组（离心机、风冷螺杆机、水冷螺杆机、模块机）、制冷剂变流量机组（变频多联机与数码多联机）、溴化锂机组、水地源热泵机组、单元机组、末端共 6 大主流产品系列，在 2015 年全面呈现走弱态势，而小型机组则略有上升。

近年来，我国中央空调企业依然没有走出劳动密集型的生产模式，相比较而言，真正的自有技术还比较少，在综合实力上依旧处于劣势。 国产品牌在小型机组的市场占有率虽然抢眼，但是在高端市场，与外资品牌仍有一定差距。 而且这种差距有可能会进一步加大，本土企业要想在激烈的市场竞争中取胜，除准确定位外，还要持续加大技术与产品创新的力度，在提升企业整体实力的同时，整合企业内部与外部资源，这样才能在未来中央空调行业集中度越来越高的时候，不被淘汰出局。

1.3 中央空调的调节对象——湿空气

1.3.1 湿空气的组成

通常空气中总或多或少地含有一些水蒸气，含有水蒸气的空气称为湿空气；完全不含水蒸气的空气则称为干空气。由于地球表面的水分蒸发，大气中总是含有一些水蒸气的。因此自然界中存在的空气都是干空气与水蒸气的混合物，即湿空气。

存在于湿空气中的干空气，由于其组成成分不发生变化，所以可将其当作一个整体，并可视为理想气体；存在于湿空气中的水蒸气，由于其分压力很低，比体积很大，一般处于过热状态，所以也可视为理想气体。因此，由干空气和水蒸气组成的湿空气，可视为理想混合气体。它仍然遵循理想气体的有关规律，其状态参数之间的关系，也可用理想气体状态方程来描述。

1.3.2 湿空气的状态参数

1.3.2.1 压力

空气的压力就是当地的大气压，用符号 p_b 表示，国际单位为帕斯卡（Pa）。

正如空气是由干空气和水蒸气两部分组成的一样，根据道尔顿分压定律，空气的压力 p_b 也是由干空气压力和水蒸气压力两部分组成的，即

$$p_b = p_g + p_v \tag{1-1}$$

式中 p_g——干空气的分压力；

p_v——水蒸气的分压力。

在空调系统中，空气的压力是用仪表测量出来的，但仪表显示的压力不是空气的绝对压力值，而是"表压"，即空气的绝对压力与当地大气压力的差值。只有空气的绝对压力才是其基本状态参数，一般情况下，凡未指明的工作压力均应理解为绝对压力。

根据湿空气中水蒸气所处状态（p_v, t）的不同，可以把湿空气分为饱和湿空气和不饱和湿空气。

如果湿空气中所含的水蒸气为干饱和蒸汽，则湿空气为饱和湿空气；如果湿空气中所含的水蒸气为过热蒸汽，则湿空气为不饱和湿空气。一定温度时湿空气中水蒸气的分压力 p_v 如果等于该温度下水蒸气的饱和压力 p_{sa}，那么此时的水蒸气为饱和蒸汽，湿空气为饱和湿空气；如湿空气中水蒸气的分压力 p_v 小于同样温度下水蒸气的饱和压力 p_{sa}，则此时的水蒸气为过热蒸汽，湿空气为不饱和湿空气。

在 $p\text{-}V$ 图上可以表示湿空气中水蒸气的状态，如图 1-1 所示。图 1-1 中 A 点表示温度为 t 的水蒸气，其分压力为 p_v，对应于 t 的饱和水蒸气的分压力为 p_{sa}，由于 $p_v < p_{sa}$，此时的水蒸气为过热蒸汽，湿空气为不饱和湿空气。

如果湿空气的温度 t 保持不变，增加水蒸气的含量，则水蒸气的分压力 p_v 也相应增大，水蒸气状态沿等温线 A→B 移动到 B 点而达到饱和状态，此时水蒸气的分压力为 $p_v = p_{sa}$，水蒸气为饱和水蒸气，相应的湿空气为饱和湿空气。在饱和湿空气中水蒸气的含量达到最大限度，除非湿空气的温度升高，否则水蒸气的含量不会再

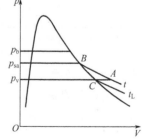

图 1-1　湿空气中的水蒸气 $p\text{-}V$ 图

增加。 当湿空气的温度升高，则相应温度下的水蒸气的饱和压力也相应升高，即湿空气中饱和水蒸气的分压力也随之增加，此时的湿空气已不是饱和湿空气。 所以，饱和湿空气中水蒸气的含量达到最大值，不可能再增加。 如果增加则将以水滴的形式分离出来。

综上所述，湿空气中可容纳的水蒸气的数量是有限的。 在一定温度下，水蒸气分压力越大，则湿空气中水蒸气的含量越多，空气越潮湿，所以湿空气中水蒸气分压力的大小直接反映了湿空气的干湿程度。

实际上除了在接近水面的地方或潮湿的草地处且空气流动不好的情况下，大气中水蒸气分压力 p_v 一般总是小于对应温度下的水蒸气饱和压力 p_{sa}，所以，平常接触的湿空气一般都是不饱和湿空气。

1.3.2.2 温度

温度是描述空气冷热程度的物理量，主要有三种表示方法，即摄氏温标、华氏温标和热力学温标（又称绝对温标或开氏温标）。

摄氏温标用符号 t 表示，单位是℃；华氏温标用符号 t_f 表示，单位是℉；热力学温标用符号 T 表示，单位是 K。 三种温标间的换算关系如下。

$$T = t + 273 \tag{1-2}$$

$$t = T - 273 \tag{1-3}$$

$$t_f = \frac{9}{5}t + 32 \tag{1-4}$$

就湿空气而言，还有三种特殊的描述其温度的参数，即干球温度、湿球温度和露点温度。

（1）干球温度 干球温度可以直接由普通温度计在空气中测得，是指将温度计的测温头（感温部分）直接暴露于空气中所测得的温度，也称为湿空气的真实温度，以符号 t 表示。

干球温度只能反映湿空气的测量温度，并不能反映出湿空气中水蒸气含量的多少和湿空气是否还具有吸收水蒸气的能力。

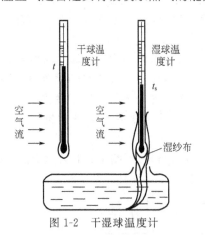

图 1-2 干湿球温度计

（2）湿球温度 如图 1-2 所示为干湿球温度计。其中没有包纱布的温度计是干球温度计，它所测的是湿空气的干球温度 t。 另一支温度计的感温部分包有浸于水中的湿纱布，该温度计称为湿球温度计。 将湿球温度计置于温度和湿度均不变的空气流中，且保持纱布的湿润状态，当达到稳定状态时，温度计指示的温度称为湿球温度，以符号 t_s 表示。

湿球温度的测量原理如下：如果湿空气是不饱和的，湿纱布中的水将向空气中蒸发而吸收水的热量使水温降低，形成空气与水之间的传热温差，热量将由空气传给湿纱布中的水，若水蒸发所需的热量大于空气向水传递的热量时，则水温继续下降，直到纱布表面水蒸发所需的热量正好等于空气向水传递的热量时，纱布中的水温则不再下降，达到平衡，这个稳定的温度就称为湿球温度。 整个蒸发和传热过程可以近似看作是定焓过程。 由此可以看出，湿球温度的高低取决于湿空气的温度和湿度。 当空气的温度一定时，湿度越大，测得的湿球温度越接近空气的干球温度；当空气中的水蒸气达到饱和状态时，测得的湿球温度与干球温度相等。 为保证测量准确，空气的流速不应低于 5m/s。

（3）露点温度　对不饱和的湿空气，保持其含湿量不变，即保持 p_v 不变，逐渐降低温度，其状态将沿等压线变化。如图1-1中，由 $A \rightarrow C$，这时的温度即对应于水蒸气分压力 p_v 下的饱和温度，也即此时水蒸气的分压力 p_v 等于该温度下水蒸气的饱和压力 p_{sa}，水蒸气达到饱和状态，湿空气也成为饱和湿空气。如果继续降温，则湿空气中的水蒸气将开始凝结成水滴从湿空气中分离出来，称为结露。开始结露时的温度称为露点温度，简称为露点，用符号 t_L 表示。所以露点温度就是湿空气中水蒸气分压力 p_v 所对应的饱和温度。空气中水蒸气的含量高时水蒸气分压力 p_v 就大，它所对应的饱和温度即露点温度 t_L 就高；反之空气中的水蒸气含量低，则 t_L 就低。

无论在工程中还是生活中，结露现象都是普遍存在的。秋天早晨室外花草树叶上的露水，冬天房屋窗玻璃内侧的水雾，空调机组蒸发器表面的水珠等，都是由于湿空气遇到了低于其露点温度的冷表面时，其中水蒸气凝结为水的结露现象。在空气调节中，常常利用露点来控制空气的干、湿程度，如果空气太潮湿，就可将其温度降至其露点温度以下，使多余的水蒸气凝结为水析出去，从而达到去湿的目的。这一结露过程就是湿空气处理过程中的冷却干燥过程。

当露点温度 t_L 低于 0℃ 时，如湿空气的温度等于露点温度，那么水蒸气就直接凝固为冰，称为结霜。因此，根据露点温度可以预报是否有霜冻。露点温度 t_L 是湿空气的一个重要参数。

（4）干球温度、湿球温度与露点温度之间的关系　除干球温度外，湿球温度、露点温度都与湿空气中的水蒸气的含量有关，所以当空气为不饱和湿空气时，$t > t_s > t_L$；当空气为饱和湿空气时，$t = t_s = t_L$。

1.3.2.3　密度和比体积

空气的密度是指每立方米空气中干空气的质量与水蒸气的质量之和，用表示 ρ，单位为 kg/m³。

空气的比体积是指单位质量的空气所占有的体积，用符号 v 表示，单位为 m³/kg，因此空气的密度与比体积互为倒数关系，即

$$\rho = \frac{1}{v} \tag{1-5}$$

1.3.2.4　湿空气的湿度

湿空气中水蒸气的含量称为湿度。空气的湿度有绝对湿度、相对湿度和含湿量三种表示方法。

（1）绝对湿度　每立方米湿空气中所含水蒸气的质量，称为绝对湿度。由于湿空气中的水蒸气也充满了湿空气的整个体积，所以绝对湿度在数值上等于在湿空气的温度和水蒸气的分压力 p_v 下水蒸气的密度 ρ_v，单位为 kg/m³。其定义式为

$$\rho_v = \frac{m_v}{V} \tag{1-6}$$

根据理想气体状态方程，可得

$$\rho_v = \frac{p_v}{R_{g,v} T} \tag{1-7}$$

式中　$R_{g,v}$——水蒸气的气体常数，$R_{g,v} = 461.5 \mathrm{J/(kg \cdot K)}$。

绝对湿度只能说明湿空气中实际所含水蒸气的多少，而不能说明湿空气的干、湿程度或吸湿能力的大小。为此，引入了相对湿度的概念。

（2）相对湿度　湿空气的绝对湿度与同温度下饱和湿空气的绝对湿度之比称为相对

湿度，用符号 φ 表示。 其定义式为

$$\varphi = \frac{\rho_v}{\rho_{sa}} \tag{1-8}$$

相对湿度反映了不饱和湿空气接近同温度下饱和湿空气的程度，或湿空气中水蒸气接近饱和状态的程度，因此又称为饱和度。

显然，相对湿度是一个位于 0～1 之间的数值。 其大小反映了湿空气的干、湿程度或吸湿能力。 φ 值越小，湿空气越干燥，吸湿能力越强；相反，φ 值越大，湿空气越潮湿，吸湿能力越弱；当 $\varphi = 1$ 时，为饱和湿空气，不具有吸湿能力。

根据理想气体状态方程，可得

$$\rho_v = \frac{p_v}{R_{g,v} T}$$

$$\rho_{sa} = \frac{p_{sa}}{R_{g,v} T}$$

于是，有

$$\varphi = \frac{p_v}{p_{sa}} \times 100\% \tag{1-9}$$

由式（1-9）可知，在一定温度下，水蒸气的分压力越大，相对湿度也就越大，湿空气越接近饱和湿空气。

（3）含湿量　在湿空气的处理过程中，往往干空气的质量不发生变化，变化的是水蒸气的质量，因此为了计算方便，常常以 1kg 的干空气为计算标准。 为此，引出了含湿量的概念。

含有 1kg 干空气的湿空气中所含有的水蒸气质量称为含湿量或比湿度，它是湿空气中水蒸气的质量 m_v 与干空气的质量 m_a 的比值。 用符号 d 表示，单位为 kg/kg（干空气），即

$$d = \frac{m_v}{m_a} \tag{1-10}$$

根据理想气体状态方程，可得 $m_a = \dfrac{p_a V}{R_{g,a} T}$ 及 $m_v = \dfrac{p_v V}{R_{g,v} T}$，代入式（1-10），并将 $R_{g,a} = 287\mathrm{J/(kg \cdot K)}$ 和 $R_{g,v} = 461.5\mathrm{J/(kg \cdot K)}$ 代入，有

$$d = 0.622 \frac{p_v}{p_a} \tag{1-11}$$

若湿空气为大气，由于 $p_a = p_b - p_v$，则有

$$d = 0.622 \frac{p_v}{p_b - p_v} \tag{1-12}$$

由式（1-12）可知，当大气压力 p_b 一定时，含湿量取决于水蒸气的分压力，因此，含湿量与水蒸气的分压力不是相互独立的状态参数。

又由于 $p_v = \varphi p_{sa}$，于是有

$$d = 0.622 \frac{\varphi p_{sa}}{p_b - \varphi p_{sa}} \tag{1-13}$$

由式（1-13）可知，当大气压力 p_b 和湿空气的温度 t 一定时，d 随 φ 增大而增加。

含湿量在热力过程中的变化量 Δd，表示 1kg 干空气组成的湿空气在热力过程中所含水蒸气质量的改变，也即湿空气在热力过程中吸收或析出的水分。

1.3.2.5 比焓

在工程上湿空气基本上都是在稳定流动的情况下工作的，而在稳定流动中外界与热力系统的热量交换可用比焓来直接计算，所以比焓是一个很重要的状态参数。 知道了湿空气焓的变化量，就可以知道湿空气与外界交换的热量值。

空气的焓值是指空气中含有的总热量，通常以干空气的单位质量为基准，称作比焓，工程上简称焓。 空气的比焓是指 1kg 干空气的焓和与它对应的水蒸气的焓的综合，用符号 h 表示，单位是 kJ/kg（干空气）。

在空调工程中，常根据空气处理过程中焓值的变化来判断空气是吸热还是放热。 空气中焓值增加，表示空气得到热量；空气中焓值减少，表示空气放出热量。 利用这一原理，根据焓值的变化来计算空气在处理前后得到或失去热量的多少。

湿空气的焓等于干空气的焓与水蒸气的焓之和，即

$$H = H_a + H_v = m_a h_a + m_v h_v$$

湿空气的比焓通常也以 1kg 干空气为计算基准，也就是（$1+d$）kg 湿空气的焓，仍用 h 表示，单位为 kJ/kg（干空气）。 将上式除以 m_a 可得

$$h = h_a + \frac{m_v}{m_a} h_v = h_a + d h_v \tag{1-14}$$

式中 　h——湿空气的比焓，kJ/kg（干空气）；

　　　h_a——干空气的比焓，kJ/kg（干空气）；

　　　h_v——水蒸气的比焓，kJ/kg（水蒸气）；

　　　d——含湿量，kg/kg（干空气）。

在工程中，取 0℃ 干空气的焓为零，并且由于湿空气在热力过程中所涉及温度变化范围不大，干空气的定压比热容可取定值，即 $c_p = 1.005$ kJ/(kg·K)。 这样

$$h_a = c_p \Delta t = 1.005 (t - 0) = 1.005t \tag{1-15}$$

式中 　t——湿空气的温度，即干球温度，℃。

湿空气中水蒸气的比焓值，可以由以下两种方法求取。

（1）查表法　若已知湿空气的温度 t 以及湿空气中水蒸气的分压力 p_v（如果已知湿空气的压力和湿空气的含湿量，也可以换算出水蒸气的分压力），则由不饱和水与过热水蒸气的热力性质表直接查得在温度为 t、水蒸气压力为 p_v 的水蒸气的比焓值 h_v。 如当湿空气的温度为 60℃，湿空气中水蒸气的分压力为 5kPa 的比焓值为2611.8kJ/kg。

（2）公式法　利用查表的方法可以直接、快速地求取一定温度及一定水蒸气分压力下水蒸气的比焓值。 如果暂时缺少水蒸气表的相关数据，也可以用公式计算的方法求出湿空气中水蒸气的比焓值。

利用公式计算湿空气中水蒸气的比焓值时，使用水的三相点为基准。 当水蒸气的温度为 t（也就是湿空气的温度）时，其比焓值可以通过如下计算途径计算出湿空气中水蒸气的比焓值。

因为 　　$\Delta h = h_3 - h_1 = h_3 = \Delta h_1 + \Delta h_2 = 2501 + c_p' (t - t_1) \approx 2501 + c_p' t$

所以 　　　　　$h_v = 2501 + c_p' t = 2501 + 1.859t \tag{1-16}$

式中 　2501——0.01℃时水蒸气的比焓值，kJ/kg；

　　　c_p'——水蒸气在常温、低压下的比定压热容，kJ/(kg·K)，在工程计算中常将其作为常数，其数值一般为 1.859，近似计算时可用 1.86。

于是，以 1kg 干空气为计算基准的湿空气的比焓为

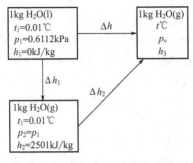

$$h = 1.005t + d\ (2501 + 1.859t) \qquad (1\text{-}17)$$

1.3.3 几种在空调工程中的常用温度

在空调工程中，常用的温度包括前面已经介绍到的干球温度、湿球温度、露点温度。此外，还有一种常用温度为"机器露点温度"。该温度与空气的露点温度有所区别。它是指人为地对空气加湿或除湿后所达到的近于饱和的空气状态。表面式冷却器外表面的平均温度称为"机器露点温度"；经过喷水处理的空气比较接近于 $\varphi = 1$ 状态，习惯上将其状态称为"机器露点"。

1.4 湿空气焓湿图

在工程计算中，应用公式较为麻烦。为方便分析和计算，工程中常采用根据湿空气状态参数间的关系绘制成的焓湿图。利用焓湿图可以很方便地确定湿空气的状态参数，分析计算湿空气的热力过程。

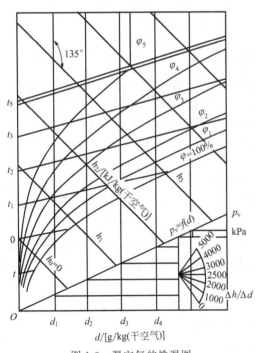

图 1-3 湿空气的焓湿图

在一定大气压力 p_b 下，以湿空气的焓和含湿量的计算公式为基础，以 1kg 的干空气组成的湿空气为基准，分别以焓 h 和含湿量 d 为纵、横坐标绘制成湿空气状态坐标图，称为焓湿图（$h\text{-}d$ 图）。在焓湿图中绘出了湿空气的比焓、含湿量、温度、相对湿度、水蒸气分压力等主要参数的定值线簇，如图 1-3 所示。

1.4.1 焓湿图的组成

如图 1-3 所示，为使图线清晰，采用了两坐标夹角为 135°的坐标系，图中共有下列五种线簇。

（1）定含湿量线 定含湿量线是一组与纵坐标轴平行的直线，其数值在辅助横轴上读出（下方水平轴上，也有的在上方水平轴上）。从纵轴为 $d = 0$ 的定含湿量线开始，自左向右含湿量值逐渐增加。

（2）定焓线 定焓线是一组与纵坐标轴成 135°角（与横坐标轴平行）的直线。即图 1-3 中从左至右下方的斜线。在同一条定焓线上的不同点所代表的湿空气的状态尽管不同，但都具有相同的焓值。 通过含湿量 $d=0$ 及温度 $t=0℃$ 交点的定焓线，其焓值 $h=0$，向上的定焓线焓值为正值，向下的定焓线焓值为负值，且自下而上焓值逐渐增加。

（3）定温线 定温线也称定干球温度线，是根据式（1-17）绘制的。 当 t 为定值时，h 和 d 之间为线性关系，其斜率为 $2501+1.859t$。 对于不同的温度而言，该直线有不同的斜率，所以定温线是一组互不平行的、方向为从左至右上方的直线。 随着温度的升高，定温线的斜率增大。

根据前面的规定，$0℃$ 干空气的焓为零，那么当 $h=0$ 时，必然有 $t=0$、$d=0$。 这样 $0℃$ 的定温线必然通过焓和含湿量的零点。

（4）定相对湿度线 定相对湿度线是根据式（1-9）绘制的一组由左下至右上的上凸曲线。 当湿空气的压力 p_b 和温度 t 给定时，水蒸气的饱和压力 p_s 也就确定了。 在定温线上的各点对应不同的含湿量 d，就有不同的相对湿度 φ，将不同定温线上的相对湿度 φ 值相等的点连接起来，即为定相对湿度线。 $\varphi=0$ 线是干空气线，此时 $d=0$，即与纵坐标轴重合。 定相对湿度线中，最靠下的一条（$\varphi=100\%$）是饱和湿空气线，它把 $h\text{-}d$ 图分为两部分，$\varphi=100\%$ 线以上的各点表示湿空气中的水蒸气是过热的，湿空气为不饱和湿空气。 $\varphi=100\%$ 线以下的部分则没有实用意义，湿空气中多余的水蒸气会以水滴的形式析出，湿空气仍保持饱和状态（$\varphi=100\%$）。

（5）水蒸气分压力线 水蒸气分压力线表示的是湿空气中含湿量 d 与水蒸气分压力 p_v 之间的关系。 由式（1-12）可得

$$p_v=\frac{p_b d}{0.622+d} \tag{1-18}$$

该式表明，湿空气的总压力 p_b 不变时，p_v 与 d 有一一对应关系，又由于 $p_b\gg p_v$，使得 $p_v=f(d)$ 的关系近似于直线关系。 如图 1-3 中，在 $\varphi=100\%$ 线的下方，有一条从左下向右上方倾斜的线，即为水蒸气分压力线 $p_v=f(d)$。 一般把与 d 相对应的 p_v 值表示在图右下方的纵坐标轴上，将水蒸气分压力线与已知状态点的定焓线相交，从交点处向右作水平线与右边纵坐标轴相交，即可读出已知点状态下的水蒸气分压力。 也有的 $h\text{-}d$ 图根据 p_v 与 d 的关系，将分压力 p_v 标在图的上方坐标上。

湿空气的 $h\text{-}d$ 图与其他坐标图一样，图上的点可表示一个确定的湿空气状态。 在一定的大气压力下，只要知道湿空气的任意两个独立参数，就可根据焓湿图确定湿空气的状态，并通过该点的各定值线，查出该点的其他各参数。 应当注意，湿空气的 $h\text{-}d$ 图是在湿空气的总压力一定时绘制的，所以再有两个独立参数就可在 $h\text{-}d$ 图上确定其状态。 显然确定湿空气的状态仍需要三个独立的状态参数。

对于不同的大气压力 p_b，$h\text{-}d$ 图是有所区别的。 在工程中应当选择相应或相近的大气压力下的 $h\text{-}d$ 图，以减少误差。 本书后所附 $h\text{-}d$ 图（附图 1）是在大气压力 $p_b=0.1\text{MPa}$ 的条件下绘制的。 大气压力在 $0.10\text{MPa}\pm0.01\text{MPa}$ 的范围内时，按此图计算引起的误差不超过 2%。 由于湿空气中的水蒸气含量较低，通常采用小 1000 倍的单位，附图中 d 的单位为 g/kg（干空气）。

另外需要注意的是，对应于压力为 0.1MPa 的水蒸气的饱和温度为 $99.63℃$，当湿空气的温度大于此温度时，对应的饱和压力 p_s 将大于 0.1MPa。 由于已经将湿空气的总压力定为 $p_b=0.1\text{MPa}$，所以这时湿空气中所含的水蒸气的最大分压力就等于大气压力，即 $p_s=p_b$，而不再随温度的升高而升高。 此时相对湿度 $\varphi=p_v/p_s=p_v/p_b$。 相对湿度 φ 不变，则水蒸气分压力 p_v 和含湿量 d 也不变，所以定相对湿度线在与 $t=99.63℃$ 的定温线相交后，即折成直线上升，近乎垂线，如图 1-3 中的 φ_5。

1.4.2 焓湿图在空气调节中的应用

焓湿图是空调工程中进行分析计算的一种特殊工具图，其主要用途如下。

（1）确定湿空气的状态参数　焓湿图上的任意一点都代表湿空气的某一状态。当大气压力 p_b 确定时，只要已知湿空气的状态参数 d、h、t、φ、p_v 中的任意两个状态参数就可在相应的 h-d 图中确定湿空气的状态点，并查出其余的参数。

（2）确定露点温度　露点温度 t_L 是湿空气定湿（水蒸气分压力不变）冷却至饱和湿空气（$\varphi=100\%$）时的温度，因此不同状态的湿空气，只要其含湿量 d 相同，则具有相同的露点。

如图 1-4 所示，在焓湿图上，可从初态点 A 向下作定含湿量线与 $\varphi=100\%$ 的饱和湿空气线相交于 B 点，过 B 点的定温线对应的温度 t_B 即为处于状态点 A 的露点温度 $t_{A,L}$。

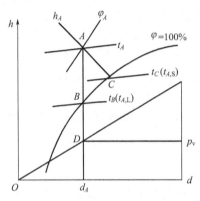

图 1-4　露点温度、湿球温度在 h-d 图上的表示

（3）确定湿球温度　在湿球温度的形成过程中，由于饱和湿空气传给湿纱布中水的显热全部以汽化潜热的形式返回到空气中，所以可以认为湿空气的焓值基本保持不变。因此湿球温度的形成过程可看成绝热过程，也即定焓过程。湿空气的湿球温度 t_s 也即是定焓冷却至饱和湿空气（$\varphi=100\%$）时的温度。从而，不同状态的湿空气只要其 h 相同，则具有相同的湿球温度。

如图 1-4 所示，在焓湿图上，可从初态点 A 作定焓线与 $\varphi=100\%$ 的饱和湿空气线相交于 C 点，过 C 点的定温线对应的温度 t_C 即为处于状态点 A 的湿球温度 $t_{A,s}$。

（4）表示和计算湿空气的状态变化过程　利用焓湿图还可以很方便地表示和计算湿空气的各种不同类型的状态变化过程，这是空气调节中常用的方法。

1.5　湿空气的热湿处理的几种典型过程在焓湿图上的表述

1.5.1　确定空气状态参数

【例 1-1】　设大气压力为 101325Pa，温度为 30℃，相对湿度 $\varphi=60\%$，试分别用解析法和查 h-d 图法来确定湿空气各参数：露点温度、含湿量、水蒸气分压力、比焓和湿球温度。

解：如图 1-5 所示，由 $t=30$℃ 的定温度线和 $\varphi=60\%$ 的定相对湿度线在 h-d 图上找到交点 1，即为湿空气的状态。由书后所附 h-d 图查得

$$h_1=71.7\text{kJ/kg（干空气）}$$

$$d_1=16.3\text{g/kg（干空气）}$$

过 1 点作定 h 线与 $\varphi=100\%$ 线相交于 2 点，查出 $t_{s1}=24.0$℃。过 1 点作定 d 线与 $\varphi=100\%$ 线相交于 3 点，查出 $t_{L1}=21.4$℃；再向下与 $p_v=f(d)$ 线相交于 4 点，通过 4 点向右侧纵坐标读得 $p_{v1}=2.5$kPa。

【例 1-2】　已知干湿球温度计的读数为 $t=30$℃，$t_s=15$℃，大气压力 $p_b=0.1$MPa，试在 h-d 图上确定湿空气的状态点。

解：如图 1-6 所示，由 $t_s=15$℃ 的定温线与 $\varphi=100\%$ 线相交得 1 点，过 1 点作定 h 线

与 $t = 30℃$ 的定温线相交得 2 点，2 点即为湿空气的状态点。

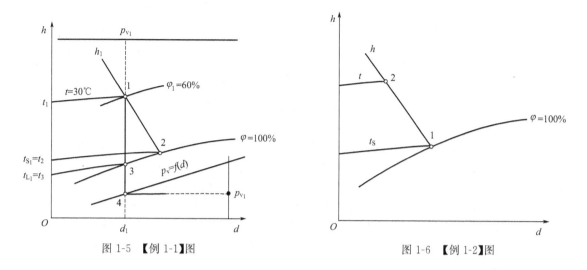

图 1-5 【例 1-1】图   图 1-6 【例 1-2】图

1.5.2 确定湿空气状态变化的过程

空气热湿处理基本过程及其状态变化可从焓湿图上反映出来，如图 1-7 所示。

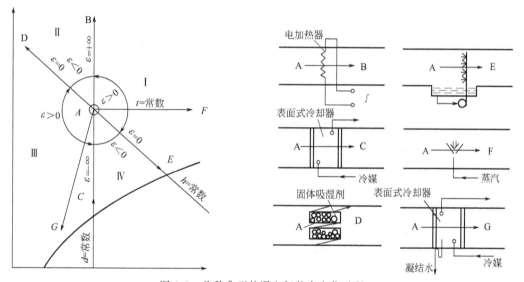

图 1-7 几种典型的湿空气状态变化过程

（1）等湿加热（A→B） 使用以热水、蒸汽等作热媒的表面式换热器及某些电热设备，通过热表面对湿空气加热，则其温度升高、焓值增大而含湿量不变。 这一过程又称"干加热"，其热湿比（即湿空气状态变化时其焓的变化 Δh 和含湿量的变化 Δd 的比值，它描绘了湿空气状态变化的方向）$\varepsilon = \Delta h / 0 = +\infty$。

（2）等湿冷却（A→C） 使用以冷水或其他流体作冷媒的表面式冷却器（简称表冷器）冷却湿空气，当其冷表面温度等于或高于湿空气的露点温度时，空气温度降低、焓值减小而含湿量保持不变。 这一过程又称"干冷却"，其热湿比 $\varepsilon = -\Delta h / 0 = -\infty$。

（3）等焓加湿（A→E） 使用喷水室以适量的水对湿空气进行循环喷淋，水滴及其表面饱和空气层的温度将稳定于被处理空气的湿球温度，空气温度降低、含湿量增加而焓值基本不变。 此外，水分在空气中自然蒸发也可使空气产生同样的状态变化。 这一过程又称"绝热加湿"，其热湿比 $\varepsilon = 4.19t_w$，近似于 $\varepsilon = 0$ 的等焓过程。

（4）等焓除湿（A→D） 使用固体吸湿装置来处理空气时，湿空气中部分水蒸气将在吸湿剂的微孔表面凝结，其含湿量降低，温度升高，而焓值基本不变。 该过程也近似呈 $\varepsilon = 0$ 的等焓变化。

（5）等温加湿（A→F） 使用各种热源产生蒸汽（其焓值为 h_q），通过喷管等设备使其与空气均匀掺混，可使空气含湿量和焓值增加而温度基本不变。 该过程热湿比 $\varepsilon = h_q > 0$，且近似是等温变化。

（6）冷却干燥（A→G） 使用喷水室或表冷器冷却空气，当水滴或换热表面温度低于湿空气的露点温度时，空气将出现凝结、脱水，温度降低且焓值减小。 这一冷却干燥过程热湿比 $\varepsilon = -\Delta h / -\Delta d > 0$，是空调技术中最为广泛应用的一种空气处理过程。

以上各种基本热湿处理过程中，前四种过程更具典型意义，它们的热湿比 $\varepsilon = \pm \infty$ 和 $\varepsilon = 0$ 两条线以任意一种湿空气状态 A 为原点将 h-d 图分为四个象限。 在各象限内可能实现的湿空气状态变化过程统称为多变过程，它们各自相对于一定的处理设备，也各具特定的过程变化特征，详见表 1-1。

表 1-1 h-d 图上各象限内空气状态变化的特征

象限	热湿比 ε	状态参数变化趋势			过程特征
		h	d	t	
I	ε>0	+	+	±	增焓增湿 喷蒸汽可近似实现等温过程
II	ε<0	+	−	+	增焓、减湿，升温
III	ε>0	−	−	±	减焓、减湿
IV	ε<0	−	+	−	减焓、增湿，降温

使用液体吸湿装置来处理空气也是一种重要的技术手段，理论上它可实现各种多变过程，但从工程实用价值考虑，则限于对空气进行减湿处理。

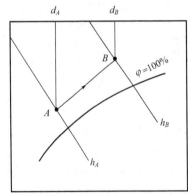

图 1-8 空气状态变化在 h-d 图上的表示

图 1-8 所示的就是湿空气由状态 A 变化到状态 B 的过程线（假定空气的热、湿变化是同时、均匀发生的）。

由解析几何知道，在 h-d 图上，热湿比 ε 就是直线 AB 斜率，因为它表示了过程线 AB 的倾斜角度，故又称为"角系数"。 所以，对于起始状态不同的空气，只要斜率相同，即 ε 值相同，其过程线必然相互平行。 根据这一特点，一般在 h-d 图的右下角处作出一系列不同值的 ε 标尺线，如图 1-9 所示为用 ε 线确定空气终状态。 具体应用时，只要过初始状态点作平行于 ε 等值线的直线，这一直线（假定由 A→B 的方向）就代表 A 状态的湿空气在一定的热湿作用下的变化方向。

【例 1-3】 已知：$B = 101325Pa$，湿空气的初态为 $t_A = 25℃$，$\varphi_A = 60\%$，当加入 10000kJ/h 的热量和 2kg/h 的湿量后，温度 $t_B = 32℃$，求湿空气的终状态。

解：在 $B=101325Pa$ 的 h-d 图上，由 $t_A=25℃$、$\varphi_A=60\%$ 找到空气状态 A（图 1-10）。

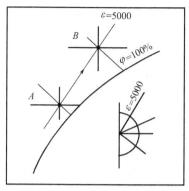

图 1-9　用 ε 确定空气终状态

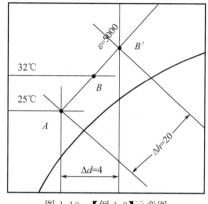

图 1-10　【例 1-3】示意图

求热湿比

$$\varepsilon=\frac{+Q}{+W}=\frac{10000}{2}=5000（kJ/kg）$$

过 A 点作一条平行于 $\varepsilon=5000$ 的直线，此线即为湿空气的变化过程线，此线与 $t=32℃$ 等温线的交点即为湿空气的终状态 B。由 B 点可查出 $\varphi_B=50\%$，$d_B=14.8g/kg$（干空气），$h_B=71kJ/kg$（干空气）。

本题可不用 h-d 图中的 ε 线标尺，而直接在 h-d 图上用作图法求得，由于 $Q=10000kJ/h$ 和 $W=2kg/h$，则有

$$\varepsilon=\frac{\Delta h}{\Delta d}=\frac{Q}{W}=\frac{10000}{2}=5000（kJ/kg）=5（kJ/g）$$

过 A 点任选一段 Δd（或 Δh）线段长度，按 $5:1$ 的比例求出 Δh（或 Δd）的值，按 $h_A+\Delta h$ 的等 h 线与 $d_A+\Delta d$ 的等 d 线的交点 B' 与 A 点的连线即为 $\varepsilon=5000kJ/kg$ 的空气状态变化过程线，如图 1-10 所示。AB' 线与 $t_B=32℃$ 的等温线的交点 B 就是所求空气终状态点，有时把 B' 点称为辅助点。

需要指出的是，附图 1 给出的 h-d 图是以标准大气压作出的。当某地的大气压与标准大气压有较大差别时，使用此图会产生较大的误差，此时简便易行的方法是利用标准大气压的 h-d 图加以修改。

1.5.3　确定湿空气的混合过程

【例 1-4】　夏季时空调采用流量 $G_1=40kg/h$、$t_1=37℃$、$\varphi_1=50\%$ 的新风与 $G_2=160kg/h$、$t_2=20℃$、$\varphi_2=60\%$ 的回风混合，求其混合后的空气状态。

解 1：计算法求混合点 3 的 h、d。

$$h_3=\frac{G_1h_1+G_2h_2}{G_1+G_2}$$

$$d_3=\frac{G_1d_1+G_2d_2}{G_1+G_2}$$

解 2：采用图算法。首先根据已知 t_1、φ_1 及 t_2、φ_2 在湿空气 h-d 图上找到 1、2 点并连成线段 1-2（图 1-11），因为 $G_1/G_2=40/160=1/4$，所以将线段 1-2 平分成 5 段，而距离 2 点取一段，即得空气混合状态点 3。此点空气的状态参数是 $t_3=23.4℃$，$\varphi_3=62\%$，$h_3=51kJ/kg$（干空气），$d_3=0.011kg/kg$（干空气）。

有时两种不同状态空气的混合，其混合点落在饱和线（$\varphi=100\%$）以下，如图 1-11

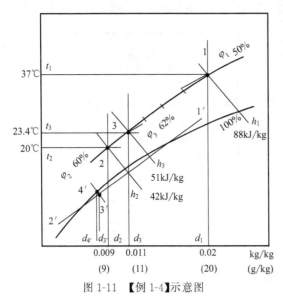

图 1-11 【例 1-4】示意图

所示的 3′ 点。 这说明空气混合后呈过饱和状态，是一种不稳定状态。 此时，多余的水蒸气即会凝结而从空气中析出，空气仍然恢复到饱和状态。 在这一过程中，凝结水带走了水的显热，因此空气的焓值略有降低。 实际上，由于凝结水带走的显热很少，因此空气状态变化的过程也可近似看作等焓过程，即混合点 3′ 的空气沿 3′-4′ 等焓进行，$\Delta d = d_{3'} - d_{4'}$ 为析湿量。

1.5.4 确定送风状态点和送风量

（1）夏季送风状态和送风量 空调系统送风状态和送风量的确定，可以在 h-d 图上进行。 具体计算步骤如下。

① 在 h-d 图上找出室内空气状态点 N。

② 根据计算出的室内冷负荷 Q 和湿负荷 W 计算热湿比 $\varepsilon = Q/W$，再通过 N 点画出过程线 ε。

③ 选取合理的送风温差（表 1-2），根据室温允许波动范围（即温度精度）查取送风温差，并求出送风温度 t_0，画 t_0 等温线与过程线 ε 的交点 O 即为送风状态点。

表 1-2 送风温差和换气次数

室温允许波动范围/℃	送风温差/℃	换气次数/(次/h)
±(0.1~0.2)	2~3	150~20
±0.5	3~6	>8
±1.0	6~10	≥5
>±1	人工冷源：≥15 天然冷源：可能的最大值	

④ 由下式计算送风量 G（kg/s）。

$$G = \frac{Q}{h_N - h_0} = \frac{W}{d_N - d_0} \times 1000 \qquad (1-19)$$

如果所计算的送风量折合的换气次数 n 值大于表 1-2 中的 n 值，则符合要求。

如果知道室内显冷负荷 Q_x，则可用下式计算送风量 G。

$$G = \frac{Q_x}{1.01(t_N - t_0)} \qquad (1-20)$$

式中 1.01——干空气定压比热容，kJ/(kg·K)。

【例 1-5】 某空调房间冷负荷 $Q = 3314$W，湿负荷 $W = 0.264$g/s，室内空气状态参数为 $t_N = 22℃ \pm 1℃$，$\varphi_N = 55\% \pm 5\%$，当地大气压力为 101325Pa，求送风状态和送风量。

解：先绘出本题的 h-d 图，如图 1-12 所示。

a. 求热湿比 $\varepsilon = \dfrac{Q}{W} = \dfrac{3314}{0.264} = 12600$

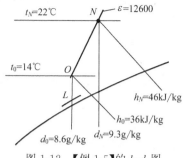

图 1-12 【例 1-5】的 h-d 图

b. 在 h-d 图上确定室内空气状态点 N，通过该点画出 $\varepsilon=12600$ 的过程线。取送风温差 $\Delta t_0=8℃$，则送风温度 $t_0=22-8=14$（℃），从而得出

$$h_0=36\text{kJ/kg} \quad h_N=46\text{kJ/kg}$$
$$d_0=8.6\text{g/kg} \quad d_N=9.3\text{g/kg}$$

c. 计算送风量

按消除余热

$$G=\frac{Q}{h_N-h_0}=\frac{3314}{46-36}=0.33（\text{kg/s}）$$

按消除余湿

$$G=\frac{W}{d_N-d_0}=\frac{0.264}{9.3-8.6}=0.33（\text{kg/s}）$$

（2）冬季送风状态和送风量 室内散湿量一般冬、夏季相同，冬季送风量可以与夏季送风量相同，但必须满足最小换气次数的要求，送风温度也不宜超出 45℃。

【例 1-6】 仍按上题基本条件，如冬季热负荷（耗热量）$Q=-1.105\text{kW}$，散湿量 $W=0.264\text{g/s}$，确定冬季送风状态和送风量。

解：先绘出本题的 h-d 图，如图 1-13 所示。

① 求冬季热湿比

$$\varepsilon=\frac{-1.105}{0.264\times10^{-3}}=-4190$$

② 如果全年送风量不变，由于冬、夏室内散湿量相同，则冬季送风含湿量与夏季相同，即

$$d_0=d_{0'}=8.6\text{g/kg}$$

过 N 点作 $\varepsilon=-4190$ 的过程线（图 1-13），与 8.6g/kg 等含湿量线的交点即为冬季送风状态点 O'。$h_{O'}=49.35\text{kJ/kg}$，$t_{O'}=28.5℃$。

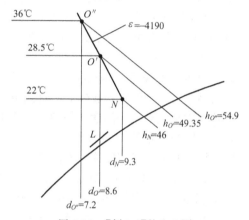

图 1-13 【例 1-6】的 h-d 图

或计算 $h_{O'}=h_N+Q/G=46+1.105/0.33=49.35$（kJ/kg），由 h-d 图查得，$t_{O'}=28.5℃$。

若希望冬季减少送风量，提高送风温度，如 $t_{O''}=36℃$，则在 $\varepsilon=-4190$ 过程线上可得 O'' 点，$t_{O''}=36℃$，$h_{O''}=54.9\text{kJ/kg}$，$d_{O''}=7.2\text{g/kg}$，送风量则为：

$$G=\frac{-1.105}{46-54.9}=0.125（\text{kg/s}）$$

1.6　中央空调系统的空气热湿处理的常用途径和方案

前面已经在焓湿图的应用中介绍了空气热湿处理的基本过程与方法，下面将介绍如何将来源各异且状态有别的空气处理成室内热湿环境控制所需的送风状态。

图 1-14 给出了一个全部使用室外新风的直流式空调系统（假定其夏、冬季均要求同一送风状态 O），对其夏季、冬季设计工况下空气热湿处理的各种途径与方案进行简要分析。

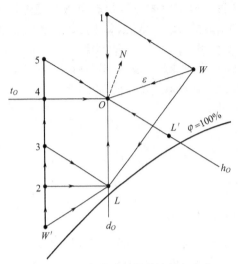

图 1-14 空气热湿处理的途径与方案

1.6.1 夏季热湿处理的常用途径与方案

（1）第 1 方案：$W \to L \to O$　该处理方案是由冷却干燥（$W \to L$）和干加热（$L \to O$）两个基本过程组合而成。通常使用喷水室或表冷器对夏季 W 状态的空气进行冷却干燥处理，使其变成低温、低湿且接近饱和的 L 状态，再经各种空气加热器等湿升温，即可获得所需的送风状态 O。

对于夏季空调而言，冷却干燥往往是必不可少的处理需求。由于对冷水温度要求较低，通常需要使用人工冷源，相应的设备投资与能耗也更大。如果采用喷水室处理空气，可望获得较高卫生标准和较宽的处理范围，有利于充分利用循环水喷淋措施，也可经济地解决冬季的加湿问题；如果采用表冷器，则可使处理设备趋于紧凑，且具有上马快、使用管理方便等优点。两者均能适应对环境参数的较高调控要求，在工程中均有广泛的应用。

当对空调送风状态 O 要求比较严格时，常需借助再加热器来调整送风温度，这势必造成冷、热量的相互抵消，由此导致能量的无益消耗，这是该方案固有的一大弊病。

（2）第 2 方案：$W \to O$　该处理方案以一个基本的热湿处理过程，从新风状态 W 直接获得空调所需的低温、低湿的送风状态 O。由于技术上诸多苛求，常规的处理设备已经无能为力，只有借助使用液体吸湿剂的减湿装置来实现。

该处理方案似乎相当简便，一般无需使用人工冷源，能量消耗减少且利用也更趋合理，但是液体减湿系统本身较为复杂，在初投资与运行管理等方面往往存在着诸多不利，故工程中的应用远不如第 1 方案广泛。

（3）第 3 方案：$W \to 1 \to O$　该处理方案由一个等焓除湿（$W \to 1$）和一个干冷却（$1 \to O$）过程所组成。如前所述，使用固体吸湿剂处理空气即可近似呈等焓除湿变化。由于空气在除湿的同时温度升高，故欲满足送风参数要求，还需进行后续冷却处理。

这一方案需要增设固体吸湿装置，这会给初投资和运行管理带来不利。然而，它与第 1 方案相比，不存在后者固有的冷、热抵消的能量浪费。此外，由于后续干冷过程允许冷媒温度较高，可使制冷设备容量大幅减小，乃至完全取消人工制冷，从而为蒸发冷却等自然能利用技术提供用武之地。

1.6.2 冬季热湿处理常用途径与方案

（1）第 1 方案：$W' \to L \to O$　该热湿处理方案只含有两个基本处理过程，即采用热水喷淋的加热、加湿（$W' \to L$），加上一个后续干加热（$L \to O$）过程来实现空调送风状态 O。

这一方案实施的前提是夏季处理方案中已确定使用喷水室。在某些地区，如果冬季可以获得温度相对于室外气温要高得多的中水或地热井水用于喷淋处理空气，在技术、经济上都应是颇为合理的；反之，如需特别增设人工热源来提供热水，则会给初投资和运行管理等带来不利。

（2）第 2 方案：$W' \to 2 \to L \to O$　该处理方案由 3 个基本过程所组成：对于冬季 W'

状态低温、低湿的室外空气，通过一个预热（$W' \to 2$）过程使其升温，接着利用一个近于等温的加湿（$2 \to L$）过程，使其满足送风含湿量要求，最后只以空气加热器加热（$L \to O$），从而获得所需的送风状态 O。

这一方案中 $2 \to L$ 的加湿过程通常采用喷蒸汽的方法。这对于夏季已确定使用表冷器处理空气的空调系统来说，应该是一种必然的选择。尤其当空气加热也是采用蒸汽作热媒时，这就更便于解决热、湿媒体的一体供应。不过，也应注意，使用蒸汽处理空气难免产生异味，这有可能影响到送风的卫生标准。

（3）第 3 方案：$W' \to 3 \to L \to O$　该处理方案与第 2 方案相似，均含有新风预热（$W' \to 3$）和再加热（$L \to O$）过程，不同之处在于利用经济的绝热加湿（$3 \to L$）来取代喷蒸汽加湿，为此尚需加大前面预热过程的加热量。

对于夏季使用喷水室处理空气的空调系统来说，冬季可充分利用同一设备对空气做循环水喷淋处理，从而获得既改善空气品质，又实现经济、节能运行等效益。

（4）第 4 方案：$W' \to 4 \to O$　该处理方案也只包括两个基本过程，即新风预热（$W' \to 4$）和喷蒸汽加湿（$4 \to O$）。它与第 2 方案的区别在于取消了二次再加热过程，而由新风预热集中解决送风需要的温升，由此可望减少设备投资。后续的喷蒸汽加湿过程除存在异味影响外，其加湿量的调节、控制往往也更难处理好。

（5）第 5 方案：$W' \to 5 \to \dfrac{L'}{5} \to O$　该处理方案是在新风预热（$W' \to 5$）和循环水喷淋（$5 \to L'$）这两个基本过程的基础上，再增加一个两种不同状态空气的混合（$\dfrac{L'}{5} \to O$）过程。

这一方案对加热过程的处理与第 4 方案是一致的。从喷水处理设备看则与第 3 方案有所不同，因为它需要使用一种带旁通道的喷水室。使用这种特殊形式的喷水室可以得到两种不同状态（L' 和 5）的空气，通过调节两者的混合比即可方便地获得所需的送风状态 O。不过，喷水室增设旁通道将导致空调机组断面增大，从而会出现增大投资和增加设备布置等方面的困难。

最后需要指出的是，尽管上述 5 个方案中空气处理的途径各有不同，但从冬季总的耗热量来看都是相同的，只是这些热量在各个加热、加湿环节中的分配比例有所差异而已。当这些热量相对集中地用于某些环节时，或许有可能取消某种设备，进而简化处理过程，但同时也应权衡由于设备容量及介质流通阻力增大而在设备占用空间与介质输送能耗等方面可能带来的不利。

1.6.3　中央空调常用的加热与冷却设备

1.6.3.1　表面式换热器

在舒适性空调工程中广泛使用表面式换热器来处理空气。表面式换热器因具有构造简单、占地少、水质要求不高、水系统阻力小等优点，成为常用的空气处理设备。表面式换热器包括空气加热器和表面式冷却器两类。前者用热水或蒸汽做热媒，后者以冷水或制冷剂做冷媒。因此，表面式冷却器又可分为水冷式和直接蒸发式两类。

（1）表面式换热器的构造与安装

① 表面式换热器的构造　表面式换热器有光管式和肋管式两种。光管式表面换热器由于传热效率低已很少应用。肋管式表面换热器由管子和肋片构成，如图 1-15 所示。

为使表面式换热器性能稳定，应力求使管子与肋片间接触紧密，减小接触热阻，并保证长久使用后也不会松动。

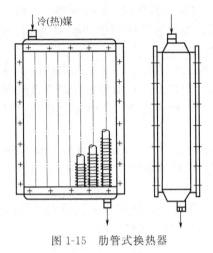

图 1-15　肋管式换热器

根据加工方法不同，肋片管又分为绕片管、串片管和轧片管等。

a. 绕片管　将铜带或钢带用绕片机紧紧地缠绕在管子上可制成褶皱式绕片管。褶皱的存在既增加了肋片与管子间的接触面积，又增加了空气流过时的扰动，因而能提高传热系数。但是，褶皱的存在也增加了空气阻力，容易积灰，不便清理。为了消除肋片与管子接触处的间隙，可将这种换热器浸镀锌、锡。浸镀锌、锡还能防止金属生锈。有的绕片管不带褶皱，它们是用延展性好的铝带绕在钢管上制成的。

b. 串片管　将事先冲好管孔的肋片与管束串在一起，经过胀管之后可制成串片管。串片管生产的机械化程度很高，现在大批铜管铝片的表面式换热器均用此法生产。

c. 轧片管　用轧片机在光滑的铜管或铝管外表面上轧出肋片便成了轧片管。由于轧片管的肋片和管子是一个整体，没有缝隙，所以传热性能更好，但是轧片管的肋片不能太高，管壁不能太薄。

② 提高肋管式换热器传热性能的措施

a. 设计中优化各种结构，并用亲水性的表面处理技术。

b. 加工中应尽量保证传热管与肋片的紧密接触。

c. 强化管内侧的换热，可采用内螺纹管。

d. 强化管外侧的换热，可采用铜管穿铝箔的串片结构；或采用波纹片、条缝片、波形冲缝片等新型肋片；或采用二次翻边片代替一次翻边片等。其结构如图 1-16 所示。

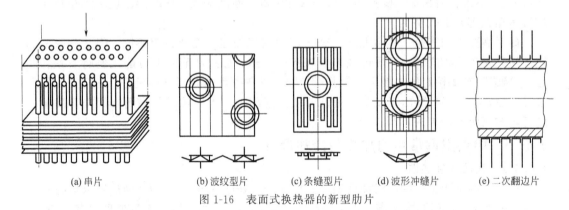

(a) 串片　　(b) 波纹型片　　(c) 条缝型片　　(d) 波形冲缝片　　(e) 二次翻边片

图 1-16　表面式换热器的新型肋片

研究表明，采用上述措施后，表面式换热器的传热系数可提高 10%～70%。

③ 表面式换热器的安装　表面式换热器的安装方式可分为并联与串联两种，按其方位分为三种：垂直、水平或倾斜安装方式。

垂直安装时必须使肋片处于垂直位置，否则将因肋片上部积水而增加空气阻力。为排除表冷器的凝结水，在其下部应装滴水盘和排水管，如图 1-17 所示。

表面式换热器的冷、热媒管路也有并联与串联之分，但在使用蒸汽做热媒时，各台换热器的蒸汽管只能并联。对于用水做冷、热媒的换热器，通常的做法是，相对于空气通路为并联的换热器，其冷、热媒管路也应并联，串联的换热器的冷、热媒管路也应串联（图 1-18）。 管路串联可以提高水流速，有利于水力工况的稳定和增大传热系数，但是系统阻力有所增加。

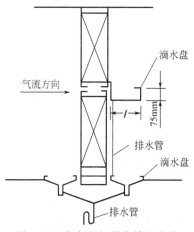

图 1-17 滴水盘与排水管的安装

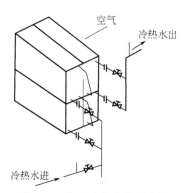

图 1-18 表面式换热器的安装

为使冷、热媒与空气之间有较大温差，最好让空气与冷、热媒之间按逆交叉流型流动。 为便于使用和维修，冷、热媒管路上应装设阀门、压力表和温度计。 在蒸汽加热器的管路上还应设有蒸汽压力调节阀和疏水器。 为保证换热器正常工作，在水系统最高点应设排空气装置，在最低点则应设泄水、排污阀门等。

（2）表面式换热器处理空气的过程　表面式换热器的热湿交换是在主体空气与紧贴换热器外表面的边界层空气之间的温差和水蒸气分压力差作用下进行的。 根据主体空气与边界层空气参数的不同，表面式换热器可以实现三种空气处理过程——等湿加热、等湿冷却和除湿冷却过程。

① 等湿加热与等湿冷却　换热器工作时，当边界层空气温度高于主体空气温度时，将发生等湿加热过程；边界层空气温度虽低于主体空气温度，但尚高于其露点温度时将发生等湿冷却过程或称干冷过程（干工况）。 由于等湿加热和冷却过程中，主体空气和边界层空气之间只有温差，并无水蒸气分压力差，所以只有显热交换。

对于只有显热传递的过程，表面式换热器的换热量取决于传热系数、传热面积和两交换介质间的对数平均温差。 当其结构、尺寸及交换介质温度给定时，对传热能力起决定作用的则是传热系数 K。 对于空调工程中常用的肋管式换热器，如果忽略其他附加热阻，K 值可按下式计算。

$$K = \left(\frac{1}{\alpha_w \Phi_0} + \frac{\tau \delta}{\lambda} + \frac{\tau}{\alpha_n} \right)^{-1} \tag{1-21}$$

式中　α_n，α_w——内、外表面热交换系数，$W/(m \cdot ℃)$；

　　　　Φ_0——肋表面全效率；

　　　　δ——管壁厚度，m；

　　　　λ——管壁热导率，$W/(m \cdot ℃)$；

　　　　τ——肋化系数，$\tau = F_w/F_n$；

　　F_n，F_w——单位管长肋管内、外表面积，m^2。

由上式可以看出，当换热器结构形式一定时，等湿处理过程的 K 值只与内、外表面

热交换系数 α_n、α_w 有关，而它们一般又是水和空气流动状况的函数。

实际工作中，对于已定结构形式的表面式换热器，其传热系数 K 往往通过实验来确定，并将实验结果整理成以下实验公式形式。

$$K = \left(\frac{1}{A v_y^m} + \frac{1}{B w^n} \right)^{-1} \qquad (1\text{-}22)$$

式中　　v_y——空气迎面风速，一般为 $2\sim3\text{m/s}$；

w——表面式换热器管内水流速，一般为 $0.6\sim1.8\text{m/s}$；

A，B，m，n——由实验得出的系数与指数。

② 除湿冷却　换热器工作时，当边界层空气温度低于主体空气的露点温度时，将发生除湿冷却过程或称湿冷过程（湿工况）。在稳定的湿工况下，可认为在整个换热器外表面上形成一层等厚的冷凝水膜，多余的冷凝水不断从表面流走。冷凝过程放出的凝结热使水膜温度略高于表面温度，但因水膜温升及膜层热阻影响较小，计算时可以忽略水膜存在对其边界层空气参数的影响。

湿工况下，由于边界层空气与主体空气之间不但存在温差，还存在水蒸气分压力差，所以通过换热器表面不但有显热交换，也有伴随湿交换的潜热交换。因此，表面式空气冷却器的湿工况比干工况具有更大的热交换能力，其换热量的增大程度可用换热扩大系数 ξ 来表示。空气除湿冷却过程（无论终态是否达到饱和）平均换热扩大系数 ξ 被定义为总热交换量与显热交换量之比。在理想条件下空气终状态可达饱和（对应于 h_b，t_b），此时

$$\xi = \frac{h - h_b}{c_p \, (t - t_b)} \qquad (1\text{-}23)$$

不难看出，ξ 的大小也反映冷却过程中凝结水析出的多少，故又称为析湿系数。显然，湿工况下 $\xi > 1$，而干工况下 $\xi = 1$。

此外，当表冷器上出现凝结水时，可认为外表面换热系数比干工况增大了 ξ 倍。于是，除湿冷却过程的传热系数 K_s 可按下式计算。

$$K_s = \left(\frac{1}{\alpha_w \, \xi \, \Phi_0} + \frac{\tau \delta}{\lambda} + \frac{\tau}{\alpha_n} \right)^{-1} \qquad (1\text{-}24)$$

同样，实际工作中一般多使用通过实验得到的经验公式来计算传热系数 K_s。但应注意，空气减湿冷却过程的 K_s 值不仅与空气和水的流速有关，还与过程的平均析湿系数有关，故其经验公式采用如下形式。

$$K_s = \left(\frac{1}{A v_y^m \, \xi^p} + \frac{1}{B w^n} \right)^{-1} \qquad (1\text{-}25)$$

式中　p——由实验得出的指数。

其余符号意义同前。

部分国产表冷器的传热系数实验公式见附表1，技术性能见附表2和附表3。

1.6.3.2　喷水室

喷水室是生产工艺性空调常用的一种处理空气的方式。喷水室借助喷嘴向流动空气中均匀喷洒细小水滴，以实现空气与水在直接接触条件下进行热湿交换。喷水室能够实现多种空气处理过程、具有一定空气净化能力、结构上易于现场加工构筑且节省金属耗量等，从而使其成为应用最早且相当普遍的空气处理设备。但是，由于它对水质要求高、占地面积大、水系统复杂、运行费用较高等，除在一些以湿度调控为主要目的的场合（如纺织厂、卷烟厂等）还大量使用外，一般建筑已不常使用或仅作加湿设备使用。

（1）喷水室的构造与类型 喷水室由喷嘴、供水排管、挡水板、集水底池和外壳所组成，底池还包括有多种管道和附属部件，如图 1-19 所示。

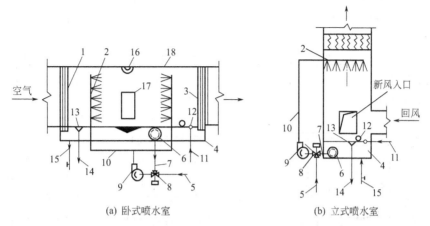

图 1-19 喷水室的构造

1—前挡水板；2—喷嘴与排管；3—后挡水板；4—底池；5—冷水管；6—滤水器；7—循环水管；8—三通混合阀；9—水泵；10—供水管；11—补水管；12—浮球阀；13—溢水器；14—溢水管；15—泄水管；16—防水灯；17—检查门；18—外壳

① 单级卧式低速喷水室 其构造示意图如图 1-19(a)所示。 这种喷水室的横截面积应根据通过风量和 $v=2\sim3\mathrm{m/s}$ 的流速条件来确定，长度则取决于喷嘴排数、排管布置和喷水方向。 喷水室中通常设置 1~3 排喷嘴，喷水方向根据与空气流动方向相同与否分为顺喷、逆喷和对喷。 单排多用逆喷，双排多用对喷，在喷水量较大时才宜采用 3 排（1顺 2 逆）。 供水排管间距为 600~1000mm，前、后挡水板的贴近距离分别取为 200mm 和 250mm。

喷嘴是喷水室中使水雾化并均匀喷散的重要构件，一般采用铜、不锈钢、尼龙和塑料等耐磨、耐腐蚀材料制作，其布置以保证喷出水滴能均匀覆盖喷水室横断面为原则。喷嘴的喷水量、水滴直径、喷射角度和作用距离与其构造、孔径及喷嘴前水压有关。 实验证明，喷嘴孔径小、喷水压力高，可得到细喷，适用于空气加湿处理；反之，可得到粗喷，适用于空气的冷却除湿。 我国曾广泛使用 Y-1 型离心喷嘴，近年来，陆续研制出 BTL-1 型、FKT 型、FL 型和 PY-1 型等新型喷嘴，其喷水性能均较 Y-1 型有所提高。

挡水板起分离空气中夹带水分，以减少喷水室"过水量"的作用，前挡水板还可起到均流作用。 挡水板过去主要使用镀锌薄钢板或玻璃板条加工制作成多折形，现在则多改用各种塑料板制成波形和蛇形挡水板，这更有利于增强挡水效果和减少空气流通阻力。

在定型产品中，喷水室的外壳和底池多用钢板和玻璃钢加工，现场施工时也可采用砖砌或用混凝土浇制，制作过程应处理好保温和防水。 底池的集水容积一般可按 3%~5% 的总喷水量考虑，它本身还和以下 4 种管道相连。

a. 循环水管，借以将底池中的集水经滤水器吸入水泵重复使用。

b. 溢水管，借以经溢水器（设水封罩）排除底池中的过量集水。

c. 补水管，借以补充因耗散或泄漏等造成底池集水量的不足。

d. 泄水管，用于设备检修、清洗或防冻需要时排空池中积水。

为便于观察和检修，喷水室应设防水照明灯和密闭检修门。

喷水室类型较多，除上述喷水室外，还有双级、立式、高速、带旁通或带填料层等形式的喷水室。

② 双级喷水室　双级喷水室是用两个喷水室在风路和水路上串联而成的，故夏季能重复利用冷水，增大水温升，减少用水量，同时也使空气得到较大焓降。因此，它更宜用于使用深井水等自然冷源或空气焓降要求大的场合。其缺点是设备占地面积大，水系统更趋复杂。

③ 立式喷水室　该喷水室喷水由上向下，空气自下而上，两者直接接触的热湿交换效果更好，同时也显著节省占地面积。一般宜用于处理风量不大且机房层高允许的场合。其构造示意图如图 1-19(b)所示。

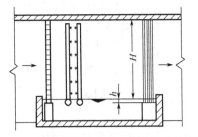

图 1-20　我国从瑞士 Luwa 公司引进并已在纺织行业推广应用的高速喷水室

④ 高速喷水室　高速喷水室是引进的国外产品，它能将空气流速提高 1~2 倍，在节省占地、提高热交换效率及节约运行电耗、水耗等方面多具明显优势。如图 1-20 所示是我国从瑞士 Luwa 公司引进并已在纺织行业推广应用的高速喷水室，其结构上与低速喷水室类似，但空气流速可提高到 3.5~6.5m/s。它的前挡水板用流线型导流格栅代替，后挡水板采用双波纹型，喷嘴则具有扩散角大、喷水量小和喷水压力低等特点。

⑤ 带旁通的喷水室　在喷水室的上面或侧面增加一个旁通风道，它可使一部分空气不经喷水处理而与已经喷水处理的空气混合，从而得到所需的空气终参数。

⑥ 带填料层的喷水室　这是由分层布置的玻璃丝盒所组成。在玻璃丝盒的填料上均匀地喷水，空气穿过玻璃丝层时与各玻璃丝表面上的水膜接触进行热湿交换。这种喷水室对空气的净化作用更好，它适宜用于空气加湿或蒸发式冷却等，也可作为水的冷却处理装置，如图 1-21 所示。

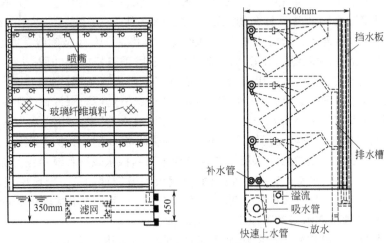

图 1-21　带填料层的喷水室

（2）喷水室处理空气的过程分析　当空气以一定速度流经喷水室时，它与水滴之间通过水滴表面饱和空气边界层不断地进行着对流热交换和对流质交换，其中显热交换取决于两者间的温差，潜热交换和湿（质）交换取决于水蒸气分压力差，而总热交换按照 Lewis 关系则是以焓差为推动力。这一热湿交换过程其实也可看成是一部分与水直接接触的空气与另一部分尚未与水接触的空气不断混合的过程，空气自身状态因其发生相应变化。

假如空气与水接触处于水量无限大、接触时间无限长的假想条件下，其结果是全部空气都将达到具有水温的饱和状态点，就是说空气终状态将处于 h-d 图中的饱和曲线上，且终温也将等于水温。 显然，一旦给定不同的水温，空气状态变化过程也就有所不同，由此可在 h-d 图上得到如图 1-22 所示的 7 种典型空气状态变化过程。 这些过程各具特点（表 1-3），从中不难看出有 3 个过程更具典型意义；$A \rightarrow 2$ 是空气加湿-减湿的分界线；$A \rightarrow 4$ 是空气增焓-减焓的分界线；而 $A \rightarrow 6$ 则是空气升温-降温的分界线。

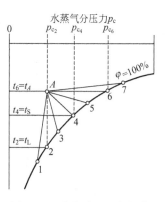

图 1-22 喷水处理空气的典型状态变化过程

表 1-3　喷水室处理空气时几种典型状态变化过程的特点

过程线	水温特点	t 或 Q_x	d 或 Q_q	h 或 Q_z	过程名称
$A \rightarrow 1$	$t_w < t_L$	减	减	减	减湿冷却
$A \rightarrow 2$	$t_w = t_L$	减	不变	减	等湿冷却
$A \rightarrow 3$	$t_L < t_w < t_S$	减	增	减	减焓加湿
$A \rightarrow 4$	$t_w = t_S$	减	增	不变	等焓加湿
$A \rightarrow 5$	$t_S < t_w < t_A$	减	增	增	增焓加湿
$A \rightarrow 6$	$t_w = t_A$	不变	增	增	等温加湿
$A \rightarrow 7$	$t_w > t_A$	增	增	增	增温加湿

注：1. t_A、t_S、t_L 为空气的干球温度、湿球温度和露点温度，t_w 为水温。

2. Q_x、Q_q、Q_z 分别为显热量、潜热量和总热量。

如果空气与水接触处于一种理想条件——水量有限而接触时间足够长，则虽然空气终状态仍能达到饱和，但除 $t_w = t_S$ 这一情况之外，其他热湿交换过程的水温都将发生变化。 此时，空气状态变化过程已不再是直线，而呈曲线形状。 现以采用顺喷且水初温 t_{w_1} 低于空气露点温度的情况 [图 1-23（a）] 为例，对其整个状态变化过程依次分段进行考察：初始阶段，状态 A 的空气与具有初温 t_{w_1} 的水接触，一小部分空气首先达到饱和，且温度等于 t_{w_1}，接着再与其余空气混合，达到状态点 1。 在第二阶段，水温已升高到 t_w'，并使与其接触的一小部分状态 1 的空气在 t_w' 下达到饱和，这一小部分饱和空气又与其余空气相混合，达到状态点 2。 依此类推，最终水温将升至 t_{w_2}，而空气将全部达到饱和。 由此所得的空气状态变化过程线将是一条折线，间隔划分得愈细，则愈接近一条曲线。 对于逆喷 [图 1-23（b）] 的情况，用同样的分析方法也能得到一条向另一方向弯曲的过程线。 实际上，喷水室中空气和水往往处于比较复杂的交叉流动，两者终态的确定尚需进行具体分析。

对实际的喷水室来说，喷水量总是有限的，空气与水接触时间也不可能足够长，因而空气终状态很难达到饱和（双级喷水室例外），水的温度也将不断变化。 实践中，人

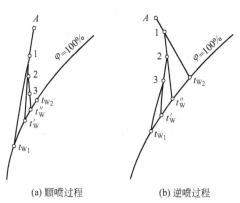

(a) 顺喷过程　　　　(b) 逆喷过程

图 1-23　用喷水室处理空气的理想过程

们习惯于将空气经喷水处理后所达到的这一接近饱和但尚未饱和的状态点称为"机器露点"。

尽管喷水室中空气状态变化过程并非直线，但在实际工作中人们着重关注的是空气处理结果，而不是中间过程，所以可用连接空气初、终状态点的直线来近似表示这一过程。

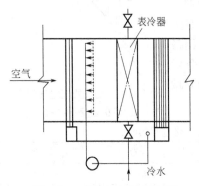
图1-24 喷水式表面冷却器

1.6.3.3 喷水式表冷器

普通表冷器只能冷却或者冷却除湿空气，无法对空气进行加湿，更不容易达到较严格的湿度控制要求，所以在需要时还应另设加湿设备。如图1-24所示的喷水式表冷器则能弥补这方面的不足，使其兼有表冷器和喷水室的优点。该设备的具体结构是在普通表冷器前设置喷嘴，向表冷器外表面喷循环水。

喷水式表冷器要求喷嘴尽可能靠近表冷器来设置，因此流过的空气与喷水水苗接触时间很短，更多的时间是与表冷器表面上形成的水膜接触，热湿交换现象更为复杂。测定数据表明，在表冷器上喷水可以提高热交换能力。其原因在于：一方面是由于喷水水苗及沿冷却器表面下流的水膜增加了热交换面积；另一方面喷水对水膜也有扰动作用，利于减少水膜热阻。

喷水对表冷器热交换能力的增加程度与表冷器排数多少有关——排数少时传热系数增加较多；排数多时，由于喷水作用达不到后面几排，所以传热系数增加较少。

由于在表冷器上喷的是循环水，经过一段时间以后，水温将趋于稳定，并近似地等于表冷器表面平均温度。此外，由于喷水式表冷器后空气的终相对湿度较高（一般都能达到95％以上），因此很容易实现露点控制。

尽管喷水式表冷器能加湿空气，又能净化空气，同时传热系数也有不同程度的提高，但是由于增加了喷水系统及其能耗，空气阻力也将变大，所以也影响了喷水式表冷器的推广应用。

1.6.3.4 直接蒸发式表冷器

有时为了减少制冷机房面积，把制冷系统的蒸发器放在空调机组中直接冷却空气，这就是直接蒸发式表冷器。此外，在独立式空调机组中也多采用直接蒸发式表冷器。

直接蒸发式表冷器和水冷式表冷器虽然功能及构造基本相同，但因为它又是制冷系统中的一个部件，因此在选择计算方面也有一些特殊的地方。

由于蒸发器又是制冷系统中的一个部件，所以它能提供的冷量大小一定要和制冷系统的产冷量平衡，即被处理空气从直接蒸发式表冷器得到的冷量应与制冷系统提供的冷量相等。也就是说，应根据空调系统和制冷系统热平衡的概念对蒸发器进行校核计算，以便定出合理的蒸发温度、冷凝温度、冷却水温、冷却水量等。具体计算方法可参考有关文献、资料。

1.6.3.5 空气的其他加热处理方式

除前述喷水室、表面式换热器可以实现对空气的加热处理外，在不同的应用场合，还有其他多种加热设备和方法，包括散热器、暖风机、辐射供暖、电采暖等。一般的中央空调工程有一部分房间只需供暖，所以采用除中央空调以外的其他加热方法也是必要的。

（1）散热器

① 散热器类型　散热器属于表面式换热设备，用于供暖系统，其作用是对室内的循环空气进行加热。散热器内部采用热水作为热媒，在工厂车间有时候也用蒸汽作为热媒。

散热器的主要分类方式如下。

a. 按传热方式分　当对流方式为主时（占总传热量的60％以上）是对流型散热器。如管型、柱型、翼型、钢串片型等；以辐射方式为主（占总传热量60％以上）的散热器称为辐射型散热器，如辐射板、红外辐射器等。

b. 按形状分　有管型、翼型、柱型和平板型等。

c. 按材料分　有金属（钢、铁、铝、铜等）和非金属（陶瓷、混凝土、塑料等）。目前常用的是金属材料散热器，主要有铸铁、铸钢和钢，近年也出现一些铝、铜合金散热器。

常用的散热器如图1-25～图1-30所示，其中图1-25与图1-26所示为铸铁散热器，图1-27～图1-30所示为钢制散热器。

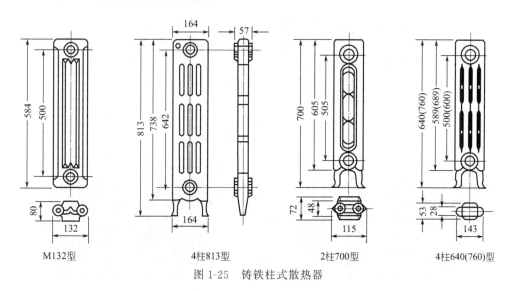

图 1-25　铸铁柱式散热器

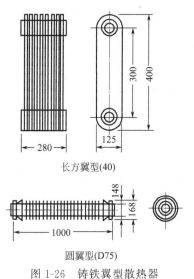

图 1-26　铸铁翼型散热器

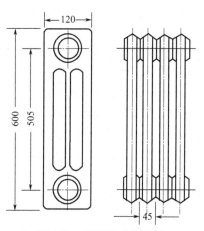

图 1-27　钢制柱式散热器

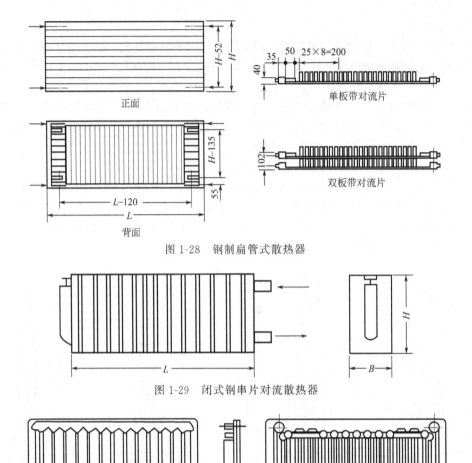

图 1-28　钢制扁管式散热器

图 1-29　闭式钢串片对流散热器

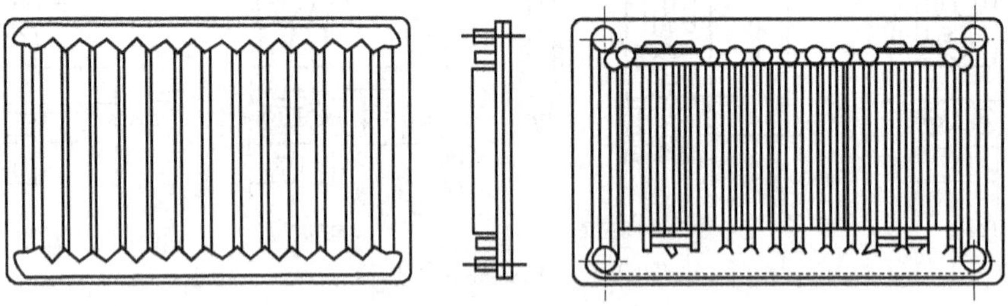

图 1-30　钢制板式散热器

② 散热器的布置

a. 房间有外窗时，最好每个外窗下设置一组散热器。

b. 散热器不宜置于内墙。

c. 为防止冻裂散热器，两道外门之间不能设置散热器。

d. 楼梯间由于热流上升，散热器应尽量布置在底层。

e. 散热器一般应明装，简单布置。

f. 铸铁散热器的组装片数如下。

M-132 型（2 柱）不大于 20 片；柱型（4 柱）不大于 25 片；长翼型不大于 7 片。

③ 散热器的热工计算　散热器热工计算的目的是确定供暖房间所需散热器面积和片数。

散热器面积可按下式计算。

$$F = \frac{Q}{K\,(t_{\mathrm{p}} - t_{\mathrm{n}})} \beta_1 \beta_2 \beta_3 \tag{1-26}$$

式中　F——散热器的散热面积，m^2；

Q——散热器的散热量，W；

t_p——散热器内热媒平均温度，℃；

t_n——室内供暖计算温度，℃；

K——散热器的传热系数，W/（m^2·℃）；

β_1——散热器组装片数修正系数；

β_2——散热器连接形式修正系数；

β_3——散热器安装形式修正系数。

散热器的散热量等于房间供暖热负荷，室内计算温度由设计确定。 式中，其余参数的确定方法如下。

a. 散热器内热媒的平均温度 t_p 　散热器内热媒的平均温度与供暖热媒的种类、参数以及供暖系统的形式有关。 在热水供暖系统中，t_p 为散热器进出口水温的算术平均值。

$$t_p = \frac{t_1 + t_2}{2} \tag{1-27}$$

式中　t_p——散热器内热媒的平均温度，℃；

t_1——散热器进水温度，℃；

t_2——散热器出水温度，℃。

对双管热水供暖系统，散热器的进、出口温度分别按系统的设计供、回水温度计算。

对单管热水供暖系统，热水依次流过各散热器，对于这种系统形式，散热器的进出水温，各组不同，需逐一计算。

在蒸汽供暖系统中，当蒸汽表压力不大于 0.03MPa 时，t_p 取为 100℃；当蒸汽表压力大于 0.03MPa 时，t_p 取与散热器进口蒸汽压力相应的饱和温度。

b. 散热器的传热系数 K 　散热器的传热系数一般是由实验方法确定的

$$K = A(t_p - t_n)^B \tag{1-28}$$

式中　　K——在实验条件下，散热器的传热系数；

A，B——由实验确定的系数。

一些常用国产散热器的实验数据见附表 5 和附表 6。

c. 散热器面积的修正系数 　散热器 K 值的确定是在特定条件下进行的。 当实际情况与实验条件不同时，由实验所得 K 值计算出的散热器面积与实际有误差，因此需要修正。 前述影响散热器传热系数的因素很多，实际计算中需要考虑的主要有以下三项。

ⓐ 散热器组装片数修正系数 β_1——β_1 的值可按附表 7 选用。

ⓑ 散热器连接形式修正系数 β_2——实验的 β_2 值，可按附表 8 选用。

ⓒ 散热器安装形式修正系数 β_3——β_3 的取值，可查附表 9。

在蒸汽供暖系统中，蒸汽在散热器内表面凝结放热，散热器表面温度较均匀，在相同的计算热媒平均温度下，蒸汽散热器的传热系数 K 值要高于热水散热器的 K 值。 蒸汽散热器的传热系数 K 值可见附表 5。

根据式（1-26）计算出所需散热器面积后，由单片或单位长度散热器面积，求出所需的散热器总片数或总长度。

（2）暖风机

① 暖风机种类 　暖风机是热风供暖系统的换热和送风设备。 它由通风机、电动机及空气加热器组合而成。

暖风机分为轴流式和离心式两种。 根据换热介质又可分为蒸汽暖风机、热水暖风机、蒸汽热水两用暖风机以及冷热水两用的冷暖风机等。 如图 1-31 所示为 S 型轴流暖风机,可供冷热水系统两用。 如图 1-32 所示为 NBL 型离心式大型暖风机,可供蒸汽、热水两用。

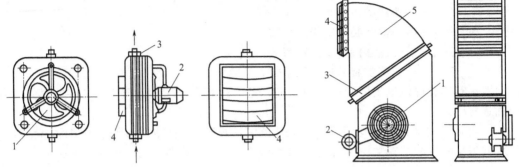

图 1-31　S 型轴流暖风机
1—轴流式风机;2—电动机;3—加热器;4—百叶片

图 1-32　NBL 型离心式大型暖风机
1—离心式风机;2—电动机;3—加热器;4—导流叶片;5—外壳

　　轴流式暖风机体积小,结构简单,一般悬挂或支架在墙上或柱子上。 轴流式暖风机出口风速低,热风直接吹向工作区。 轴流式暖风机主要用于加热室内再循环空气。 离心式暖风机用于集中输送大量热风,由于它配用离心式通风机,有较大的作用压头和较高的出口速度,比轴流式暖风机的气流射程长,送风量和产热量大,除用于加热室内再循环空气外,也可用来加热一部分室外新鲜空气,常用于集中送风供暖系统。

　　对于空气中含有较多灰尘或含有易燃易爆气体、粉尘和纤维而未经处理时,从安全卫生角度考虑,不得采用再循环空气。 此外,由于空气的热惰性小,房间内设置暖风机进行热风供暖时,一般还应适当设置一些散热器,以便在非工作时间,可关闭部分或全部暖风机,并由散热器散热维持生产工艺所需的最低温度(不得低于 5℃),称作值班供暖。

　　② 暖风机的选择计算　暖风机热风供暖设计,主要是确定暖风机的型号、台数、平面布置及安装高度等。

　　暖风机的台数 n 可按式(1-29)确定。

$$n = \frac{\alpha Q}{Q_j} \qquad (1\text{-}29)$$

式中　n——暖风机的台数,台;

　　　　Q——建筑物的热负荷,W;

　　　　Q_j——单台暖风机的实际散热量,W;

　　　　α——暖风机的富裕系数,可取 $\alpha = 1.2 \sim 1.3$。

暖风机的安装台数一般不宜少于 2 台。

　　产品样本中给出的暖风机的散热量 Q_0 是指暖风机空气进口温度 t_j 等于 15℃时的值,若实际或设计空气进口温度值不等于 15℃时,其散热量 Q_j 可按式(1-30)换算。

$$Q_j = \frac{t_p - t_j}{t_p - 15} Q_0 \qquad (1\text{-}30)$$

　　小型暖风机的气流射程,可按式(1-31)估算。

$$S = 11.3 v_0 D \qquad (1\text{-}31)$$

式中　S——气流射程,m;

　　　　v_0——暖风机出口风速,m/s

D——暖风机出口的当量直径，m。

（3）辐射供暖

① 辐射供暖的特点　习惯上把辐射传热比例占总传热量 50％以上的供暖系统称作辐射供暖系统。 辐射供暖是一种卫生条件和舒适标准都比较高的供暖方式。 它是利用建筑物内部的顶面、墙面、地面或其他表面进行供暖的系统。 和对流供暖系统相比，辐射供暖系统具有以下主要优点。

a. 由于有辐射强度和温度的双重作用，造成了真正符合人体散热要求的热状态，因此具有最佳的舒适感。

b. 利用与建筑结构相结合的辐射供暖系统，不需要在室内布置散热器，也不必安装连接散热器的水平支管，所以不但不占建筑面积，也便于布置家具。

c. 室内沿高度方向上的温度分布比较均匀，温度梯度很小，无效热损失可大大减少。

d. 由于提高了室内表面的温度，减少了四周表面对人体的冷辐射，提高了舒适感。

e. 不会导致室内空气的急剧流动，从而减少了尘埃飞扬的可能，有利于改善卫生条件。

f. 由于辐射供暖将热量直接投射到人体，在建立同样舒适条件的前提下，室内设计温度可以比对流供暖时降低 2～3℃（高温辐射时可以降低 5～10℃），从而可降低供暖能耗 10％～20％。

辐射供暖的主要缺点是它的初投资较高，通常比对流供暖系统高出 15％～25％（与低温辐射供暖系统比较）。

另外，辐射供暖系统还可以在夏季用作辐射供冷，其辐射表面兼作夏季降温的供冷表面。

② 辐射供暖系统的分类　辐射供暖系统有多种分类方式，见表 1-4。

表 1-4　辐射供暖系统的分类

分类依据	名称	特征
板面温度	低温辐射	板面温度低于 80℃
	中温辐射	板面温度在 80～200℃ 之间
	高温辐射	板面温度高于 500℃
辐射板构造	埋管式	以直径 15～32mm 的管道埋置于建筑表面内构成辐射表面
	风道式	利用建筑构件的空腔使热空气在其间构成辐射表面
	组合式	利用金属板焊以金属管组成辐射板
	顶面式	以顶棚作为辐射供暖面，辐射热占 70％左右
	墙面式	以墙壁作为辐射供暖面，辐射热占 65％左右
	地面式	以地面作为辐射供暖面，辐射热占 55％左右
	楼面式	以楼板作为辐射供暖面，辐射热占 55％左右
热媒种类	低温热水式	热媒水温度低于或等于 100℃
	高温热水式	热媒水温度高于 100℃
	蒸汽式	以蒸汽(高压或低压)为热媒
	热风式	以加热以后的空气作为热媒
	电热式	以电热元件加热特定表面或直接发热
	燃气式	通过燃烧可燃气体(或用液体或液化石油气)经特制的辐射器发射红外线

较常用的地板辐射供暖，一般在混凝土板内距底面 25mm 处埋设排管或盘管。

埋管用的盘管形状，一般为连续弯管，即蛇形管。 当然，也可以采用带联箱的排管。 埋管的管材，通常为钢管和紫铜管。 近年来，国内低温热水地板辐射供暖系统配用的加热管有交联聚乙烯、聚丁烯等塑料管及铝塑管。地板辐射埋管示意图，如图 1-33 所示。

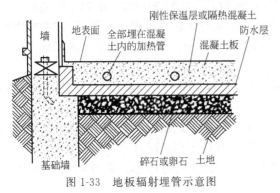

图 1-33　地板辐射埋管示意图

③ 辐射供暖系统的设计

a. 辐射供暖热负荷的确定　在辐射供暖中，由于热量主要以辐射形式传播，同时也伴随有对流形式，所以，衡量供暖效果的标准，应考虑辐射强度和室内空气温度两者的综合影响。实测证明，在人体舒适范围内，辐射供暖时的室内空气温度，可以比对流供暖时低 2～3℃。结合我国的具体情况，空气温度以 12～15℃、辐射强度为 30～60W/m² 比较合适。由于对流和辐射的综合作用，使得准确计算供暖热负荷变得十分困难，为此工程中常采用估算的方法。对于热水辐射供暖系统常用以下两种方法。

ⓐ 修正系数法　辐射供暖时的热负荷与对流供暖时的热负荷存在如下的关系。

$$Q_f = \varphi Q_d \tag{1-32}$$

式中　Q_f——辐射供暖时的热负荷，W；

　　　Q_d——对流供暖时的热负荷，W；

　　　φ——修正系数，对于中、高温辐射系统 $\varphi = 0.8 \sim 0.9$，对于低温辐射系统 $\varphi = 0.9 \sim 0.95$。

ⓑ 降低室内温度法　按对流供暖方式计算供暖热负荷，但室内空气计算温度的取值比对流供暖的温度要求降低 2～6℃。低温辐射供暖系统取下限，高温辐射供暖系统宜采用上限。

当对大空间内局部区域供暖时，局部辐射供暖的热负荷可按整个房间全面辐射供暖的热负荷乘以该局部区域面积与所在房间面积的比值和表 1-5 中的附加系数确定。

表 1-5　局部辐射采暖热负荷附加系数

局部供暖面积与房间总面积之比	0.55	0.40	0.25
附加系数	1.30	1.35	1.50

建筑围护结构预先划定要安装辐射板的部位，其围护结构热损失可不计算。对于采用燃气红外线辐射器进行全面供暖时，室内温度梯度小，建筑围护结构的耗热量可不计算高度附加，并在此基础上再乘以 0.8～0.9 的修正系数。燃气红外线辐射器安装高度过高时，会使辐射照度减小，因此应根据辐射器的安装高度，对总耗热量进行必要的高度修正。

b. 辐射供暖热媒温度的确定　辐射供暖的热媒主要有低温水、高温水和蒸汽，此外还有热空气和采用电或燃气热源的形式。热媒的温度需要根据辐射供暖系统的辐射板位置和安装高度确定。

对于地板和墙面式辐射供暖系统，较多的是采用低温水热媒，从人体舒适和安全角度考虑民用建筑低温热水地板辐射供暖的供水温度不应超过 60℃，供、回水温差宜小于或等于 10℃。

c. 设计步骤与注意事项　辐射供暖系统的设计可按下列步骤进行。

ⓐ 计算各供暖房间的热负荷。

ⓑ 确定辐射板的形式，计算出可以安装辐射板的面积。

ⓒ 计算出要求的辐射板单位面积的散热量。

ⓓ 确定辐射板的表面温度。

ⓔ 选定辐射板的加热方式及加热部件的尺寸和位置。

ⓕ 选定辐射板背面的保温材料，并求出辐射板的热损失。

ⓖ 求出辐射板需要的输入热量。

ⓗ 确定其他要求的温度以及所形成的温度。

ⓘ 按常规做法设计辐射板的供热系统。

具体计算方法可参见《供暖通风设计手册》等相关资料。

此外，在设计中还应注意以下几点。

ⓐ 为保证低温热水地板辐射供暖系统管材与配件的强度和使用寿命，系统的工作压力不宜大于 0.8MPa，当超过上述压力时，应选择适当的管材并采取相应的措施。

ⓑ 为使加热盘管中的空气能够被水带走，加热管内的水流速不应小于 0.25m/s，一般为 0.25～0.5m/s。 同一集配装置的每个环路加热管长度应尽量接近，每个环路的阻力不宜超过 30kPa。 热水吊顶辐射供暖系统宜采用同程式。

ⓒ 低温热水地板辐射供暖系统分水器前和集水器后都要设置阀门，分水器前还需设置过滤器。 分、集水器上均应设置放气阀，尽可能不要在平顶内装置排气设施。

ⓓ 辐射供暖的加热管板及其覆盖层与外墙、楼板结构层之间应设绝热层，当允许楼板双向传热时，覆盖层与楼板结构层间可不设绝热层。

ⓔ 必须妥善处理管道和辐射板的膨胀问题，管道膨胀时产生的推力，绝对不允许传递给辐射板。

ⓕ 全面供暖的热水吊顶辐射板的布置应使室内作业区辐射照度均匀，安装时宜沿最长的外墙平行布置。 设置在墙边的辐射板规格应大于在室内设置的辐射板的规格。 高度小于 4m 的建筑物，宜选择较窄的辐射板。 长度方向应预留热膨胀余地。

ⓖ 燃气红外线辐射供暖通常有炽热的表面，因此设置燃气红外线辐射供暖时，必须采取相应的防火、防爆措施。

ⓗ 燃烧器工作时，需要一定比例的空气量，并释放二氧化碳和水蒸气等燃烧产物，当燃烧不完全时，还会生成一氧化碳，为保证燃烧所需的足够空气，并将放散到室内的二氧化碳和一氧化碳等燃烧产物稀释到允许浓度以下以及避免水蒸气在围护结构内表面上凝结，必须具有一定的通风换气量。 当燃烧器所需要的空气量超过该房间的换气次数 0.5 次/h 时，应由室外供应空气。

ⓘ 燃气红外线辐射器的安装高度应根据人体舒适度确定，但不得低于 3m，并应在便于操作的位置设置能直接切断供暖系统及燃气供应系统的控制开关。 当工作区发出火灾报警信号时，应自动关闭供暖系统，同时还应联锁关闭燃气系统入口处的总阀门，以保证安全。

（4）电采暖 电能是高品位的能源，将其转化为低品位的热能进行供暖，一般是不适宜的。 但在对环保有特殊要求、不能设置常规热源或远离集中热源的独立建筑以及其他情况下，当技术经济比较合理时，可采用电供暖。

① 电热电缆和电热膜 电热辐射供暖主要是利用电热电缆、电热膜或电热织物等电热元件与建筑构件组合而成。 如图 1-34 所示为低温电缆加热地面，这种方式常用于地板式。 低温电热膜辐射供暖如图 1-35 所示。 根据辐射板的长度不同，分为块状和带状两种形式。

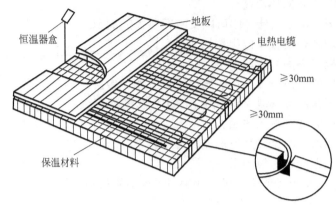

图 1-34 低温电缆加热地面

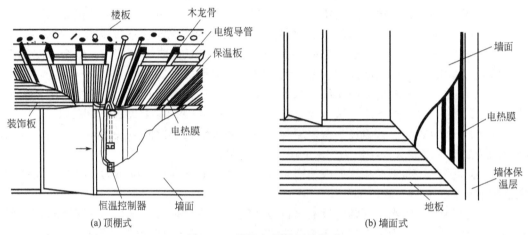

(a) 顶棚式   (b) 墙面式

图 1-35 低温电热膜辐射供暖

② 电气红外线 即利用灯丝、电阻丝、石英灯或石英管等通电后在高温下辐射出红外线进行供暖。其中石英管或石英灯红外线辐射器应用较广,它的主要特性见表 1-6。

表 1-6 石英红外线辐射器的主要特性

类型	辐射温度/℃	输出成分比例			辐射效率/%
		辐射	对流	可见光	
石英管	990	78	22	极少	78
石英灯	2232	80	14	6	80

③ 电加热器 常用的电加热器有两种,如下所示。

a. 裸线式(图 1-36) 裸线式电加热器热惰性小,加热迅速且结构简单,但安全性差,电阻丝容易断落漏电,所以安装时必须有可靠的接地装置,并应与风机联锁运行,以免发生安全事故。通常,在定型产品中,常把裸线式电加热器做成抽屉式。

b. 管式(图 1-37) 管式电加热器由管状电热元件组成。这种电热元件是将电阻丝装在特制的金属套管中,中间填充导热性好的电绝缘材料,如结晶氧化镁等。管状电热元件除棒状之外,还有 U 形、W 形等其他形状,具体的尺寸和功率可查产品样本。近些年出现的带螺旋翅片的管状电热元件具有尺寸小而加热能力更大的优点。

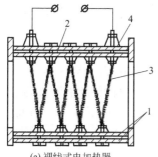 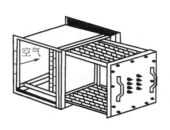

(a) 裸线式电加热器　　　　　(b) 抽屉式电加热器

1—钢板；2—隔热导；3—电阻丝；
4—瓷绝缘子

图 1-36　裸线式电加热器

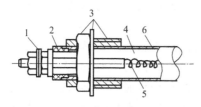

图 1-37　管式电加热器

1—接线端子；2—绝缘端子；3—紧固装置；4—绝缘材料；5—电阻丝；6—金属套管

电加热器的功率可按下式计算。

$$N=\frac{c_p G(t_2-t_1)}{3600\eta} \tag{1-33}$$

式中　N——电加热器的总功率，kW；

G——风量，kg/h；

c_p——空气的比热容，1.0kJ/(kg·℃)；

t_1，t_2——空气进、出口温度，℃；

η——电加热器效率，$\eta=0.85\sim0.9$，一般取 0.85。

在设计和安装电加热器时，应注意如下几个问题。

ⓐ 电加热器宜安装在风管中，尽量不要放在空调机组内。

ⓑ 电加热器应与送风机联锁。

ⓒ 电加热器前后 0.8m 范围内的风管，其保温材料均应采用绝缘的非燃烧材料。

ⓓ 安装电加热器的风管与其前后段风管连接的法兰中间需加绝缘材料的衬垫，不要让连接螺栓传电。

ⓔ 暗装在吊顶内风管上的电加热器，在相对于电加热器位置处的吊顶上应开设检查孔。

ⓕ 在电加热器后的风管中宜安设超温保护装置。

1.6.4　空气的加湿与除湿设备

如前所述，喷水室处理空气可实现对空气的加湿或除湿，表冷器处理空气则只能在夏季起除湿作用。若要保证空调房间的湿度参数，还需对空气进行其他方式的加湿或除湿处理。

1.6.4.1　空气的加湿

按水蒸发的热源不同，加湿方法可分为等焓加湿和等温加湿两大类。前者水蒸发所需的热量取自空气本身（显热变成潜热），而后者水蒸发需要的热量则主要由外界热源供给。

在中央空调系统中，常将空气加湿设备布置在空气处理室（空调机组）或送风管道内，通过送风的集中加湿来实现对所服务房间的湿度调控。 另一种情况是将加湿器装入系统末端机组或直接布置到房间内，以实现对房间空气的局部补充加湿。 这种加湿方法除用于房间温度的局部调整外，有时还可用于送风温差不受限制的房间，达到降低其热湿比、节省其送风量的目的。 在一些工业建筑中，还可用它进行高温车间的降温或多尘车间的降尘。

空气加湿器品种多样，但根据湿介质形态，都可归结为"蒸汽"和"水"两种类型。 蒸汽加湿器以集中加湿应用甚广的蒸汽喷管为代表，还包括透湿膜加湿器以及电热式、电极式、红外式、PTC蒸汽加湿器等。 水加湿器则以集中加湿常用的喷水室为代表，还包括超声波式、离心式、加压喷雾式、湿面蒸发式加湿器和电动喷雾机等。

从热湿传递过程来考察，蒸汽加湿器大多需借助外部热源使水变成蒸汽，再将蒸汽混入空气中进行加湿，空气的状态变化过程呈近似的等温加湿过程。 水加湿器则不同，它们是借助某种动力与构件使水雾化或膜化，在空气与这些微细水滴或薄膜层直接接触条件下，利用水吸收空气显热而蒸发，从而实现对空气的加湿。 这类加湿方法正如喷水室使用循环水处理空气一样，空气状态变化可近似看作等焓加湿过程。 当然，在某些特定条件下使用这些加湿器也完全可能获得其他一些多变的空气加湿过程。

空气的加湿方法包括等焓加湿和等温加湿。 其中等焓加湿包括喷水室加湿；压缩空气喷雾加湿（局部补充加湿）；高压喷雾加湿；湿膜加湿；超声波加湿；离心式加湿器加湿等。 等温加湿包括干蒸汽加湿器加湿；电极式加湿；电热式加湿；PTC热电变阻式蒸汽加湿；红外线加湿器加湿。

各种加湿方法的比较见表1-7。

表 1-7　各种加湿方法的比较

序号	加湿方法	优点	缺点
1	干蒸汽加湿器	加湿迅速、均匀、稳定，效率接近100%；不带水滴、不带细菌；节省电能，运行费用低；装置灵活，布置方便；既可设在空调机组内，也可布置在风管里	必须有汽源，并配有输汽管道；设备结构比较复杂，初投资高
2	电极(热)式加湿器	加湿迅速、均匀、稳定；控制方便、灵活；不带水滴，不带细菌；装置简单，无需汽源，无噪声	耗电量大，运行费用高；不使用软化水或蒸馏水时，内部易结垢，清洗较困难
3	超声波加湿器	体积小，加湿强度大，加湿迅速，耗电量少；使用灵活，无需汽源；控制性能好，雾粒小而均匀，加湿效率高	可能带菌；单价较高；使用寿命短（振动子寿命约5000h）；加湿后尚需升温
4	喷水室	可以利用循环水，节省能源；不需汽源；装置简单，设备费用和运行费用低；稳定、可靠	可能带菌；水滴较大；存在冷热抵消
5	板面蒸发加湿器	加湿效果好，运行可靠，费用低廉；具有一定的加湿速度；板面垫层兼有过滤作用	易产生微生物污染，必须进行水处理

序号	加湿方法	优点	缺点
6	红外线加湿器	加湿迅速、不带水滴、不带细菌;使用灵活、控制性能好;装置较简单	耗电量大,运行费用高;使用寿命不长(5000~7000h);价格高
7	湿膜式加湿器	构造简单,运行可靠;具有一定的加湿速度;初投资和运行维修费用低	易产生微生物污染,必须进行水处理

各种加湿器的加湿能力参见表 1-8。

表 1-8　各种加湿器的加湿能力

序号	类型	加湿能力/(kg/h)	耗电量/[kW/(kg·h)]
1	干蒸汽加湿器	100~300	—
2	超声波加湿器	1.2~20	0.05
3	电极式加湿器	4~20	0.78
4	红外线加湿器	2~20	0.89
5	喷水室	大容量	—

1.6.4.2　空气的除湿

除了采用前面述及的喷水室和表冷器对空气进行除湿处理外,还有其他多种除湿方式。

常见的空气的除湿方法包括如下所示。

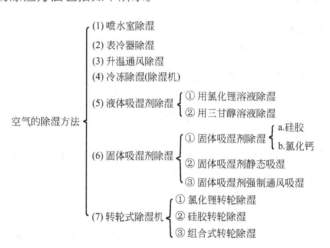

各种除湿方法的比较参见表 1-9。

表 1-9　各种除湿方法的比较

序号	除湿方法	机理	优点	缺点	适用场合
1	升温除湿	通过显热交换,在含湿量 d=常数(恒定)的条件下,使温度升高,湿度相应降低	简单易行,投资和运行费用低	空气温度升高,空气不新鲜	适用于对室温无要求的场合
2	通风除湿	向潮湿空间输入含湿量小的室外空气,同时排出等量的潮湿空气	经济、简单	保证率较低	适用于室外空气较干燥的地区

序号	除湿方法	机理	优点	缺点	适用场合
3	冷冻除湿	让湿空气流经低温表面,空气温度降至露点温度以下,湿空气中的水汽冷凝析出	性能稳定,工作可靠;能连续工作	设备和运行费用较高;有噪声	适用于空气的露点温度高于4℃的场合
4	液体除湿	空气通过与蒸汽分压力低、不易结晶、黏性小、无毒、无臭的溶液接触,依靠水汽的分压差吸收空气中的水分	除湿效果好,能连续工作,兼有清洁空气的功能	设备复杂,初投资高;需要有高温热源;冷却水耗量大	适用于室内显热比小于60%,空气出口露点温度低于5℃且除湿量较大的系统
5	固体除湿	利用某些固体物质表面的毛细管作用或相变时的蒸汽分压力差吸附或吸收空气中的水分	设备较简单,投资和运行费用较低	除湿性能不太稳定,并随使用时间的加长而下降;需再生	适用于除湿量小,要求露点温度低于4℃的场合
6	干式除湿	湿空气通过含吸湿剂的纤维纸制的蜂窝状体(如转轮),在水蒸气分压力差的作用下,水分被吸湿剂吸收或吸附	除湿可调,且能连续除湿,单位除湿量大,可自动工作	设备较复杂,且需再生	特别适合于低温、低湿状态应用
7	混合除湿	综合以上所列方法中的某几种而组成			

1.7 空调的舒适性与热环境评价指标 PMV 和 PPD

1.7.1 室内空调的舒适图

影响到舒适感的特性环境包含如下内容。

(1)干球温度—影响到人体表面皮肤的蒸发、对流换热与导热,这是空调设计中首先考虑的问题,也是影响到人体舒适性的主要因素。无论是夏季还是冬季,过高或者过低的室内温度都会使人体本身的热平衡遭到破坏,从而产生不舒适感,严重时甚至导致室内人员生病的情况发生。

(2)相对湿度—影响人体表面汗液的蒸发,实际上也是对人体热平衡的一种影响。湿度过高,会使人感到气闷,汗出不来;过低又会使人感觉干燥。我国南方地区普遍具有夏热冬冷、全年潮湿的气候特征,这是造成夏季闷热与冬季阴冷的内在原因;我国北方地区相对南方地区来说较为干燥,尤其在冬季,室内物品经常产生静电,这是湿度过低引起的。湿度过低,另一个不良影响是可使室内的木质家具及装修材料产生裂纹,给用户来带来直接经济损失。

(3)空气流速—空调通风必然导致室内空气的流动,气流速度也会影响人体表面的蒸发与对流,从而对人体造成一定的影响。最明显的是夏季送冷风时,如果冷空气的流速过大,造成人体吹冷风的感觉,会对舒适性产生不利的影响。冬季通过空调设备送风时,送风温度过低,也会使人产生吹冷风的感觉。对住宅建筑来说,一般夏季空气流速要求不大于 0.3m/s,冬季要求不大于 0.2m/s。

(4)平均辐射温度(MRT)—影响到人体与周围物体的辐射,因此是影响到室内人员冷、热感觉的因素之一。

影响到人体舒适感的因素是多方面的,除了上述参数,还涉及室内空气品质、噪声等。改善室内空气品质，空调通风装置与系统功能的改进与提高十分必要和责无旁贷。因此空调热湿处理的设备必须改进，还应增加生物化学处理功能，提高净化过滤性能，配备监控手段和计算机调控等，同时还必须重视通风的有效性，供给足够的新风量，提高通风效率等。此外，噪声会使人产生烦躁不安的情绪，有害于人体的身心健康。有效地控制空调通风系统的噪声，也是空调设计的一个重要部分。

1.7.1.1 舒适图

图 1-38 给出的是美国 ASHRAE 舒适标准中所建议的新舒适区，其条件如下。

① 干球温度 近似等于平均辐射温度（MRT）。

② 空气流速 小于 0.23m/s。

③ 衣着 $Cl_o=0.5\sim0.7$，Cl_o 为保暖程度的单位。

④ 工作性质 坐着工作。

⑤ 停留时间 1h 左右。

新有效温度舒适区处于图 1-38 中阴影线所包围的区域，新有效温度 ET* 如图 1-38 中虚线所示。

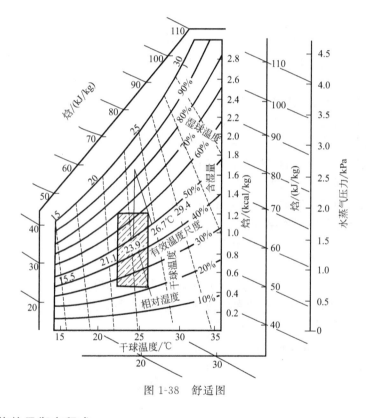

图 1-38　舒适图

1.7.1.2 人体热平衡方程式

$$S=M-W-E-R-C \tag{1-34}$$

式中　S——人体蓄热率，W/m^2；

　　　M——人体能量代谢率，W/m^2，见表 1-10；

　　　W——人体所做的机械功，W/m^2；

　　　E——蒸发热损失，W/m^2；

　　　R——辐射热损失，W/m^2；

C——对流热损失，W/m^2。

表 1-10　人体能量代谢率(ISO 7730)

活动强度	能量代谢率	
	$/(\text{W/m}^2)$	met
躺着	46	0.8
坐着休息	58	1.0
站着休息	70	1.2
坐着活动(办公室、学校、实验室、住房等)	70	1.2
站着活动(实验室、轻劳动、买东西)	93	1.6
站着活动(营业员、机加工人、家务劳动等)	116	2.0
中等活动(修理汽车、重机械加工等)	105	2.8

注：met (metabolic rate)＝某种活动强度时的能量代谢率/静坐时的能量代谢率。

① 蒸发热损失 E 的计算

$$E = L + E_{hu} + E_p + E_h$$
$$= 0.0014M(34 - t_n) + 1.72 \times 10^{-5}M(5867 - p_f) + 3.05 \times 10^{-3}(254t_p - 3335 - p_f) +$$
$$0.42(M - W - 58.15)$$

$$(1-35)$$

式中　L——呼吸时的显热损失，W/m^2；

E_{hu}——呼吸时的潜热损失，W/m^2；

E_p——皮肤扩散蒸发热损失，W/m^2；

E_h——皮肤出汗造成的热损失，W/m^2；

t_n——人体周围的空气温度，℃；

p_f——人体周围空气的水蒸气分压力，Pa；

t_p——人体皮肤的平均温度，℃。

$$t_p = 35.7 - 0.0275(M - W) \tag{1-36}$$

② 辐射热损失 R 的计算

$$R = 3.95 \times 10^{-8}f_y[(t_y + 273)^4 - (MRT + 273)^4] \tag{1-37}$$

式中　f_y——穿衣人体的外表面积与裸体时外表面积之比；

t_y——衣着外表面的温度，℃；

MRT——平均辐射温度，℃。

当衣服热阻 $R_y \leqslant 0.078\text{m}^2 \cdot ℃/\text{W}$ 时

$$f_y = 1.00 + 1.29R_y \tag{1-38}$$

当 $R_y > 0.078$ 时

$$f_y = 1.05 + 0.645R_y \tag{1-39}$$

衣着外表面的温度 t_y，按热平衡关系为

$$t_y = t_p - R_y(R + C) \tag{1-40}$$

③ 对流热损失 C 的计算

$$C = f_y a_c(t_y - t_n) \tag{1-41}$$

式中　a_c——对流换热系数，$\text{W/(m}^2 \cdot ℃)$。

当 $2.38(t_y - t_n)^{0.25} > 12.1\sqrt{v}$ 时

$$a_c = 2.38\,(t_y - t_n)^{0.25} \tag{1-42}$$

当 $2.38\,(t_y - t_n)^{0.25} < 12.1\sqrt{v}$ 时

$$a_c = 12.1\sqrt{v} \tag{1-43}$$

式中　v——空气的相对流速，m/s。

1.7.2　人体舒适方程式

当人体蓄热率 $S=0$ 时，可得如下热舒适方程。

$$M - W - E - R - C = 0 \tag{1-44}$$

人体能量代谢率 M 与耗氧量 V_{O_2}（L/min）成正比，它们之间的关系为

$$M = (0.23\mathrm{RQ} + 0.77) \times 5.86 \times V_{O_2} \times \frac{60}{F_d} \tag{1-45}$$

式中　RQ——呼吸商，即人体 CO_2 产量与同时间内耗氧量之比（V_{CO_2}/V_{O_2}）；

F_d——人体的表面积，m^2，一般可按 Dubois 公式计算，即 $F_d = 0.202G^{0.425}$ $H^{0.725}$（G 为体重，kg；H 为身高，m）。

呼吸商 RQ 与营养成分、活动强度等有关，美国、日本静坐人体一般取 $\mathrm{RQ}=0.83$，我国人体可取 $\mathrm{RQ}=0.85$。

ISO 7730 标准规定了不同活动强度时的能量代谢率，见表 1-10。

1.7.3　热环境评价指标 PMV 和 PPD

在 ISO 7730 标准中，以 PMV（predicted mean vote）-PPD（predicted percentage of dissatisfied）指标来描述和评价热环境，其中 PMV 为预期平均评价，而 PPD 为预期不满意百分率。

（1）热舒适指标 PMV

$$\begin{aligned}
\mathrm{PMV} = &\,(0.303\mathrm{e}^{-0.036M} + 0.028)\{M - W - 3.05 \times 10^{-3}\,[5733 - 6.99\,(M-W) - p_f] - \\
&\,0.42\,[(M-W) - 58.15] - 1.7 \times 10^{-5}M\,(5867 - p_f) - 0.0014M\,(34 - t_n) - \\
&\,3.96 \times 10^{-8}f_y\,[(t_y + 273)^4 - (\mathrm{MRT} + 273)^4] - f_y a_c\,(t_y - t_n)\}
\end{aligned} \tag{1-46}$$

PMV 指标的判断标准如下。

PMV = +3	热
PMV = +2	暖和
PMV = +1	稍暖和
PMV = 0	适中、舒适
PMV = −1	稍凉快
PMV = −2	凉快
PMV = −3	冷

式（1-46）中的 a_c 和 t_y，可用式（1-41）和式（1-42）迭代求解。

（2）对 PMV 不满意指标 PPD　PPD 指标表示对热舒适环境不满意的百分数，用下式表示。

$$\mathrm{PPD} = 100 - 95\mathrm{e}^{-(0.03353\mathrm{PMV}^4 + 0.2179\mathrm{PMV}^2)} \tag{1-47}$$

ISO 7730 对 PMV-PPD 指标的推荐值为

$$\mathrm{PPD} < 10\%$$

因此，PMV 指标为

$$-0.5 < \text{PMV} < +0.5$$

1.8 设计参考规范及标准

本书中参考的设计规范和标准主要包括《公共建筑节能设计标准》（GB 50189—2015）、《室内空气质量标准》（GB/T 18883—2002）、《民用建筑供暖通风与空气调节设计规范》（GB 50736—2012）、《工业建筑供暖通风与空气调节设计规范》（GB 50019—2015）等。

第 **2** 章

中央空调冷负荷与送风量

空调负荷是指空调房间冷（热）负荷和湿负荷。 空调负荷是确定空调系统送风量及空调设备容量的基本依据。 室内冷（热）负荷、湿负荷的计算以室外空气参数和室内设计空气参数为依据。

2.1 室内外设计参数

2.1.1 室外气象参数

室外气象参数是供暖、通风、空调设计的基础数据，是空调设计合理性的一个基本保证。 空调设计时，室外空气计算参数主要有干湿球温度、风速、风向等（表 2-1 和表 2-2）。

表 2-1 冬季室外参数

项目	名称	统计方法（意义）	说明
干球温度	冬季空调	采用历年平均不保证 1 天的日平均温度	参见"历年平均不保证"
	冬季通风	采用累年最冷月平均温度	"累年最冷月"是指累年逐月平均气温最低的月份
	供暖	采用历年平均不保证 5 天的干球温度	"历年平均不保证"是指存在一个干球温度，每年超出这一温度的时间有 5 日，然后取近若干年中每年之一温度的平均值
湿度	冬季空调	采用累年最冷月平均湿度	参见"累年最冷月"
风速	室外平均风速	采用累年最冷 3 个月各月平均风速的平均值	参见"累年最冷月"
	冬季室外最多风向的平均风速	冬季室外最多风向的平均风速，应采用累年最冷 3 个月最多风向（静风除外）的各月平均风速的平均值	参见"累年最冷月"

表 2-2 夏季室外参数

项目	名称	统计方法（意义）
干球温度	夏季空调	采用历年平均不保证 50h（小时）的干球温度
	夏季通风	采用历年最热月 14 时的月平均温度的平均值
	夏季空调室外计算日平均温度	采用历年平均不保证 5 天的干球温度
湿球温度	夏季空调室外计算湿球温度	采用历年平均不保证 50h（小时）的湿球温度
湿度	夏季通风	采用历年最热月 14 时的月平均温度的平均值
风速	室外平均风速	采用累年最热 3 个月各月平均风速的各月平均风速的平均值

这些参数对空调设计而言，主要会从两个方面影响系统的设计：由于室内外存在温差，通过建筑围护结构的传热量；空调系统采用的新鲜空气需要花费一定的能量将其处理到室内状态。 因此，确定室外空气的计算参数时，既不应选择多年不遇的极端值，也不应任意降低空调系统对服务对象的保证率。 室外参数的统计方法和意义可参见《民用建筑供暖通风与空气调节设计规范》（GB 50736—2012）。

夏季空调室外计算干湿球温度和冬季空调室外计算温度、湿度，用于空气处理过程中焓湿图上室外空气状态点的确定。夏季空调室外计算日平均温度和冬季空调室外计算温度，是计算空调冷热负荷时的重要参数。

应注意的是，在统计干湿球温度时，宜采用当地气象站每天 4 次的定时温度记录，并以每次记录值代表 6h 的温度核算值。室外计算参数的统计年份，宜取近 30 年，不足 30 年者按实际年份采用，但不得少于 10 年，少于 10 年时应进行修正。山区的气象参数应根据最邻近台站的气象资料进行比较确定。

室外平均风速对建筑外围护结构的传热系数有较大的影响，一般来说，冬季风速与夏季风速不同，因此冬季、夏季负荷计算时应分别采用不同的外围护结构传热系数。风向和频率主要用于设计图中对进、排风口的朝向上的安排以及针对外门朝向所采取的相应措施。此外，大气压力决定了湿空气的状态参数，不同的大气压力采用不同的湿空气状态（如 h-d 图等）。纬度用于区分工程所在地的区域，不同的纬度有不同的太阳辐射值，因而会对空调负荷产生不同的影响。

随着全球气候的不断变化，旧的气象数据逐步失去其代表性，设计人员应尽可能地采用最新的气象数据。按《采暖通风与空气调节设计规范》（GB 50019—2003）规定统计出的 270 个台站的最新的室外气象参数，如附表 10 所示（部分摘录）。

另外值得注意的是，按暖通空调规范上述条文确定的室外计算参数设计的空调系统，运行时会出现个别时间达不到室内温、湿度要求的状况，但其保证率却是相当高的。为了在极少数特殊情况下保证全年达到预定的室内温、湿度参数，完全确保技术上的要求，必须另行确定适宜的室外计算参数，甚至采用累年极端最高或极端最低干、湿球温度等，但它对空调系统的初投资影响极大，必须采取谨慎的态度。仅在部分时间（如夜间）工作的空调系统，如仍按常规参数设计，将会使设备富裕能力过大，造成浪费，因此，设计时可不遵守上述有关规定，应根据具体情况另行确定适宜的室外计算参数。

夏季在计算通过建筑围护结构传入室内的热量时，应按不稳定传热过程计算逐时负荷，以确定冷负荷，此时室外温度应取室外逐时温度，按式(2-1)确定。

$$t_{sh} = t_{wp} + \beta \Delta t_r \qquad (2-1)$$

式中　t_{sh}——室外逐时温度，℃；

t_{wp}——夏季空调室外计算日平均温度，℃；

β——室外温度逐时变化系数，见附表 11；

Δt_r——夏季室外空气计算平均日较差，℃，按式(2-2)计算。

$$\Delta t_r = \frac{t_{wg} - t_{wp}}{0.52} \qquad (2-2)$$

式中　t_{wg}——夏季空调室外计算干球温度，℃。

2.1.2　室内设计参数

室内空气参数的确定对于民用和公共建筑而言，主要取决于对舒适性的要求，并考虑地区、经济条件和尽可能节能等因素。室内空气参数主要用温度、湿度基数及其允许的波动范围（即空调精度——在要求的持续时间内，室内空气的温度或湿度偏离室内对应温度或湿度基数的最多差值）来表述。例如，室内温度 $t_n = 22.0℃ \pm 0.5℃$ 和室内相对湿度 $\varphi_n = 50\% \pm 5\%$，这两组指标便完整地表达了室内温度和湿度参数的要求。一般情况下舒适性空调如居室、办公室、餐厅等场所的空调对温度和湿度没有精度要求，而工艺性空调对室内温度和湿度基数及精度都有较特殊的要求，同时还要兼顾卫生要求。舒适性空调的室内参数是基于人体对周围环境的温度、湿度、风速和舒适性要求，其室内设计空气计算参数要符合国家现行标准《室内空气质量标准》(GB/T 18883—2002)的规定,可按附表 12 的数值选用。

室内温度的选择对空调是否节能的影响很大,比如在加热工况下,室内计算温度每降低 1℃,能耗可减少 5%～10%;在制冷工况下,室内计算温度每升高 1℃,能耗可减少 8%～10%。 所以为了节能,应避免冬季采用过高的室内温度,夏季采用过低的室内温度。 比如,2005 年 7 月 6 日国务院发文倡导全社会在夏季空调温度不低于 26℃,因此在确定室内设计参数时,既要满足舒适性环境的需求,又要符合节能原则。

此外,空调系统还需要新风的引入,其主要有两个用途:稀释室内有害物质的浓度,满足人员的卫生要求;补充室内排风和保持室内正压。 前者的指示性物质是 CO_2,使其日平均值保持在 0.1% 以内;后者主要根据风平衡计算确定。 新风量的大小不仅与能耗、初投资和运行费用密切相关,还关系到保证人体的健康和环境卫生,一般不应随意增加或减少。

由于涉及场所种类众多,且建筑设计形式和人们的消费需求不断变化,人们对室内环境的要求也越来越高,对于这方面的标准也处于逐步更新状态。 目前推荐使用的有具体的室内设计参数可参见书后的附表 13～附表 32。

2.2 中央空调系统分区和空调负荷计算

2.2.1 中央空调系统分区

由于空调区域的功能、使用情况、围护结构构造、朝向和使用时间上的差异,因此会产生不同的负荷特性。 在负荷分析基础上,根据空调负荷差异性,合理地把空调区域划分成若干个温度控制区以便灵活地划分空调系统,称为空调分区。 集中空调的分区控制是中央空调设计的重要问题,分区设计的好坏直接影响到中央空调使用的方便性、运行的成本高低和系统调节的灵活性。

中央空调系统分区,主要从下面几方面考虑。

① 空气调节房间的瞬时负荷变化差异较大时,应分设系统,朝向与层次等位置上相近房间宜合并在一起。 比如,分为外区和内区。 外区直接受外围护结构得热量和空气渗透影响,其负荷包括外围护结构冷负荷和内热冷负荷。 内区的空调负荷不受外围护结构的得热量和空气渗透等影响,主要是内热负荷。 工程设计时,进深 8m 以内的房间常不设内区,按外区处理。

如图 2-1 所示,空调分区情况为东外区早上 8 时左右冷负荷最大,午后减小;西外区早上冷负荷较小,下午 16 时左右负荷最大,冬季起西北风时,热负荷仅次于北外区;南外区夏季冷负荷不大,春秋季(4 月、10 月)中午时冷负荷与东、西外区相近;北外区冷负荷较小,冬季热负荷比其他外区大。

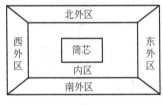

(a) 4 个外区的大型建筑

(b) 3 个外区的大型建筑

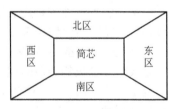

(c) 不分内外区的小型建筑

图 2-1 平面分区示意图

一般情况下，内区全年仅有冷负荷，其随区域内照明、设备和人员发热量的状况而变化，通常全年需要供冷，屋顶层的内区也存在围护结构冷、热负荷。

② 空气调节房间所需的新鲜空气比例相差悬殊时，可按比例相近者分设系统。

③ 有空气洁净度要求的房间不宜与无空气洁净度要求的房间划为同一系统，也不能与空气污染严重的房间划为同一系统，如与后者划为同一系统时，应做局部处理。

④ 房间的设计参数（主要包括温度、湿度等）相近、房间内空气的热湿比数值相近、使用和运行时间接近的房间，可合为一个系统；同一系统的各房间应尽可能靠近，比如同层可以设为一个系统。

⑤ 在不设房间隔断的大空间办公室中，工作班次和运行时间相同的房间可采用一个系统，同一个温度控制区的空调负荷应尽可能按同一规律变化。 不同用途、使用时间或负荷性质的房间或区域，应划分成不同的温度控制区，如办公室、会议室、接待室等。比如，办公区人员到会议区开会，办公区因负荷减小，风量需要减少。 同时会议区因负荷增加，风量需要增加。 两者的负荷明显不按同一规律变化，风量需求上相互矛盾，不应划分在同一温度控制区。

⑥ 空调系统的划分要与建筑防火的分区相一致；水系统可以按照压力（一般以1.2MPa 为界）来进行竖向分区。

⑦ 末端控制面积要合理。 一般情况下，空调末端装置的温度控制区范围有限。 若温度控制区设置过大，则区域内温差会过大，有些房间的温度控制精度较差。 若温度控制区设置过小，投资会过大。 一般情况下，内区的空调末端装置的温控区宜为 $50 \sim 100\mathrm{m}^2$，外区的空调末端装置的温控区宜为 $25 \sim 50\mathrm{m}^2$。

在计算空调建筑物冷负荷时，国标《民用建筑供暖通风与空气调节设计规范》（GB 50736—2012）给出了如下的一些有关规定。

① 除方案设计或初步设计阶段可使用冷负荷指标进行必要的估算之外，空气调节区还应进行逐项逐时冷负荷计算。

② 空气调节区的夏季计算得热量可根据下列各项确定。

a. 通过围护结构传入的热量。

b. 通过外窗进入的太阳辐射热量。

c. 人体散热量。

d. 照明散热量。

e. 设备、器具、管道及其他内部热源的散热量。

f. 食品或物料的散热量。

g. 渗透空气带入的热量。

h. 伴随各种散湿过程产生的潜热量。

空气调节区的夏季冷负荷，应根据各项得热量的种类和性质以及空气调节区的蓄热特性，分别进行计算。 得热量是指通过围护结构进入房间的及房间内部散出的各种热量总和。 围护结构热工特性及得热量的类型决定得热量和冷负荷的关系。 在瞬时得热中的潜热及显热中的对流成分直接放散到房间空气中，构成瞬时冷负荷；但辐射热则不能立即成为瞬时冷负荷，辐射热先被围护结构内表面和家具的表面吸收，提高了这些表面的温度，当表面温度高于室内空气温度时，它们又以对流方式将储存的热量散发给空气形成冷负荷，如图 2-2 所示。 辐射热的长波辐射过程是一个无穷次反复作用的过程，所以得热量转化为冷负荷在时间上有一定延迟，如图 2-3 所示。

③ 空气调节区的夏季计算散湿量可根据下列各项确定。

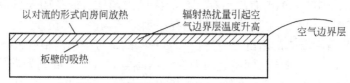

图 2-2　辐射热转化为冷负荷的示意图

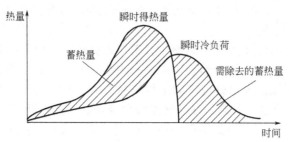

图 2-3　得热量与冷负荷之间的关系

a. 人体散湿量。

b. 渗透空气带入的湿量。

c. 化学反应过程的散湿量。

d. 各种潮湿表面、液面或液流的散湿量。

e. 食品或其他物料的散湿量。

f. 设备散湿量。

④ 空气调节区的夏季冷负荷，应按各项逐时冷负荷的综合最大值确定。

2.2.2　墙体传热冷负荷计算

冷负荷系数法是在传递函数法的基础上为便于工程计算的一种简化计算法，用该法计算建筑物空调冷负荷时，可先查出冷负荷系数与冷负荷温度，用一维稳定热传导公式计算出得热量形成的冷负荷。

（1）外墙和屋顶传热形成的逐时冷负荷　目前全国各地区的冷负荷计算以"北京计算基数"为依据进行修正，可按下式计算。

$$CL_E = FK（t_{w1} - t_n）\qquad(2-3)$$

式中　CL_E——外墙和屋顶形成的逐时冷负荷，W；

$\quad\quad F$——外墙和屋顶的传热面积，m^2；

$\quad\quad K$——外墙和屋顶的传热系数，$W/(m^2 \cdot ℃)$，可根据外墙和屋顶的构造类型，由附表 33 和附表 34 查取；

$\quad\quad t_n$——夏季空气调节室内计算温度，℃；

$\quad\quad t_{w1}$——外墙和屋顶冷负荷计算温度的逐时值，℃，按下式计算。

$$t_{w1} = （t_{w1b} - t_d）k_\alpha k_\rho \qquad(2-4)$$

式中　t_{w1b}——以北京地区的气象条件为依据计算出的外墙和屋顶冷负荷计算温度的逐时值，℃，根据外墙和屋顶的不同类型分别在附表 35 和附表 36 中查取；

$\quad\quad t_d$——不同类型构造外墙和屋顶的地点修正值，℃，根据不同的设计地点在附表 37 中查取；

$\quad\quad k_\alpha$——外表面放热修正系数，在附表 38 中查取；

$\quad\quad k_\rho$——外表面吸收修正系数，在附表 39 中查取。

《民用建筑供暖通风与空气调节设计规范》（GB 50736—2012）规定对于室温允许波动范围大于或等于±1.0℃的空调，非轻型外墙传热形成的冷负荷，可以近似按照稳态传热计算，即

$$CL_E = KF(t_{zp} - t_n) \tag{2-5}$$

式中　t_{zp}——夏季空调室外计算日平均综合温度，℃，可按下式计算。

$$t_{zp} = t_{wp} + \frac{\rho J_p}{\alpha_w} \tag{2-6}$$

式中　t_{wp}——夏季空调室外计算日平均温度，℃；

　　　ρ——围护结构外表面对太阳辐射热的吸收系数，见附表 40；

　　　J_p——围护结构所在朝向太阳总辐射照度的日平均值，W/m^2；

　　　α_w——围护结构外表面换热系数，W/(m^2·℃)，在附表 38 中查取。

（2）内墙或楼板由温差传热形成的冷负荷　当邻室为通风良好的非空调区域时，通过内墙和楼板的传热而产生的冷负荷可按式（2-3）计算；当邻室与空调区的夏季温差大于 3℃时，宜按式（2-7）计算通过空调房间隔墙、楼板、内窗、内门等内围护结构的温传热而产生的冷负荷。

$$CL_{Ein} = KF(t_{ls} - t_n) \tag{2-7}$$

式中　t_{ls}——邻室计算平均温度，℃，可按下式计算。

$$t_{ls} = t_{wp} + \Delta t_{ls} \tag{2-8}$$

式中　Δt_{ls}——邻室计算平均温度与夏季空调室外计算日平均温度的差值，℃，参见附表 41。

2.2.3　外窗冷负荷计算

（1）外玻璃窗由温差传热形成的冷负荷　在室内外温差作用下，通过外玻璃窗瞬变传热引起的冷负荷可按下式计算。

$$CL_W = C_w K_w F_w(t_{wl} + t_{dl} - t_n) \tag{2-9}$$

式中　C_w——玻璃窗的传热系数的修正值，根据窗框类型可从附表 42 中查得；

　　　K_w——外玻璃窗传热系数，W/(m^2·℃)，单层窗可查附表 43，双层窗可查附表 44，不同结构材料的玻璃可查附表 45；

　　　F_w——窗口面积，m^2；

　　　t_{wl}——外玻璃窗冷负荷计算温度的逐时值，℃，可由附表 46 查得；

　　　t_{dl}——玻璃窗的地点修正值，可从附表 47 中查得。

需要说明的是，在高层和超高层建筑中，窗墙比大，甚至外围护结构采用玻璃幕墙，墙体材料也多采用轻型材料，再加上风速高，外表面换热系数就比较大，以至于外围护结构的传热衰减小，延迟时间短，可以用稳定传热方法计算外围护结构的传热负荷。由于不透明外墙在外围护结构中所占面积比例较小，所以在计算高层或超高层建筑围护结构形成的空调负荷时，仅计算玻璃窗形成的负荷即可。

（2）透过玻璃窗进入的太阳辐射得热形成的冷负荷　透过玻璃窗进入室内的太阳辐射得热分为两部分，一部分是透过玻璃窗的太阳辐射热 q_r；另一部分是玻璃窗吸收太阳辐射后传入室内的热量 q_t。透过玻璃窗的太阳辐射得热形成冷负荷的计算式为

$$CL_W = C_a C_s C_{in} F_w D_{J_{max}} C_{LQ} \tag{2-10}$$

式中　C_a——有效面积系数，单层钢窗为 0.85，单层木窗为 0.7，双层钢窗为 0.75，双层木窗为 0.6；

　　　C_s——窗玻璃的遮阳系数，由附表 48 查得；

C_{in}——窗内遮阳设施的遮阳系数，由附表 49 查得；

F_w——窗口面积，m^2；

$D_{J_{max}}$——太阳辐射得热因数 D_J 的最大值，$D_J = q_r + q_t$，指夏季（以 7 月份为代表），在内、外表面放热系数为 $8.7W/(m^2 \cdot ℃)$ 和 $18.6W/(m^2 \cdot ℃)$ 情况下，通过"标准玻璃"（3mm 厚的普通平板玻璃）的太阳辐射得热量，由附表 50 查得；

C_{LQ}——窗玻璃冷负荷系数，由附表 51～附表 54 查得。

2.2.4 人体、照明、设备散热冷负荷计算

（1）人体散热冷负荷　人体散热、散湿有时会形成主要的空调负荷，比如会场、剧院和电影院的观众厅等。人体向室内空气散发的热量分为显热和潜热两部分。人体散热与性别、年龄、衣着、劳动强度及周围环境（温度、湿度等）等多种因素有关。为了实际计算方便，以成年男子散热量为计算基础，引入人员"群集系数"对建筑物中的人员组成（成年男子、女子、儿童等所占比例）及密集程度进行修正。人体显散热形成的冷负荷为

$$CL = nC_r q_s C_{LQH} \tag{2-11}$$

式中　n——空气调节房间内的人数，人；

C_r——群集系数，见附表 55；

q_s——成年男子的显热量，W，见附表 56；

C_{LQH}——人体显热散热冷负荷系数，见附表 57，对于人员密集的场所，如电影院、剧场、会堂、体育馆等，可取值为 1.0。

（2）人体散湿冷负荷　人体散湿形成的潜热冷负荷可按下式计算。

$$CL = nC_r q_2 \tag{2-12}$$

式中　q_2——1 名成年男子的潜热散热量，W，见附表 56。

（3）食物散热形成的热负荷　住宅中餐厅平时用餐的人数很少，食物散热形成的冷负荷可以忽略不计。对于对外营业的餐厅，在计算餐厅负荷时，需要计算食物的散热量，一般可按下列数值采用：食物显热取 8.7W/人，食物潜热取 8.7W/人。

（4）照明散热冷负荷计算　照明散热形成的冷负荷可根据照明器材的类型及安装方式的不同来计算。

① 白炽灯

$$CL = n_1 N C_{LQL} \tag{2-13}$$

② 明装荧光灯（镇流器安装在空气调节房间内）

$$CL = n_1 (N_1 + N_2) C_{LQL} \tag{2-14}$$

③ 暗装荧光灯（灯管安装在顶棚的玻璃罩内）

$$CL = n_1 n_2 N_1 C_{LQL} \tag{2-15}$$

式中　n_1——灯具的同时使用系数，即逐时使用功率与安装功率的比例；

n_2——考虑灯罩玻璃反射、顶棚内通风情况等的系数（当荧光灯罩上部穿有小孔时，取 $n_2 = 0.5 \sim 0.6$；暗装，灯罩上无孔时，视顶棚内通风情况，取 $n_2 = 0.6 \sim 0.8$）；

N——白炽灯的总安装总功率，W；

N_1——荧光灯的总安装总功率，W；

N_2——镇流器的总安装总功率，W，一般取荧光灯功率的 20%；

C_{LQL}——照明散热形成冷负荷系数，见附表 58，根据灯具类型和安装情况，按照空调设备运行时间、开灯时间及开灯后的小时数取用。

（5）设备散热冷负荷　电动设备散热形成的冷负荷按下式计算。

① 电动机和机械设备都在房间内

$$CL = n_1 n_2 n_3 \frac{N_m}{\eta} C_{LQm} \tag{2-16}$$

② 电动机在房间内，机械设备不在房间内

$$CL = n_1 n_2 n_3 N_m \frac{1-\eta}{\eta} C_{LQm} \tag{2-17}$$

③ 电动机不在房间内，机械设备在房间内

$$CL = n_1 n_2 n_3 N_m C_{LQm} \tag{2-18}$$

式中　n_1——同时使用系数，一般可取 0.8；

　　　n_2——安装系数，电动机最大实耗功率与安装功率之比，一般可取 0.7~0.9；

　　　n_3——电动机的负荷系数，即电动机每小时平均实耗功率与最大实耗功率之比，按实际测定，一般为 0.4~0.5；

　　　N_m——电动设备的总安装功率，W；

　　　η——电动机的效率，可由产品样本查得，一般可取 0.8~0.9；

　　　C_{LQm}——电动设备散热的冷负荷系数，可分别由附表 59 和附表 60 中查出有罩及无罩情况下的逐时值，如果供冷系统不连续运行，则取 1.0。

在民用建筑（如住宅、办公、商店等）中，使用较多的是家用器具和办公电子设备。住宅中，散热设备如煤气灶、微波炉、电冰箱、热水器、电烤箱、电子消毒柜等，大多布置在不设空调的厨房内，这些设备同时使用系数较低，且厨房内设有排油烟罩可以排掉一部分散热量。设在卧室、客厅中的散热设备一般有电视机、个人计算机、传真机等，以上设备的散热量和散湿量可参见附表 61。办公室中的计算机、复印机、打印机等的散热量可根据设备厂商提供的数据进行计算，也可参见附表 61。

2.2.5　冷负荷计算值的确定

冷负荷计算值可分为空调房间、空调建筑物以及空调系统的计算冷负荷值三种。

（1）空调房间计算冷负荷　空调房间冷负荷的计算值的确定方法是，将上述分项冷负荷按其不同的计算时刻累加，得出房间冷负荷的逐时值，然后取其中的最大值（一般是下午 14~16 时为冷负荷高峰）。再加上人体冷负荷、照明冷负荷、设备冷负荷和食物散热引起的冷负荷等，最后得到空调房间计算冷负荷。

（2）空调建筑物计算冷负荷　应分两种情况分别确定：当空调系统末端装置不能随负荷变化而进行手动或自动控制时，应取同时使用的所有房间最大冷负荷的累加值；当空调系统末端装置能随负荷变化而实现手动或自动控制时，应将同时使用的所有房间各计算时刻冷负荷累加，得出建筑物冷负荷的逐时值，然后取其中的最大值。

住宅建筑的空调负荷计算应充分考虑住宅使用的特殊性。按照人们的生活习惯，住宅各房间空调末端同时开启的可能性极小，一般是使用哪个房间才开启哪个房间的空调，因此其同时使用系数较低，可按 0.5~0.7 选取。

（3）空调系统计算冷负荷　空调系统的计算冷负荷并不等同于建筑物的计算冷负荷，它应由下列各项累加而确定：建筑物的计算冷负荷；新风计算冷负荷；风系统通过送回风管和送回风风机产生温升引起的附加冷负荷；水系统通过水管、水泵、水箱等供冷装置产生的附加冷负荷值。

对于家用中央空调系统，由于其风系统和水系统规模均很小，风系统、水系统的近似值温升为 0.1～0.2℃，导致的冷负荷损失为 2%～4%。

2.2.6　各种散湿量的计算

空调区的夏季计算散湿量应根据散湿源的种类，分别选用适宜的人员群集系数、同时使用系数以及通风系数等，并根据下列各项确定：人体散湿量，渗透空气带入的湿量，化学反应过程的散湿量，各种潮湿表面、液面或液流的散湿量，食品或气体物料的散湿量，设备的散湿量，地下建筑围护结构的散湿量等。其中人员"群集系数"，指的是集中在空气调节区内的各类人员的年龄构成、性别构成和密集程度不同而使人均小时散湿量发生变化的折减系数。例如儿童和成年女子的散湿量约为成年男子相应散湿量的 75% 和 85%。考虑人员群集的实际情况，将会把以往计算偏大的湿负荷降低下来。"通风系数"指考虑散湿设备有无排风设施而采用的散湿量折减系数。

（1）人体散湿量的计算　人体散湿量的计算式为

$$HL = nC_r H_r \tag{2-19}$$

式中　HL——人体散湿量，g/h；

　　n，C_r——意义同式（2-11）；

　　H_r——成年男子的散湿量，g/h，见附表 56。

（2）餐厅食物的散湿量计算　在计算餐厅负荷时，食物散湿量一般可取 11.5g/h 人。

（3）水面蒸发水分的计算　在常压下，由暴露水面或潮湿表面蒸发出来的水蒸气量按下式计算。

$$HL_w = (\alpha + 0.00013v)(p_{qb} - p_q)A\frac{p_0}{B} \tag{2-20}$$

式中　HL_w——水面散湿量，kg/h；

　　α——周围空气温度为 15～30℃时，在不同水温下的扩散系数，kg/(m² · h · Pa)，见附表 62；

　　p_{qb}——相应于水表面温度下的饱和空气的水蒸气分压力，Pa；

　　p_q——室内空气的水蒸气分压力，Pa；

　　A——敞露水面的面积，m²；

　　p_0——当地实际大气压，Pa；

　　B——标准大气压，Pa；

　　v——蒸发表面的空气流速，m/s。

对于有水流动的地面，其表面的蒸发水分可按下式计算。

$$G = \frac{G_1 c (t_1 - t_2)}{\gamma} \tag{2-21}$$

式中　G——水面蒸发量，kg/h；

　　G_1——流动的水量，kg/h；

　　c——水的比热容，4.1868kJ/(kg · K)；

　　t_1——水的初温，℃；

　　t_2——水的终温（排入下水管网的水温），℃；

　　γ——水的汽化潜热，平均取 2450kJ/kg。

（4）化学反应的散湿量的计算　化学反应的散热量和散湿量是指空调房间或区域内的某些工艺过程，需要用煤气、氢气等加热、焊接，在燃烧过程中散发的热量和湿量，可按下式计算。

$$Q = m_1 m_2 G \frac{q}{3600} \qquad (2\text{-}22)$$

$$HL = m_1 m_2 Gw \qquad (2\text{-}23)$$

$$Q_q = 628HL \qquad (2\text{-}24)$$

式中　Q——化学反应的全热散热量，W；

　　m_1——考虑不完全燃烧的系数，可取 0.95；

　　m_2——负荷系数，即每个燃烧点实际燃料消耗量与其最大燃料消耗量之比，根据工艺使用情况确定；

　　G——每小时燃料最大消耗量，m^3/h；

　　q——燃料的热值，kJ/m^3，参见附表 63；

　　HL——化学反应的散湿量，kg/h；

　　w——燃料的单位散湿量，kg/m^3，同样参见附表 63；

　　Q_q——化学反应的潜热散热量，W。

（5）低温建筑结构的传湿量计算　在空调房间或区域有低温要求时，要考虑由于内外水蒸气分压力差形成的通过围护结构的传湿量及由此引起的潜热负荷，舒适性空调可不计算该项。

2.3　空调房间送风量和送风状态

在已知空调区冷（热）、湿负荷的基础上，确定消除室内余热、余湿，维持室内所要求的空气参数所需的送风状态及送风量，是选择空气处理设备的重要依据。

2.3.1　空调房间送风状态的变化过程

在空调设计中，经常采用空气质量平衡和能量守恒定律来进行空调系统的一些能量问题分析。图 2-4 表示了一个空调房间的热湿平衡示意图，房间余热量（即房间冷负荷）为 Q（kW），房间余湿量（即房间湿负荷）为 W（kg/s），送入 q_m（kg/s）的空气，吸收室内余热余湿后，其状态由 O（h_O，d_O）变为室内空气状态 N（h_N，d_N），然后排出室外。

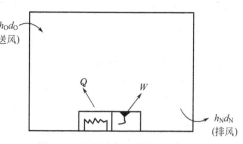

图 2-4　空调房间送排风示意图

当系统达到平衡后，总热量、湿量均达到平衡，如下所示。

总热量平衡

$$\left. \begin{aligned} q_m h_O + Q &= q_m h_N \\ q_m &= \frac{Q}{h_N - h_O} \end{aligned} \right\} \qquad (2\text{-}25)$$

湿量平衡

$$\left. \begin{aligned} q_m d_O + W &= q_m d_N \\ q_m &= \frac{W}{d_N - d_O} \end{aligned} \right\} \qquad (2\text{-}26)$$

式中　q_m——送入房间的风量，kg/s；

　　Q——余热量，kW；

W——余湿量，kg/s；

h_O，d_O——送风状态空气的比焓值（kJ/kg）和含湿量（kg/kg）；

h_N，d_N——室内空气比焓值（kJ/kg）和含湿量（kg/kg）。

同理，可利用空调区的显热冷负荷和送风温差来确定送风量。

$$q_m = \frac{Q}{c_p(t_N - t_O)} \qquad (2\text{-}27)$$

式中　Q——显热冷负荷，kW；

c_p——空气的定压比热容，1.01kJ/(kg·K)。

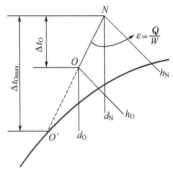

图 2-5　送风状态的变化过程

上述公式均可用于确定消除室内负荷应送入室内的风量，即送风量的计算公式。如图 2-5 所示为送入室内的空气（送风）吸收热、湿负荷的状态变化过程在 h-d 图上的表示。图中 N 为室内状态点，O 为送风状态点。热湿比或变化过程的角系数为

$$\varepsilon = \frac{Q}{W} = \frac{h_N - h_O}{d_N - d_O} \qquad (2\text{-}28)$$

由上可得，送风状态 O 在余热 Q、余湿 W 作用下，在 h-d 图上沿着过室内状态点（N 点）且 $\varepsilon = Q/W$ 的过程线变化到 N 点。

2.3.2　夏季送风状态的确定及送风量的计算

在系统设计时，室内状态点是已知的，冷负荷与湿负荷及室内过程的角系数 ε 也是已知的，待确定量是 q_m 和 O_x 的状态参数。从图 2-6 上可以看到，送风状态点在通过室内点 N_x、热湿比为 ε_x 的线段上。如果预先选定送风温度，则送风状态点的其他参数就可以确定，继而可根据式(2-25)或式(2-26)确定送风量。

工程上常根据送风温差 $\Delta t_O = t_{N_x} - t_{O_x}$ 来确定 O_x 点。送风温差对室内温度、湿度效果有一定影响，是决定空调系统经济性的主要因素之一。送风量小则输送空气所需设备可相应缩小，使初投资和运行费用均可减少。但送风量太小会使室内的温度、湿度的分布不均匀。根据《公共建筑节能设计标准》（GB 50189—2005）和《采暖通风与空气调节设计规范》（GB 50019—2003）中的规定：当送风口高度≤5m 时，5℃≤Δt_O≤10℃；当送风口高度＞5m 时，10℃≤Δt_O≤15℃。

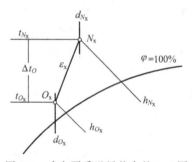

图 2-6　确定夏季送风状态的 h-d 图

目前，对于舒适性空调或夏季以降温为主的工艺性空调，工程设计中经常采用"露点"送风。工艺性空调的送风温差和换气次数宜按表 2-3 确定。

表 2-3　工艺性空调的送风温差和换气次数

室温允许波动范围/℃	送风温差/℃	每小时换气次数 n/(次/h)
＞±1.0	≤15	
±1.0	6~9	5（高大空间除外）
±0.5	3~6	8
±(0.1~0.2)	2~3	12（工作时间不送风的除外）

空调区的换气次数是通风和空调工程中常用来衡量送风量的指标，其定义是该空调区的总风量（m³/h）与空调区体积（m³）的比值，用符号 n（次/h）表示。换气次数和送风温差之间有一定的关系。对于空调区来说，送风温差加大，换气次数即随之减小。采用推荐的送风温差所算得的送风量折合成换气次数应大于表 2-3 推荐的 n 值。表 2-3 中所规定的换气次数是和所规定的送风温差相适应的。

另外《采暖通风与空气调节设计规范》（GB 50019—2003）中还规定，对于舒适性空调系统每小时的换气次数不应少于 5 次；但高大空间的换气次数应按其冷负荷通过计算确定。实践证明，在一般舒适性空调和室温允许波动范围＞±1.0℃工艺性空调区中，换气次数的多少，不是一个需要严格控制的指标，只要按照所取的送风温差计算风量，一般都能满足室内要求，当室温允许波动范围≤±1.0℃时，换气次数的多少对室温的均匀程度和自控系统的调节品质的影响就需考虑了。对于通常所遇到的室内散热量较小的空调区来说，换气次数采用规范中规定的数值就已经够了，不必把换气次数再增多，不过对于室内散热量较大的空调区来说，换气次数的多少应根据室内负荷和送风温差大小通过计算确定，其数值一般都大于规范中规定的数值。

选定送风温差之后，即可按以下步骤确定送风状态和送风量（图 2-6）。

① 在 h-d 图上找出室内空气状态点 N_x。

② 根据算出的余热 Q 和余湿 W 求出热湿比 Q/W，并过 N_x 点画出过程线 ε_x。

③ 根据所选定的送风温差 Δt_O，求出送风温度 t_{O_x}，过 t_{O_x} 的等温线和过程线 ε_x 的交点 O_x 即为送风状态点。

④ 按式（2-25）或式（2-26）计算送风量。

【例 2-1】 某空调区夏季总余热量 $Q＝3906W$，总余湿量 $W＝0.310 \times 10^{-3} kg/s$，要求室内全年保持空气状态为 $t_{N_x}＝22℃ \pm 1℃$，$\varphi_{N_x}＝55\% \pm 5\%$，当地大气压力为 101325Pa，求送风状态和送风量。

解：

① 求热湿比：

$$\varepsilon_x＝\frac{Q}{W}＝\frac{3906}{0.310}kJ/kg＝12600kJ/kg$$

② 在 h-d 图上（图 2-7）确定室内状态点 N，通过该点画出 $\varepsilon_x＝12600kJ/kg$ 的过程线。取送风温差 $\Delta t_O＝8℃$，则送风温度 $t_{O_x}＝22℃－8℃＝14℃$，得送风状态点 O_x。

在 h-d 图上查得：

$$h_{O_x}＝35.6kJ/kg \quad d_{O_x}＝8.5g/kg \quad h_{N_x}＝45.7kJ/kg \quad d_{N_x}＝9.3g/kg$$

③ 计算送风量。

按消除余热即式（2-25）计算：

$$q_m＝\frac{Q}{h_{N_x}-h_{O_x}}＝\frac{3.906}{45.7-35.6}kg/s＝0.387kg/s$$

按消除余湿即式（2-26）计算：

$$q_m＝\frac{W}{d_{N_x}-d_{O_x}}＝\frac{0.310}{9.3-8.5}kg/s＝0.387kg/s$$

按消除余热和余湿所求送风量相同，说明计算无误。

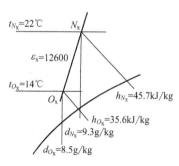

图 2-7 【例 2-1】图

2.3.3　冬季送风状态的确定及送风量的计算

在冬季，通过围护结构的温差传热往往是由室内向室外传递，只有室内热源向室内散热。因此冬季室内余热量往往比夏季少得多，常常为负值，而余湿量则冬夏一般相同。这样冬季房间的热湿比值一般小于夏季，甚至出现负值，所以冬季空调送风温度 t_{O_d} 大都高于室温 t_{N_d}。

由于送热风时送风温差值可比送冷风时的送风温差值大，所以冬季送风量可以比夏季小，故空调送风量一般是先确定夏季送风量，冬季既可采取与夏季相同的风量，也可少于夏季风量。这时只需要确定冬季的送风状态点。全年采取固定送风量的空调系统称为定风量系统。定风量系统调节比较方便，但不够节能。若冬季采用提高送风温度、加大送风温差的方法，可以减少送风量，节约电能，尤其对较大的空调系统减少风量的经济意义更突出。但送风温度不宜过高，一般以不超过 45℃ 为宜，送风量也不宜过小，必须满足最少换气次数的要求。

以上所述的送风量是对空调室内温度、湿度要求较高的大型中央空调系统而言。至于家用中央空调的送风量，由于室温允许波动范围较大，空调房间较小，可采用较大的送风温差和较小送风量的空调措施。每一个房间的送风量可根据其最大冷负荷来确定，而对室内的湿度一般不予控制。

【例 2-2】　承【例 2-1】基本条件，如冬季余热量 $Q = -1298.9\text{W}$，余湿量 $W = 0.310\text{kg/s}$，试确定冬季送风状态及送风量。

解：

① 求冬季热湿比 ε_d：

$$\varepsilon_d = \frac{Q}{W} = \frac{-1298.9}{0.310} \text{kJ/kg} = -4190\text{kJ/kg}$$

② 由于冬夏室内散湿量基本上相同，所以冬季送风含湿量取与夏季相同，即 $d_{O_d} = 8.5\text{g/kg}$。

在 h-d 图上过 N 点作 $\varepsilon_d = -4190\text{kJ/kg}$ 的过程线（图 2-8），该线与 $d_{O_d} = 8.5\text{g/kg}$ 的等含湿量线的交点 O_d，即为冬季送风状态点。由 h-d 图查得：$h_{O_d} = 49\text{kJ/kg}$；$t_{O_d} = 27.1℃$。

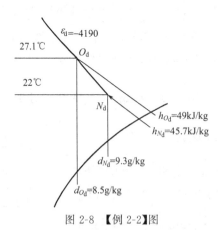

图 2-8　【例 2-2】图

另一种解法是，全年送风量不变，则送风量为已知，送风状态参数可由计算求得，即

$$h_{O_d} = h_{N_d} + \frac{Q}{W} = \left(45.7 + \frac{1.2989}{0.387}\right)\text{kJ/kg} = 49\text{kJ/kg}$$

此时，在 $h\text{-}d$ 图上作 $h_{O_d} = 49\text{kJ/kg}$ 的等焓线与 $d_{O_d} = 8.5\text{g/kg}$ 的等含湿量线，两线的交点即为冬季送风状态点 O_d。 或者将 $h_{O_d} = 49\text{kJ/kg}$ 的等焓线与 $d_{O_d} = 8.5\text{g/kg}$ 代入比焓的定义式 $h_{O_d} = 1.01t_{O_d} + (2500 + 1.84t_{O_d})d_{O_d}$，即可求出 $t_{O_d} = 27.1℃$。

2.4 送风中的新风量

空调设计的新风量是指在冬夏设计工况下，应向空调房间提供的室外新鲜空调量，是出于经济和节约能源考虑所采用的最小新风量。 在春秋过渡季节可以提高新风比例，甚至可以全新风运行，以便最大限度地利用自然冷源，进行免费供冷。

2.4.1 新风量确定的原则

为了创造健康舒适的建筑环境，必须向空调房间输送定量的室外新鲜空气，这是保证良好室内空气品质的关键。 目前我国空调设计中新风量的确定原则，仍使用现行规范与设计手册的推荐。

① 满足人员卫生要求 为了保证空调房间内人员的身体健康，必须向空调房间送入足够的室外新风来稀释室内空气中 CO_2 的含量，使其符合室内卫生标准的要求。

② 补充局部排风量 如果空调房间有局部排风设备，则为了不使房间产生负压，至少应补充与局部排风量相等的室外新风。

③ 保证空调房间的正压要求 为了防止外界未经处理的空气渗入空调房间，干扰室内空调参数，需要使房间内部保持一定正压值，即用增加一部分新风量的办法，使室内空气压力高于外界压力，然后再让这部分多余的空气从房间门窗缝隙等不严密处渗透出去。 空调房间正压值按规范规定不应大于 50Pa，过大的正压值不但没有必要，还有坏处。

有资料规定空气调节系统的新风量占送风量的比例不应低于 10%，但温湿度波动范围要求很小或洁净度要求很高的空调区送风量都很大。 如要求最小新风量达到送风量的 10%，新风量也很大，不仅不节能，大量室外空气还影响了室内温湿度的稳定，增加了过滤器的负担。 一般舒适性空气调节系统，按人员和正压要求确定的新风量达不到 10% 时，由于人员较少，室内 CO_2 浓度也较小（氧气含量相对较高），也没必要加大新风量。

2.4.2 新风量的确定

2.4.2.1 典型工况下新风量的选择计算标准

民用建筑物主要空调区人员所需新风量的具体数值可参照《民用建筑供暖通风与空气调节设计规范》（GB 50736—2012）规范，舒适性空调室内空气的新风量要求可参见《公共建筑节能设计标准》（GB 50189—2015）中的规定，参见附表 64。

美国采暖制冷空调工程师学会标准 ASHRAE 在 1996 年 8 月提出了将人员污染和稀释建筑物污染两个因素同时考虑的新的新风量计算公式，也就是说，最小新风量 $L_{w,min}$（m^3/h）可由下式计算确定。

$$L_{w,min} = L_p P + L_b A \qquad (2\text{-}29)$$

式中 L_p——每人每小时所需最小新风量，$\text{m}^3/(\text{人}\cdot\text{h})$；

P——室内人员数；

L_b——单位建筑面积每小时所需的最小新风量，见表 2-4，$\text{m}^3/(\text{m}^2\cdot\text{h})$；

A——通风房间建筑面积，m^2。

表 2-4　单位建筑面积每小时所需的新风量

场所	新风量	场所	新风量
车库、修理维护中心	27m³/(m²·h)	地下商场(0.3 人/m²)	5.4m³/(m²·h)
卧式、起居室	54m³/(房间·h)	二楼商店(0.2 人/m²)	3.6m³/(m²·h)
浴室	65m³/(房间·h)	溜冰、游泳池	9m³/(m²·h)
走廊等公共场所	0.9m³/(m²·h)	学校衣帽间	9m³/(m²·h)
更衣室	9m³/(m²·h)	学校走廊	1.8m³/(m²·h)
电梯	18m³/(m²·h)	验尸房	9m³/(m²·h)

美国采暖制冷空调工程师学会标准 ASHRAE 62—2001《Ventilation for acceptable indoor air quality》第 6.1.3.4 条规定：对于出现最多人数的持续时间少于 3h 的房间，所需新风量可按室内的平均人数确定，该平均人数不应少于最多人数的 1/2。 例如，一个设计最多容纳人数为 100 人的会议室，开会时间不超过 3h，假设平均人数为 60 人，则该会议室的新风量可取：30m³/(人·h)×60 人＝1800m³/h，而不是按 30m³/(人·h)×100 人＝3000m³/h 计算。 另外假设平均人数为 40 人，则该会议室的新风量可取：30m³/(人·h)×50 人＝1500m³/h。

2.4.2.2　全年新风量变化时空调系统风量平衡关系

无论在空调设计时，还是在空调系统运行时，都应十分注意空调系统风量平衡问题。 例如，风管设计时，要考虑各种情况下的风量平衡，按其风量最大时考虑风管的断面尺寸，并设置必要的调节阀门，以便能在各种工况下实现各种风量平衡的可能性。

为此，应该进一步了解全年新风量变化时空调系统风量平衡关系。

对于全年新风量可变的空调系统，其空气平衡关系如图 2-9 所示。 设房间从回风口吸走的风量为 $q_{m,x}$，门窗渗透排风量为 $q_{m,s}$，进空气处理机的回风量为 $q_{m,N}$，新风量为 $q_{m,W}$，则应注意下列问题。

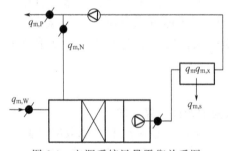

图 2-9　空调系统风量平衡关系图

对于房间来说，送风量为

$$q_m = q_{m,x} + q_{m,s} \tag{2-30}$$

对于空气处理机来说，送风量为

$$q_m = q_{m,N} + q_{m,W} \tag{2-31}$$

当 $q_{m,w} > q_{m,s}$ 时，其排风量为 $q_{m,P} = q_{m,x} - q_{m,N}$；当过渡季节加大新风量并减少回风量时，$q_{m,s}$ 保持不变，其排风量为 $q_{m,P} = q_{m,x} - q_{m,N}$ 也不断增大。 当全部采用室外新风时，则有 $q_{m,N} = 0$，$q_{m,W} = q_m = q_{m,x} + q_{m,s}$，$q_{m,P} = q_{m,x} = q_m - q_{m,s}$。

2.4.2.3　新风冷负荷计算

一旦确定的新风量，新风冷负荷可由下式计算。

$$CL_o = \dot{M}_o (h_o - h_R) \qquad (2\text{-}32)$$

式中　CL_o——新风冷负荷，kW；

　　　$\dot{M}_o$——新风量，kg/s；

　　　h_o——室外新风比焓值，kJ/kg；

　　　h_R——室内空气比焓值，kJ/kg。

2.5　制冷负荷估算及冷负荷计算软件

2.5.1　制冷负荷估算

中央空调设计过程中，特别是方案和初步设计阶段，建筑设计尚未定局，建筑分隔可能有所变动，建筑物的功能和建筑结构材料尚未确定，设计人员往往采用负荷估算指标进行制冷负荷的估算。这种方法简单易行，结果可靠，应用广泛。在负荷估算时，把建筑空调负荷折算为 $1m^2$ 的空调面积所需负荷。附表65列举了国内典型城市住宅空调房间的冷、热负荷指标，对于办公、餐饮、商店、娱乐用房等建筑，可参考附表66。其总负荷为瞬时最大负荷。

此外，还可以根据下面的经验公式来估算空调冷负荷 Q_0。

$$Q_0 = 1.5 \,(Q_z + 116.3n) \qquad (2\text{-}33)$$

式中　Q_z——整个建筑物围护结构形成的总冷负荷，W；

　　　n——空调场所内人员数。

采用估算法的时候，不应将其估算值绝对化，切忌"生搬硬套"，应该结合所在地区的室外气象条件、建筑物的结构特点和使用功能以及室内计算参数的要求等因素，综合分析，合理选择。最终还要通过实际计算加以研究。

2.5.2　冷负荷计算软件

空调负荷的逐时计算过程比较烦琐，费时费力，在设计周期非常紧张的情况下，设计人员缺少合适的计算软件，往往会有些力不从心。关于空调冷负荷计算的软件有很多，这里以鸿业软件为例做一简单介绍。

北京鸿业同行科技有限公司专业从事计算机软件的开发，服务于工程类 CAD 设计领域和城市信息化建设领域。公司历经多年的发展，开发出给排水、暖通空调、规划总图、市政道路及市政管线等软件产品，在业界享有较高的知名度和影响力。

鸿业暖通空调负荷计算软件主要功能如下。

① 采用谐波反应法计算空调冷负荷，能够满足任意地点、任意朝向，不同围护结构类型和不同房间类型的空调逐项逐时冷负荷计算要求。

② 冷热工程数据共享，同一计算工程，既可以查看逐时冷负荷的计算结果，也可以查看热负荷计算结果。

③ 按照《防空地下室设计规范》的要求，新增地下室的负荷计算核心。

④ 按照《公共建筑节能设计标准》的要求，增加气象分区，能生成节能静态指标审核报告。

⑤ 高效的建筑模型提取生成功能，能识别常用的建筑专业软件生成的建筑图纸。

⑥ 批量修改编辑房间参数工具，能同时修改多个房间一个或多个设计参数。

⑦ 计算书输出功能，丰富的输出设置内容和自定义计算书样式功能，满足计算书个性化要求。

⑧ 开放的气象资料库、材质库、围护结构库，能够扩充新的墙体做法。

图 2-10 给出了该软件的主界面的情况。

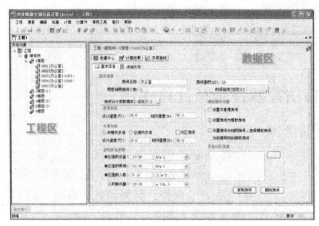

图 2-10　鸿业暖通空调负荷计算软件的主界面

第3章

中央空调风系统

3.1 风系统的组成

风管式中央空调系统包括风系统的设计，它以空气为输送介质，利用空气处理系统将从室内引出的回风进行冷却/加热处理后，再送入室内承担空调冷/热负荷，如图 3-1 所示。 风管机系统是将空气直接与内部为制冷剂流动的直接蒸发式换热器相接触，由制冷剂直接对空气进行处理。

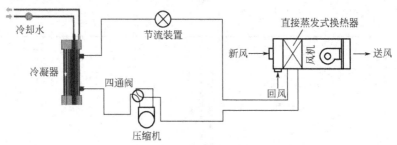

图 3-1　风管式空调系统示意图

相对于其他形式的空调，风管机初始投资较小，如若引入新风，空气品质能得到较大的改善。 但风管式系统的空气输配所占用建筑物空间较大，一般要求住宅要有较大的层高。 而且它采用统一送风方式，在没有变风量末端的情况下，较难满足不同房间的空调负荷的要求，若电动风阀、风口的采用会使负荷分配更趋合理、节能，但初投资有所加大。 而变风量末端的引入将使整个空调系统的初投资大大增加。 中央空调风系统的组成如图 3-2 所示。

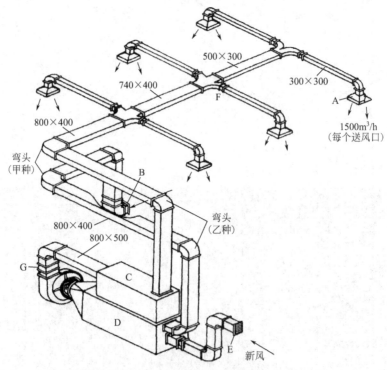

图 3-2　中央空调风系统的组成

A—送风口；B—回风口；C—消声器；D—空调机组；E—新风口；F—风量调节阀；G—风机

3.1.1 送风口和回风口的形式

风口作为空调系统的末端设备,在整个系统起着重要的作用。根据空调精度、气流形式、风口安装位置以及建筑室内装修的艺术配合等多方面的要求,可以选用不同形式的送风口和回风口。下面对几种常用的送风口和回风口形式及构造作一简单介绍。

3.1.1.1 送风口

(1)侧送风口 在房间内横向送出气流的风口叫侧面送风口,或简称侧送风口。这类风口中,用得最多的是百叶型送风口。百叶型送风口中的百叶片做成活动可调的,既能调节风量,又能调节风向。为满足不同的调节性能要求,可将百叶片做成多层,每层有各自的调节功能。除了百叶型送风口外,还有格栅型送风口和条缝型送风口。常用侧送风口形式见表 3-1。

表 3-1 常用侧送风口形式

风口图式	射流特点及应用范围
平行叶片	单层百叶送风口 叶片活动,可根据冷热射流调节送风的上下部倾角,用于一般空调工程
对开叶片	双层百叶送风口 叶片可活动,内层对开叶片用以调节风量,用于较高精度调工程
	三层百叶送风口 叶片可活动,对开叶片用以调节风量,平行叶片和垂直叶片分别调节上下部倾角和射流扩散角,用于高精度空调工程
调节板	带调节板活动百叶送风口 通过调节板调整风量,用于较高精度空调工程
	格栅百叶送风口 叶片或空花图案的格栅,用于一般空调工程
	条缝形格栅百叶送风口 常配合静压箱(兼作吸音箱)使用,可作为风机盘管、诱导器的出风口,适用于一般精度的民用建筑空调工程
	带出口隔板的条缝形风口 常用于工业车间截面变化均匀的送风管道上,用于一般精度的空调工程

(2)散流器 散流器是安装在顶棚上的送风口,其由上至下送出气流。散流器的形式很多,有盘式散流器、直片式散流器、流线型散流器等,可以形成平送和下送流型。另外从外观上分,有圆形、方形和矩形三种。常用散流器形式见表 3-2。矩形散流器形式及其在房间内的布置示意见表 3-3。如图 3-3 所示为空调工程中常用的几种散流器。

表 3-2　常用散流器形式

风口图式	风口名称及气流流型
	盘式散流器 属平送贴附流型,用于层高较低的房间挡板上,可贴吸声材料,能起到消声作用
	直片式散流器 属平送贴附流型或下送扩散流型(降低扩散圈在散流器中的相对位置时可得到平送流型,反之可得下送流型)
	流线型散流器 属下送扩散流型,适用于净化空调工程
	送吸式散流器 属平送贴附流型,可将送、回风口结合在一起

表 3-3　矩形散流器形式及其在房间内的布置示意

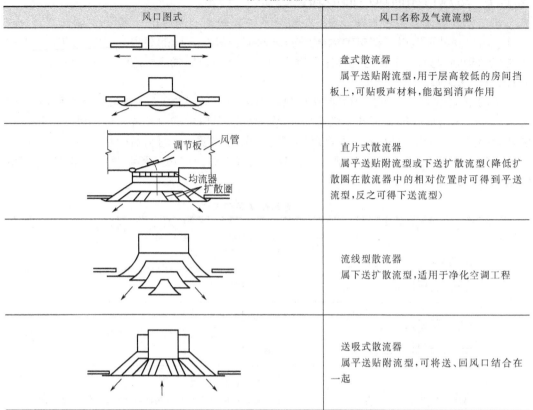

散流器形式	在房间内位置及气流方向	散流器形式	在房间内位置及气流方向

（3）喷射式送风口　喷射式送风口是用于远距离送风的风口,工程上简称喷口,其是一个渐缩圆锥台形短管。根据其形状,分为圆形喷口、矩形喷口和球形旋转风口,如图 3-4 所示。喷口的渐缩角很小,风口无叶片阻挡,送风噪声低而射程长,适用于大空间公共建筑,如体育馆、电影院、候机大厅等。如风口既送冷风又送热风,应选用可调角度喷口,角度调节范围为 30°。送冷风时,风口水平或上倾;送热风时,风口下倾。为了提高喷射送风口的使用灵活性,还可做成既能调方向又能调风量的喷口形式。

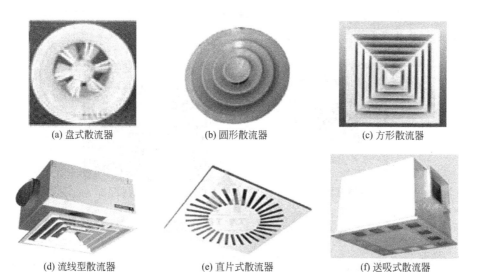

(a) 盘式散流器　　(b) 圆形散流器　　(c) 方形散流器

(d) 流线型散流器　　(e) 直片式散流器　　(f) 送吸式散流器

图 3-3　空调工程中常用的几种散流器

（4）孔板送风口　孔板送风口实际上是一块开有若干小孔的平板，在房间内既作送风口用，又作顶棚用，如图 3-5 所示。空气由风管进入楼板与顶棚之间的空间，在静压作用下再由孔口送入房间。其最大特点是具有送风均匀、速度衰减较快、噪声小的特点，消除了使人不悦的直吹风感觉，因此最适用于要求工作区气流均匀、区域温差较小的房间，如高精度恒温室与平行流洁净室。

图 3-4　喷射式送风口

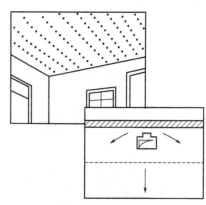

图 3-5　孔板送风口

采用孔板送风时，应符合下列要求。

① 孔板上部稳压层的高度，应按计算确定，但净高不应小于 0.2m。

② 向稳压层内送风的速度，宜采用 3~5m/s；除送风射程较长的以外，稳压层内可不设送风分布支管，在送风口处，宜装设防止送风气流直接吹向孔板的导流片或挡板。

（5）旋流送风口　旋流送风口是指依靠起旋器或旋流叶片等部件，使轴向气流起旋形成旋转射流，由于旋转射流的中心处于负压区，它能诱导周围大量空气与其相混合，然后送至工作区。如图 3-6(a)所示为顶送型旋流送风口，风口中有起旋器，空气通过风口后成为旋转气流，并贴附于顶棚上流动。这种风口具有诱导室内空气能力大，温度和风速衰减快的特点，适宜在大风量、大温差送风、高大空间中使用。其起旋器位置可以上下调节，当起旋器下移时，可使气流变为吹出型、散流型等不同气流形式。如图 3-6(b)所示是用于地板送风的旋流式风口，其工作原理与顶送形式相同，特别适合于只需控制室内下部空气环境的高大空间或室内下部空调负荷大的场合。

(a) 顶送型旋流送风口　　　　　　(b) 地板送风旋流式风口

图 3-6　旋流送风口

3.1.1.2　回风口

回风口附近气流速度衰减迅速，对室内气流的影响不大，因而回风口构造比较简单，类型也不多，多采用单层百叶回风口、格栅回风口、网式回风口及活动算板式回风口，通常要与建筑装饰相配合。最简单的就是在孔口上装金属网，以防杂物被吸入，如图 3-7(a) 所示是一种矩形网式回风口。为了适应建筑装饰的需要，可以在孔口上装各种图案的格栅。为了在回风口上直接调节回风量，可以像百叶送风口那样装活动百叶，如图 3-7(b) 所示是活动算板式回风口。双层算板上开有长条形孔，内层算板左右移动可以改变开口面积，以达到调节回风量的目的。还有一种专用于地面回风的蘑菇形回风口，如图 3-8 所示。

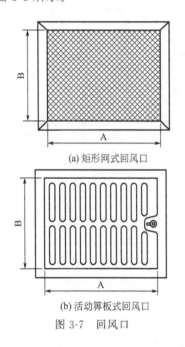

(a) 矩形网式回风口

(b) 活动算板式回风口

图 3-7　回风口

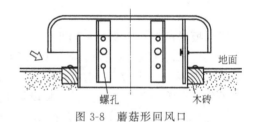

图 3-8　蘑菇形回风口

回风口的形状和位置根据气流组织要求而定，多装在顶棚和侧墙上。若设在侧墙上靠近房间下部时，为避免灰尘和杂物被吸入，风口下缘离地面至少 0.15m。

应该指出，虽然回风口对气流组织影响较小，但却对局部地区有影响，因此根据回风口的位置选择适当的风速。一般来说，回风口的布置应符合下面的要求。

① 回风口不应设在射流区内和人员长时间停留的地点，采用侧送时，宜设在送风口的同侧。

② 条件允许时，可采用集中回风或走廊回风，但走廊的断面风速不宜过大。

③ 回风口形式可以简单，但要求应有调节风量的装置。 回风口的吸风速度见表 3-4。

表 3-4　回风口的吸风速度

回风口的位置		回风速度/(m/s)
房间上部		4.0～5.0
房间下部	不靠近人经常停留的地点时	3.0～4.0
	靠近人经常停留的地点时	1.5～2.0
	用于走廊回风时	1.0～1.5

3.1.2　风系统的设备和附件

3.1.2.1　风管常用材料

通风管道担负着输送空气的任务，其对材料要求内部光滑、摩擦阻力小、不吸湿、不可燃、耐腐蚀、刚度好、强度可靠、重量轻、气密性好、不积灰、易清洗等。 用作通风管道的材料很多，主要有金属薄板、非金属材料和建筑结构材料三大类。

（1）金属薄板

① 普通薄钢板　具有良好的加工性能和结构强度，其表面易生锈，应刷油漆进行防腐。

② 镀锌钢板　由普通钢板镀锌而成，由于表面镀锌，可起防锈作用，一般用来制作不受酸雾影响的潮湿环境中的风管。

③ 铝及铝合金板　加工性能好、耐腐蚀，摩擦时不易产生火花，常用于通风工程的防爆系统。

④ 不锈钢板　具有耐锈耐酸能力，常用于化工环境中需耐腐蚀的通风系统。

⑤ 塑料复合钢板　在普通薄钢板表面喷上一层 0.2～0.4mm 厚的塑料层。 常用于防尘要求较高的空调系统和－10～70℃下耐腐蚀系统的风管。 通风工程常用的钢板厚度是 0.5～4mm。

（2）非金属材料

① 硬聚氯乙烯塑料板　适用于酸性腐蚀作用的通风系统，具有表面光滑、制作方便等优点。 但不耐高温、不耐寒，只适用于 0～60℃ 的空气环境，在太阳辐射作用下，易脆裂。

② 玻璃钢　无机玻璃钢风管是以中碱玻璃纤维作为增强材料，用十余种无机材料科学地配成黏结剂作为基体，通过一定的成型工艺制作而成的。 具有质轻、高强、不燃、耐腐蚀、耐高温、抗冷融等特性。 保温玻璃钢风管可将管壁制成夹层，夹层厚度根据设计而定。 夹心材料可采用聚苯乙烯、聚氨酯泡沫塑料、蜂窝纸等。 玻璃钢风管与配件的壁厚应符合表 3-5 的规定。

表 3-5　玻璃钢风管与配件的壁厚　　　　　　　　　　　　　　　单位：mm

圆形风管直径或矩形风管长边尺寸	壁厚	圆形风管直径或矩形风管长边尺寸	壁厚
≤200	1.0～1.5	800～1000	2.6～3.0
250～400	1.5～2.0	1250～2000	3.0～3.5
500～630	2.0～2.5		

③ 玻璃纤维复合风管　这是将熔融玻璃纤维化，并施以热固性树脂为主的环保型配方黏合剂加工而成的板材。具有防火、防菌、抗霉和消声的作用。

（3）建筑结构材料　此类风管道一般称做风道。多由混凝土浇筑、预制板拼装或砖砌而成。

(a) 圆形风管

(b) 矩形风管

图 3-9　风管外观图

3.1.2.2　风管断面的形状

常见的风管形状一般为圆形或矩形，如图 3-9 所示。圆形风管的强度大，耗材少，但加工工艺复杂，占用空间大，与风口的连接较困难，一般多用于排风系统和室外风干管。矩形风管加工简单，易于与建筑物结构吻合，占用建筑高度小，与风口及支管的连接也比较方便，因此，空调送风管和回风管多采用矩形风管。

常用矩形风管的规格见表 3-6。为了减少系统阻力，并考虑空调房间吊顶高度的限制，进行风道设计时，矩形风管的高宽比宜小于 6，最大不应超过 10。

表 3-6　常用矩形风管的规格

外边长（长×宽）/mm				
120×120	320×200	500×400	800×630	1250×630
160×120	320×250	500×500	800×800	1250×800
160×120	320×320	630×250	1000×320	1250×1000
200×160	400×200	630×320	1000×400	1600×500
200×200	400×250	630×400	1000×500	1600×630
250×120	400×320	630×500	1000×630	1600×800
250×160	400×400	630×630	1000×800	1600×1000
250×200	500×200	800×320	1000×1000	1600×1250
250×250	500×250	800×400	1250×400	2000×800
320×160	500×320	800×500	1250×500	2000×1000

3.1.2.3　通风机

空调工程中应用的通风机种类很多，用得多的主要是离心通风机。离心通风机主要由叶轮、机壳、进口集流器、导流片、联轴器、轴、电动机等部件组成，如图 3-10 所示。旋转叶轮的功能是使空气获得能量；蜗壳的功能是收集空气，并将空气的动压有效地转化为静压。

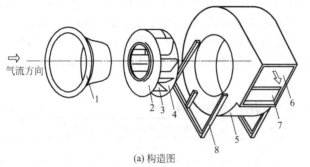

气流方向

1　2 3 4　　5　6　7　　8

(a) 构造图

(b) 实物图

1—吸气口；2—叶轮前盘；3—叶轮；4—叶轮后盘；
5—机壳；6—排气口；7—截流板(风舌)；8—支架

图 3-10　离心通风机

按其叶片形式分为后向和前向两大类型。

后向叶片的曲率半径较大，符合物体在离心作用下的运动方向，叶片间的流道逐渐扩大，空气流动的能量损失小，效率高。大型空调系统都采用这种形式。

前向叶片短而宽，叶片间流道较短，叶片的曲率半径小，故空气在叶片间的导引较差，气流转折快，且在蜗壳中动压转为静压时，能量损失大，故效率较低。为了改善空气在叶片流道中的导引，叶片数用得较多。要获得相同的风量、风压时，前向叶片风机的圆周速度小，因此其叶轮外径可较小、转速可较低，适用于要求体积小的通风空调设备上。

轴流风机一般具有风量大、风压小的特点，只适宜用于无需设置管道或管道阻力较小的系统。

（1）通风机的特性曲线　把通风机在一定的转速和空气密度下，其产生的全压与其流量的相互关系制成曲线，便是风机的特性曲线，完整的特性曲线还应包括功率和效率，如图 3-11 所示。

（2）通风机在管路中的实际工况　在空调风道系统中，通风机是空气输送管路的动力设备，两者是结合在一起的。管路系统的阻力是随着管内风速而变化的。对于一定的管路系统，风速是由流经管路系统的流量来决定的。流体力学给出的管路阻力与流量之间的关系式为

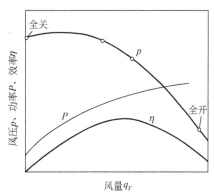

图 3-11　风机的特性曲线

$$\Delta p = K q_V^2 \tag{3-1}$$

式中　K——管路特征系数。

由于式（3-1）为二次曲线，把它放在与风机特性线相同的坐标系中，即能得到如图 3-12 所示的一个交点，称此交点为风机工作点。这便是通风机在管路中的实际工况，由此而确定了在该工作状况下的风量、风压、功率和效率等。

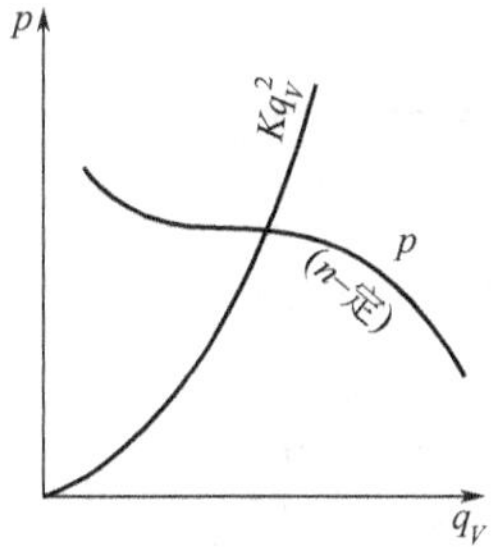

3.1.2.4　风道用消声装置

由于噪声对于空调室内人员的舒适感受和工作环境有很大的破坏性影响，因此，对有噪声限制要求的房间，必须采取一定的措施，减小噪声以达到噪声标准。风道的噪声主要由风机噪声和气流噪声两大部分构成，所以在进行风道系统的设计时，选择风机、确定风道内风速，均要考虑对噪声的要求。如果仍达不到噪声标准，则必须在风道系统中设置消声降噪装置。

图 3-12　管路特性曲线与风机
特性曲线的工况点

（1）噪声标准　噪声标准是根据室内工作环境或人的舒适感受的要求而制定的能够接受的最大噪声值。不同用途的房间，有不同的噪声标准。

《民用建筑隔声设计规范》（GB 50118—2010）对住宅、学校、旅馆、医院四类建筑物室内允许噪声级都做了规定。其他各类建筑物室内允许噪声级参见表 3-7。

表 3-7　其他各类建筑物室内允许噪声级

建筑物类别	噪声评价数 NR 等级/dB	L_A声级值/dB
广播录音室、播音室	10～20	26～34
音乐厅、剧院、电视演播室	20～25	34～38

建筑物类别	噪声评价数 NR 等级/dB	L_A声级值/dB
电影院、讲演厅、会议厅	25～30	38～42
办公室、设计室、阅览室、审判庭	30～35	42～46
餐厅、宴会厅、体育馆、商场	35～45	46～54
候机厅、候车厅、候船厅	40～50	50～58
洁净车间、带机械设备的办公室	50～60	58～66

（2）常用消声降噪装置　常用消声装置有以下几种。

① 管式消声器　最简单的管式消声器就是把吸声材料固定在风管内壁，构成阻性管式消声器。它依靠吸声材料的吸声作用来消声，对中、高频噪声消声效果显著，但对低频噪声消声效果较差。

金属微穿孔板管式消声器属于复合式消声器，具有消声效果好、消声频程宽、空气阻力小、自身不起尘等优点，已在国内开始广泛使用。

② 消声弯头　消声弯头的特点是构造简单，价格便宜，占用空间少，噪声衰减量大。与其他同样长度的消声器比较，消声弯头对低频部分的消声效果好，阻力损失小，是降低风机产生的中低频噪声的有效措施之一。

消声弯头的结构如图 3-13 所示。其中：图 3-13（a）是基本型，弯头内表面粘贴吸声材料；图 3-13（b）是改良型，弯头外缘由穿孔板、吸声材料和空腔组成。

③ 消声静压箱　如图 3-14 所示，在风机出口处设置内壁粘贴有吸声材料的静压箱，它既可以起稳定气流的作用，又可以起消声器的作用。

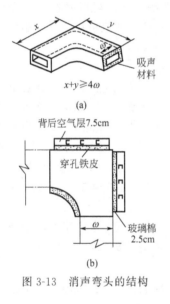

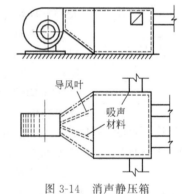

图 3-13　消声弯头的结构　　　　　图 3-14　消声静压箱

3.2　气流组织的形式与设计计算

空调房间的气流组织也称为空气分布，其好坏程度将直接影响到房间的空调效果，因此需要根据房间用途对温度、湿度、风速、噪声、空气分布特性的要求，结合房间特点、内部装修、工艺设备或家具布置等情况进行认真、合理地设计。影响气流组织的因素很多，如送风口位置及形式、回风口位置、房间几何形状及室内的各种障碍物和扰动等，其中送风口的空气射流和参数是影响气流组织的重要因素。

3.2.1　气流组织的形式

空调房间对工作区内的温度和湿度有一定的精度要求。　除要求有均匀、稳定的温度场和速度场外，有的还要控制噪声水平和含尘浓度。　这些都直接受气流流动和分布状况影响。　由前述已知，这些又取决于送风口的构造形式、尺寸、送风的温度、速度和气流方向、送回风口的位置等。　应该根据空调要求，结合建筑结构特点及工艺设备布置等条件，来合理地确定气流组织形式。　按照送回风口位置的相互关系和气流方向，一般分为以下几种。

（1）侧送侧回　侧送侧回的送风口和回风口都布置在房间的侧墙上。　根据房间的跨度，可以布置成单侧送单侧回和双侧送双侧回，如图 3-15 所示。

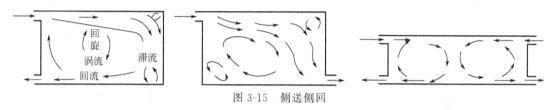

图 3-15　侧送侧回

侧送侧回的送风射流在到达工作区之前，已与房间空气进行了比较充分的混合，速度场和温度场都趋于均匀及稳定，因此能保证工作区气流速度和温度的均匀性。　此外，侧送侧回射流射程比较长，射流能得到充分衰减，可以加大送风温差。　侧面送风不占顶棚位置，可方便顶棚部位的艺术装饰，不会因为有风口而影响装修的整体效果。　基于以上优点，侧送侧回是用得最多的形式。

（2）上送下回　这是最基本的气流组织形式。　空调送风由位于房间上部的送风口送入室内，而回风口设在房间的下部，如图 3-16 所示。　图 3-16（a）、（b）分别为单侧和双侧上侧送风、下侧回风；图 3-16（c）为散流器上送风、下侧回风；图 3-16（d）为孔板顶棚送风、下侧回风。　其主要特点是送风气流在进入工作区前就已经与室内空气充分混合，易于形成均匀的温度场和速度场。　能够用较大的送风温差，从而降低送风量。　适用于温湿度和洁净度要求较高的空调房间。

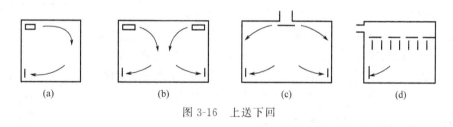

图 3-16　上送下回

（3）上送上回　如图 3-17 所示是上送上回的几种常见布置方式。　图 3-17（a）为单侧上送上回形式，送回风管叠置在一起，明装在室内，气流从上部送下，经过工作区后回流向上进入回风管。　如果房间进深较大，可采用双侧外送式或双侧内送式［图 3-17（b）、图 3-17（c）］。　这三种方式施工都较方便，但影响房间净空的使用。如果房间净高许可的话，还可设置吊顶，将管道暗装，或者采用送吸式散流器，这种布置比较适用于有一定美观要求的民用建筑。

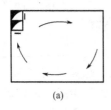 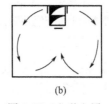 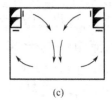

(a)   (b)   (c)

图 3-17　上送上回

（4）中送风　某些高大空间的空调房间，采用前述方式需要大量送风，空调耗冷量、耗热量也大。 因而采用在房间高度上的中部位置上，用侧送风口或喷口送风的方式。 图 3-18（a）是中送风下回风，图 3-18（b）是中送风下回风加顶部排风方式。 中送风形式是将房间下部作为空调区，上部作为非空调区。 在满足工作区空调要求的前提下，有显著的节能效果。

(a)

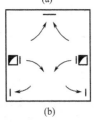

(b)

图 3-18　中送风

（5）下送上回　图 3-19（a）为地面均匀送风、上部集中排风。 此种方式送风直接进入工作区，为满足生产或人的要求，送风温差必然远小于上送方式，因而加大了送风量。 同时考虑到人的舒适条件，送风速度也不能大，一般不超过 $0.5\sim0.7\mathrm{m/s}$，这就必须增大送风口的面积或数量，给风口布置带来困难。 此外，地面容易积聚脏物，将会影响送风的清洁度，但下送方式能使新鲜空气首先通过工作区。 同时由于是顶部排风，因而房间上部余热（照明散热、上部围护结构传热等）可以不进入工作区而被直接排走，排风温度与工作区温度允许有较大的温差。 因此在夏季，从人的感觉来看，虽然要求送风温度较小（例如 2℃），却能起到温差较大的上送下回方式的效果，这就为提高送风温度，使用温度不太低的天然冷源如深井水、地道风等创造了条件。

因而，下面均匀送风、上面排风方式常用于空调精度不高，人暂时停留的场所，如会堂及影剧院等。 在工厂中可用于室内照度高和产生有害物的车间（由于产生有害物的车间空气易被污染，故送风一般都用空气分布器直接送到工作区）。

图 3-19（b）为送风口设于窗台下面垂直上送风的形式，这样可在工作区造成均匀的气流流动，又避免了送风口过于分散的缺点。工程中，风机盘管和诱导器系统常采用这种布置方式。

综上所述，空调房间的气流组织方式有很多种，在实际使用中尚需根据工程对象的需要，灵活运用。 同时，房间内气流组织还与室内热源分布、玻璃窗的冷热对流气流、工艺设备及人员流动等因素有关。 因此，组织好室内气流是一项复杂的任务。

3.2.2　气流组织的设计计算

空调房间的气流组织可直接影响室内空调效果，是关系房间工作区的温湿度基数、精度及区域温差、工作区的气流速度、空气洁净度和人的舒适感受的重要因素，同时还影响到空调系统运行的能耗量，因此有必要对气流组织进行设计计算。

气流组织设计计算的基本任务是，根据空调房间工作区对空气参数的设计要求，选择合适的气流组织形式，确定送风口及回风口的形式、尺寸、数量和布置，计算送风射流参数。

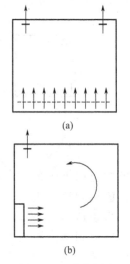

(a)

(b)

图 3-19　下送上回

3.2.2.1 侧面送风的计算

侧面送风在整个房间内形成一个很大的回旋气流，工作区处于回流区，能保证工作区有较稳定、均匀的温度场和速度场。 为使射流在到达工作区之前有足够的射程进行衰减，工程上常设计成靠近顶棚的贴附射流，并多用活动百叶型风口。 下面介绍贴附侧送的设计计算步骤。

① 选定送风口形式，确定紊流系数 a；布置送风口位置，确定射程 x。 送风口形式及其紊流系数可查表 3-1 和表 3-8。

表 3-8　紊流系数 a 值

送风口形式	紊流系数 a
收缩极好的喷嘴	0.066
圆管	0.076
扩散角为 8°～12° 的扩散管	0.09
矩形短管	0.1
带有可动导向叶片的喷嘴	0.2
活动百叶风格	0.14
收缩极好的平面喷嘴	0.108
平面壁上的锐缘斜缝	0.115
具有导叶加工磨圆边口的通风管纵向缝	0.155

② 根据空调精度选取送风温差，计算送风量和新风量（详见第 2 章）。

③ 确定送风口的出流速度 v_0。 送风口的出流速度由以下两条原则确定。

a. 应使回流平均速度小于工作区的允许流速。 一般情况下工作区允许速度可按 0.25m/s 考虑。

b. 为防止风口噪声的影响，限制送风速度在 2～5m/s 之间。

考虑以上两条原则，表 3-9 中给出了侧送风口最大允许送风速度和建议的送风速度。

表 3-9　最大允许送风速度　　　　　　　　单位：m/s

射流的自由度 $\dfrac{\sqrt{A_n}}{d_0}$	5	6	7	8	9	10	11	12	13	15	20	25	30
最大允许送风速度	1.8	2.16	2.52	2.88	3.26	3.62	4.0	4.35	4.71	5.4	7.2	9.8	10.8
建议的送风速度	2.0				3.5				5.0				

最大允许送风速度的经验公式为

$$v_0 = 0.36\frac{\sqrt{A_n}}{d_0} \tag{3-2}$$

式中　A_n——垂直于单股射流的房间横截面积，m^2；

　　　d_0——送风口直径或当量直径，m。

在用式(3-2)计算最大允许送风速度 v_0 时，必须先知道 $\sqrt{A_n}/d_0$。 计算 $\sqrt{A_n}/d_0$ 的公式推导如下。

假设房高为 h，房宽为 b，则送风口数目 $N = hb/A_n$。

总送风量 $q_V(m^3/h)$ 为

$$q_V = 3600v_0 \frac{\pi d_0^2}{4} N = 3600v_0 \frac{\pi d_0^2}{4} \times \frac{hb}{A_n}$$

则

$$\frac{\sqrt{A_n}}{d_0} \approx 53.17 \sqrt{\frac{hbv_0}{q_V}} \qquad (3-3)$$

从式(3-3)看出，在计算$\sqrt{A_n}/d_0$的公式中又包含有未知数v_0，因而只能用试算法来求v_0。

ⓐ 假设v_0，由式(3-2)算出$\sqrt{A_n}/d_0$。

ⓑ 将算出的$\sqrt{A_n}/d_0$代入式(3-2)计算出v_0。

ⓒ 若算得v_0在2~5m/s范围内，即认为可满足设计要求，否则重新假设v_0，重复上述步骤，直至满足设计要求为止。

④ 确定送风口数目N。 送风口数目N可按下式算得。

$$N = \frac{hb}{\dfrac{ax}{\overline{x}}} \qquad (3-4)$$

其中$\overline{x}$可由图3-20查得。 图3-20中的Δt_x为射程x处的射流轴心温差，一般应小于或等于空调精度；Δt_0为送风温差。

射程取$x = l - 0.5$，l为房间长度，减去0.5是考虑距墙0.5m范围内划为非恒温区。

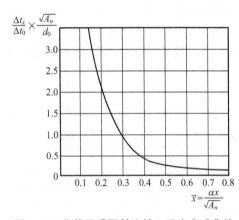

图3-20　非等温受限射流轴心温度衰减曲线

⑤ 确定送风口尺寸。 由下式算得每个风口面积A_f（m²）。

$$A_f = \frac{q_V}{3600v_0 N} \qquad (3-5)$$

根据面积A_f，即可确定圆形风口的直径或者矩形风口的长和宽。

⑥ 校核射流的贴附长度。 射流贴附长度是否等于或大于射程长度，关系到射流是否会过早地进入工作区。 因此需对贴附长度进行校核。 若算出的贴附长度大于或等于射程长度，即可认为满足要求，否则须重新设计计算。

射流贴附长度主要取决于阿基米德数Ar，其计算如下。

$$Ar = \frac{gd_0(T_0 - T_n)}{v_0^2 T_n} \qquad (3-6)$$

式中　T_0——射流出口温度，K；

　　　T_n——房间空气温度，K；

　　　g——重力加速度，m/s²；

　　　d_0——风口面积当量直径，m。

当$T_0 > T_n$时，$Ar > 0$，射流向上弯；当$T_0 < T_n$时，$Ar < 0$，射流向下弯。

由Ar的绝对值查图3-21的曲线，可得x/d_0值，亦即得到射流贴附长度x。

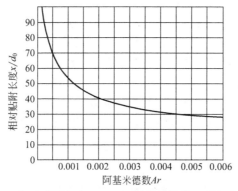

图 3-21 相对贴附长度 x/d_0 和阿基米德数 Ar 的关系曲线

⑦ 校核房间高度。 为了保证工作区都能处于回流状态，而不受射流的影响，需要有一定的射流混合层高度，如图 3-22 所示。

因此，空调房间的最小高度 h 为

$$h = h_k + W + 0.07x + 0.3 \qquad （3\text{-}7）$$

式中 h_k——空调区高度，一般取 2m；

   W——送风口底边至顶棚距离，m；

  $0.07x$——射流向下扩展的距离，取扩散角 4°，则

    $\tan4° = 0.07$；

  0.3——安全系数。

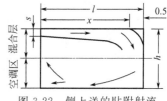

图 3-22 侧上送的贴附射流

如果房间高度大于或等于 h，即可认为满足要求，否则要调整设计。

3.2.2.2 散流器送风的计算

散流器应根据《采暖通风国家标准图集》和生产厂选取。 散流器送风的气流流型为平送流型和下送流型。 平送流型是将空气呈辐射状送出，贴附顶棚扩散，通常用盘式散流器或大扩散角直片式散流器；下送流型是送风射流自散流器向下送出，扩散角为 20°～30°，多用流线型散流器或小扩散角直片式散流器。

散流器平送风可根据空调房间面积的大小和室内所要求的参数设置一个或多个散流器，并布置为对称形或梅花形，如图 3-23 所示。 梅花形布置时，每个散流器送出气流有互补性，气流组织更为均匀。 为使室内空气分布良好，送风的水平射程与垂直射程（$h_x = H - 2$）之比宜保持在 0.5～1.5 之间，圆形或方形散流器相应送风面积的长宽比不宜大于 1∶1.5，并注意散流器中心离墙距离一般应大于 1m，以便射流充分扩散。

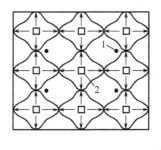

(a) 对称布置

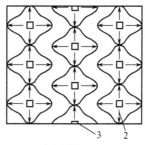

(b) 梅花形布置

图 3-23 散流器平面布置图

1—柱；2—方形散流器；3—三面送风散流器

布置散流器时，散流器之间的间距及离墙的距离，一方面应使射流有足够射程；另一面又应使射流扩散效果好。布置时充分考虑建筑结构的特点，散流器平送方向不得有障碍物（如柱），每个圆形或方形散流器所服务的区域最好为正方形或接近正方形。如果散流器服务区的长宽比大于 1.25 时，宜选用矩形散流器。如果采用顶棚回风，则回风口应布置在距散流器最远处。

散流器送风气流组织的计算主要是选用合适的散流器，使房间内风速满足设计要求。圆形多层锥面和盘式散流器平送射流的轴心速度衰减可按式（3-8）计算。

$$\frac{v_x}{v_0} = \frac{KA_0^{\frac{1}{2}}}{x + x_0} \tag{3-8}$$

式中　x——射程，样本中的射程指散流器中心到风速为 0.5m/s 处的水平距离，m；

　　　v_x——在 x 处的最大风速，m/s；

　　　v_0——散流器出口风速，m/s；

　　　x_0——平送射流原点与散流器中心的距离，多层锥面散流器取 0.07m；

　　　A_0——散流器的有效流通面积，m^2；

　　　K——送风口常数，多层锥面散流器为 1.4，盘式散流器为 1.1。

工作区平均风速 v_m 与房间大小、射流的射程有关，可按式（3-9）计算。

$$v_m = \frac{0.381x}{\left(\frac{l^2}{4} + H^2\right)^{\frac{1}{2}}} \tag{3-9}$$

式中　l——散流器服务区边，m，当两个方向长度不等时，可取平均值；

　　　H——房间净高，m。

式（3-9）是等温射流的计算公式。当送冷风时应增加 20%，送热风时减少 20%。

散流器平送气流组织的设计步骤如下。

① 按照房间（或分区）的尺寸布置散流器，计算每个散流器的送风量。

② 初选散流器。按表 3-10 选择适当的散流器颈部风速 v_0'，层高较低或要求噪声低时，应选低风速；层高较高或噪声控制要求不高时，可选高风速。选定风速后，进一步选定散流器规格，可参看有关样本。

表 3-10　送风颈部最大允许风速

使用场合	颈部最大风速/(m/s)
播音室	3～3.5
医院门诊室、病房、旅馆客房、接待室、居室、计算机房	4～5
剧场、教室、音乐厅、食堂、图书馆、游艺厅、一般办公室	5～6
商店、旅馆、大剧场、饭店	6～7.5

选定散流器后可算出实际的颈部风速，散流器实际出口面积约为颈部面积的 90%，因此

$$v_0 = \frac{v_0'}{0.9} \tag{3-10}$$

③ 计算射程。由式（3-8）推得

$$x = \frac{Kv_0 A_0^{\frac{1}{2}}}{v_x} - x_0 \tag{3-11}$$

④ 校核工作区的平均速度。 若 v_m 满足工作区风速要求，则认为设计合理；若 v_m 不满足工作区风速要求，则重新布置散流器，重新计算。

3.2.2.3 常用气流组织计算软件介绍

随着 CFD 技术在通风气流分布计算中的广泛应用，越来越多的商用 CFD 软件应运而生。 这些商用软件通常配有大量的算例、详细的说明文档以及丰富的前处理和后处理功能。 但是，作为专业性很强的、高层次的、知识密集度极高的产品，各种商用 CFD 软件之间也存在差异。 下面对国内常见的一些商用 CFD 软件进行简单介绍。

（1）PHOENICS 这是世界上第一个投放市场的 CFD 商用软件（1981 年），堪称 CFD 商用软件的鼻祖。 由于该软件投放市场较早，因而曾经在工业界得到广泛的应用，其算例库中收录了 600 多个例子。 为了说明 PHOENICS 的应用范围，其开发商 CHAM 公司将其总结为 A~Z，包括空气动力学、燃烧器、射流等。

另外，目前 PHOENICS 也推出了专门针对通风空调工程的软件 FLAIRE，可以求解 PMV 和空气龄等通风房间专用的评价参数。

（2）FLUENT 这一软件是由美国 FLUENT Inc. 于 1983 年推出的，包含结构化和非结构化网格两个版本。 可计算的物理问题包括定常与非定常流动、不可压缩和可压缩流动、含有颗粒/液滴的蒸发、燃烧过程，多组分介质的化学反应过程等。

值得一提的是，目前 FLUENT Inc. 又开发了专门针对暖通空调领域流动数值分析的软件包 Airpack，该软件具有风口模型、新零方程湍流模型等，并且可以求解 PMV、PD 和空气龄等通风气流组织的评价指标。

（3）CFX 该软件前身为 CFDS-FLOW3D，是由 Computational Fluid Dynamics Services/AEA Technology 于 1991 年推出的。 它可以基于贴体坐标、直角坐标以及柱坐标系统，计算的物理问题包括不可压缩和可压缩流动、耦合传热、多相流、颗粒轨道模型、化学反应、气体燃烧、热辐射等。

（4）STAR-CD 该软件是 Computational Dynamics Ltd. 公司开发的，采用了结构化网格和非结构化网格系统，计算的问题涉及导热、对流与辐射换热的流动问题，涉及化学反应的流动与传热问题及多相流（气/液、气/固、固/液、液/液）的数值分析。

（5）STACH-3 该软件是清华大学建筑技术科学系自主开发的基于三维流体流动和传热的数值计算软件。 在这个计算软件中，采用了经典的 k-ε 湍流模型和适于通风空调室内湍流模拟的 MIT 零方程湍流模型，用于求解不可压湍流流体的流动、传热、传质控制方程。 同时，采用有限容积法进行离散，动量方程在交错网格上求解，对流差分格式可选上风差分、混合差分以及幂函数差分，算法为 SIMPLE 算法。 该程序已经过大量的实验验证，具体的数学物理模型和数值计算方法见相关文献。

以上软件目前在我国的高校和一些研究机构都有应用，此外国际上还有将近 50 种商用 CFD 软件。

3.3 风管系统的设计计算

风管设计时应统筹考虑经济和实用两条基本原则。 风道设计的基本任务是确定风管的断面形状，选择风管的断面尺寸，以及计算风管内的压力损失，最终确定风管的断面尺寸，并选择合适的通风机。

3.3.1 风管设计计算

风管系统设计计算（又称为阻力计算、水力计算）的目的，一是确定风管各管段的断面尺寸和阻力；二是对各并联风管支路进行阻力设计平衡；三是计算出选择风机所需要的风压。

3.3.1.1 风管设计的主要内容

风管的水力计算通常为了解决如下两类计算问题。

第一类为设计计算。当已知空调系统通风量时，设计计算是指满足空调方面要求的同时，解决好风道所占的空间体积、制作风道的材料消耗量、风机所耗功率等问题，即如何经济合理地确定风道的断面尺寸和阻力，以便选择合适的风机和电动机功率。设计计算主要包括设计原则、设计步骤、设计方法及设计中的有关注意事项。

第二类为校核性计算。当已知系统形式和风道尺寸时，计算风道的阻力，校核风机能否满足要求则属于校核计算。

3.3.1.2 空调风管系统设计原则

① 风管系统要简单、灵活与可靠。风管布置要尽可能短，避免复杂的局部构件，减少分支管。要便于安装、调节、控制与维修。

② 子系统的划分要考虑到室内空气控制参数、空调使用时间等因素，以及防火分区要求。

③ 风管断面形状要和建筑结构相配合。在不影响生产工艺操作的情况下，充分利用建筑空间组合成风管，使其达到巧妙、完美与统一。

④ 风管断面尺寸要标准化。为了最大限度地利用板材，风管的断面尺寸（直径或边长）应采用国家标准《通风与空调工程施工质量验收规范》（GB 50243—2002）中规定的规格来下料。钢板制圆形风管的常用规格见表 3-11，钢板制矩形风管的常用规格见表 3-12。

表 3-11　钢板制圆形风管的常用规格　　　　单位：mm

D100	D120	D140	D160	D180	D200	D220	D250	D280	D320
D360	D400	D450	D500	D560	D630	D700	D800	D900	D1000
D1120	D1250	D1400	D1600	D1800	D2000				

表 3-12　钢板制矩形风管的常用规格　　　　单位：mm

外边长（长×宽）	外边长（长×宽）	外边长（长×宽）	外边长（长×宽）	外边长（长×宽）	外边长（长×宽）	外边长（长×宽）
120×120	200×200	400×250	500×320	800×500	1250×500	1600×500
160×120	250×120	400×320	630×500	800×630	1250×630	1600×800
160×160	250×160	400×400	630×630	800×800	1250×800	
200×120	320×320	500×200	800×320	1000×320	1250×1000	
200×160	400×200	500×250	800×400	1250×400	1600×500	

⑤ 正确选用风速。这是设计好风管的关键。选定风速时，要综合考虑建筑空间、初投资、运行费用及噪声等因素。如果风速选得大，则风管断面小，消耗管材少，初投资省，但是阻力大，运行费高，而且噪声也可能高；如果风速选得低，则运行费用低，但风管断面大，初投资大，占用空间也大。具体可参考表 3-13 和表 3-14。

表 3-13　空调系统中的空气流速　　　　　　　　　　　　　　单位：m/s

部位	低速风管						高速风管	
	推荐风速			最大风速			推荐风速	最大风速
	居住	公共	工业	居住	公共	工业	一般建筑	
新风入口	2.5	2.5	2.5	4.0	4.5	6	3	5
风机入口	3.5	4.0	5.0	4.5	5.0	7.0	8.5	16.5
风机出口	5~8	6.5~10	8~12	8.5	7.5~11	8.5~14	12.5	25
主风管	3.5~4.5	5~6.5	6~9	4~6	5.5~8	6.5~11	12.5	30
水平支风管	3.0	3.0~4.5	4~5	3.5~4.0	4.0~6.5	5~9	10	22.5
垂直支风管	2.5	3.0~3.5	4.0	3.25~4.0	4.0~6.0	5~8	10	22.5
送风口	1~2	1.5~3.5	3~4.0	2.0~3.0	3.0~5.0	3~5	4	—

表 3-14　低速风管内的风速　　　　　　　　　　　　　　单位：m/s

噪声级(A)/dB	主管风速	支管风速	新风入口风速
25~35	3~4	≤2	3
35~50	4~6	2~3	3.5
50~65	6~8	3~5	4~4.5
65~80	8~10	5~8	5

⑥ 风机的风压与风量要有适当的裕量。风机的风压值宜在风管系统总阻力的基础上再增加10%~15%；风机的风量大小则宜在系统总风量的基础上再增加10%来分别确定。

3.3.1.3　风管设计方法

空调风管系统的设计计算方法较多，主要有假定流速法、压损平均法和静压复得法。

（1）假定流速法　假定流速法也称为控制流速法，其特点是先按技术经济比较推荐的风速（查表3-13）初选管段的流速，再根据管段的风量确定其断面尺寸，并计算风道的流速与阻力（进行不平衡率的检验），最后选定合适的风机。目前空调工程常用此方法。

（2）压损平均法　压损平均法也称为当量阻力法，是以单位长度风管具有相等的阻力为前提的，这种方法的特点是在已知总风压的情况下，将总风压按干管长度平均分配给每一管段，再根据每一管段的风量和分配到的风压计算风管断面尺寸。在风管系统所用的风机风压已定时，采用该方法比较方便。

（3）静压复得法　当流体的全压一定时，流速降低则静压增加。静压复得法就是利用这种管段内静压和动压的相互转换，由风管每一分支处复得的静压来克服下游管段的阻力，并据此来确定风管的断面尺寸。

3.3.1.4　空调风管系统设计步骤

① 根据各个房间或区域空调负荷计算出的送回风量，结合气流组织的需要确定送回风口的形式、设置位置及数量。

② 根据工程实际确定空调机房或空调设备的位置，选定热湿处理及净化设备的形式，划分其作用范围，明确子系统的个数。

③ 布置以每个空调机房或空调设备为核心的子系统送回风管的走向和连接方式，绘

制出系统轴测简图，标注各管段长度和风量。

④ 确定每个子系统的风管断面形状和制作材料。

⑤ 对每个子系统进行阻力计算（含选择风机）。

a. 选定最不利环路，并对各管段编号。最不利环路是指阻力最大的管路，一般指最远或配件和部件最多的环路。

b. 根据风管设计原则，初步选定各管段风速。

c. 根据风量和风速，计算管道断面尺寸，并使其符合表 3-11 和表 3-12 中所列的通风管道统一规格，再用规格化了的断面尺寸及风量，算出管道内的实际风速。

d. 根据风量和管道断面尺寸，得到单位长度摩擦阻力 R_m。

e. 计算各管段的沿程阻力及局部阻力，并使各并联管路之间的不平衡率不超过 15%。当差值超过允许值时，要重新调整断面尺寸，若仍不满足平衡要求，则应辅以阀门调节。

f. 计算出最不利环路的风管阻力，加之设备阻力，并考虑风量与阻力的安全系数，进而确定风机型号及电机功率。

⑥ 进行绝热材料的选择与绝热层厚度的计算。

⑦ 绘制工程图。

3.3.2 风管的布置

当气流组织及风口位置确定以后，按下来就是布置风管，通过风管将各个送风口和回风口连接起来，为风口提供一个空气流动的渠道。

3.3.2.1 风管的布置原则

风管布置直接关系到空调系统的总体布置，它与工艺、土建、电气、给排水等专业关系密切，应相互配合、协调一致。

① 空调系统的风管在布置时应考虑使用的灵活性。当系统服务于多个房间时，可根据房间的用途分组，设置各个支风管，以便于调节。

② 风管的布置应根据工艺和气流组织的要求，可以采用架空明敷设，也可以暗敷设于地板下、内墙或顶棚中。

③ 风管的布置应力求顺直，避免复杂的局部管件。弯头、三通等管件应安排得当，管件与风管的连接、支管与干管的连接要合理，以减少阻力和噪声。

④ 风管上应设置必要的调节和测量装置（如阀门、压力表、温度计、风量测定孔、采样孔等）或预留安装测量装置的接口。调节和测量装置应设在便于操作和观察的地方。

⑤ 风管布置应最大限度地满足工艺需要，并且不妨碍生产操作。

⑥ 风管布置应在满足气流组织要求的基础上，达到美观、实用的原则。

⑦ 只要安装空间范围允许，推荐采用圆形风管。

圆形风管允许采用较高的风速。据美国采暖、制冷与空调工程师协会推荐，一个中型变风量空调系统，其风速可达 20m/s，而一个大型变风量空调系统，其风速则可高达 30m/s。对矩形风管的允许风速则一般都较低，风速过高容易引起扁平风管壁的共振而产生噪声，特别是会产生低频噪声并传至室内。

采用圆形风管和较高的送风速度，可显著地节省投资。首先，与类似的矩形风管系统相比，圆形风管系统将可节省 15%～30% 的薄钢板。例如，同样输送 17000m³/h 的空气，根据控制噪声的要求，圆形风管的风速可取 19m/s，矩形风管则取 10m/s。它们的钢板消耗量不同，采用圆形风管，可节约 37% 的薄钢板。

其次，圆形风管的安装费用低于矩形风管。 这是因为圆形风管本身结构的刚性好，预制管段可以较长，现场安装的工作量相对较少。 圆形风管的制作、连接都较矩形风管严密，漏风率大约为 1%，而矩形风管的漏风率有时高达 10%，甚至更高，为防止空气渗漏，需要花去大量人力对每一矩形风管进行检漏和密封。

3.3.2.2 风管的布置

布置风管要考虑的因素如下。

① 尽量缩短管线，减少分支管线，避免复杂的局部构件，以节省材料和减小系统阻力。

② 要便于施工和检修，恰当处理与空调水、消防水管道系统及其他管道系统在布置上可能遇到的矛盾。

如图 3-24(a)和(b)所示为相同房间、相同送风口的两种风管布置形式。 对比两者，显然图 3-24(b)比图 3-24(a)的管线要长，分支管线和局部构件也较多，因此图 3-24(a)优于图 3-24(b)。

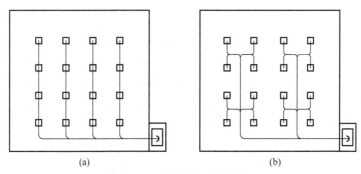

图 3-24　风管布置形式对比

3.2.2.3 新风口的位置确定

① 新风口应设在室外较洁净的地点，进风口处室外空气有害物的含量不应大于室内作业地点最高允许浓度的 30%。

② 布置时要使排风口和进风口尽量远离。 进风口应低于排出有害物的排风口。

③ 为了避免吸入室外地面灰尘，进风口的底部距室外地坪不宜低于 2m；布置在绿化地带时，也不宜低于 1m。

④ 为使夏季吸入的室外空气温度低一些，进风口宜设在建筑物的背阴处，宜设在北墙上，避免设在屋顶和西墙上。

3.2.2.4 新风口的其他要求

① 进风口应设百叶窗以防雨水进入，百叶窗应采用固定式，在多雨的地区，采用防水百叶窗。

② 为防止鸟类进入，百叶窗内宜设金属网。

③ 过渡季使用大量新风的集中式系统，宜设两个新风口，其中一个为最小新风口，其面积按最小新风量计算；另一个为风量可变的新风口，其面积按系统最大新风量减去最小新风量计算（其风速可以取得大一些）。

3.3.3 风管阻力计算

风管内空气流动阻力可分为两种，一种是由于空气本身的黏滞性以及与管壁间的摩擦而产生的沿程能量损失，称为沿程阻力或摩擦阻力；另一种是空气流经局部构件或设备时，由于流速的大小和方向变化造成气流质点的紊乱及碰撞，由此产生涡流而造成比较集中的能量损失，称为局部阻力。

3.3.3.1 沿程阻力（或摩擦阻力）

根据流体力学原理，空气在管道内流动时，沿程阻力按式（3-12）计算。

$$\Delta p_{m} = \lambda \frac{l}{d} \times \frac{\rho v^2}{2} \qquad (3\text{-}12)$$

式中　Δp_{m}——空气在管道内流动时的沿程阻力，Pa；

　　　λ——沿程阻力系数；

　　　ρ——空气密度，kg/m³；

　　　v——管内空气平均流速，m/s；

　　　l——计算管段长度，m；

　　　d——风管直径，m。

因此，圆形风管单位长度的沿程阻力（也称比摩阻）为

$$R_{m} = \frac{\lambda}{d} \times \frac{\rho v^2}{2} \qquad (3\text{-}13)$$

当圆管内为层流状态时，$\lambda = 64/Re$；圆管内为紊流状态时，$\lambda = f(Re, K/d)$，其中 Re 为雷诺数，K 为风管内壁粗糙度，即紊流时沿程阻力系数不仅与雷诺数有关，还与相对粗糙度 K/d 有关。尼古拉斯采用人工粗糙管进行试验得出了沿程阻力系数的经验公式。在空调系统中，风管中空气的流动状态大多属于紊流光滑区到粗糙区之间的过渡区，因此沿程阻力系数可按式（3-14）计算。

$$\frac{1}{\sqrt{\lambda}} = -2\lg\left(\frac{K}{3.7d} + \frac{2.51}{Re\sqrt{\lambda}}\right) \qquad (3\text{-}14)$$

对于非圆管道沿程阻力的计算，引入当量水力直径 d_e 后，所有圆管的计算方法与公式均可适用非圆管，只需把圆管直径换成当量水力直径即可。

$$d_e = 4R = 4\frac{A}{x} \qquad (3\text{-}15)$$

式中　R——水力半径，m；

　　　A——过流断面的面积，m²；

　　　x——湿周，m。

对于钢板矩形风管，$d_e = 2ab/(a+b)$，其中 a、b 分别为矩形风管的长、短边。

在进行风管的设计时，通常利用式（3-13）和式（3-14）制成计算表格或线算图进行计算。这样，若已知风量、管径、流速和比摩阻四个参数中的任意两个，即可求得其余两个参数。附图 2 是按照压力 $p = 101.3\text{kPa}$、温度 $t = 20℃$、空气密度 $\rho = 1.2\text{kg/m}^3$、运动黏度 $\nu = 15.06 \times 10^{-6}\text{m}^2/\text{s}$、管壁粗糙度 $K \approx 0$ 的条件下绘制的圆形风管的线算图。附表 67 是钢板矩形风管计算表，制表条件 $K = 0.15\text{mm}$，其他条件同附图 2。因此，对于钢板矩形风管的比摩阻，可直接查附表 67 得出，也可将矩形风管折算成当量的圆风管，再用附图 2 的线算图来计算。

3.3.3.2 局部阻力

当空气流过风管的配件、部件和空气处理设备时都会产生局部阻力。局部阻力可按式（3-16）计算。

$$Z = \zeta \frac{\rho v^2}{2} \qquad (3\text{-}16)$$

式中　Z——空气在管道内流动时的局部阻力，Pa；

　　　ζ——局部阻力系数，其值可查附表 68。

　　因此，风管内空气流动阻力等于沿程阻力和局部阻力之和，即

$$\Delta p = \sum (\Delta p_{\mathrm{m}} + Z) = \sum \left(R_{\mathrm{m}} l + \zeta \frac{\rho v^2}{2}\right) \tag{3-17}$$

　　由于影响风管系统阻力的随机因素较多，要精确计算阻力往往比较困难。工程上常用简略估算法，可按式（3-18）估算。

$$\Delta p = R_{\mathrm{m}} l (1+k) \tag{3-18}$$

式中　l——风管总长度，m；

　　　k——局部阻力与摩擦阻力的比值，局部构件少时，取 1.0～2.0，局部构件多时，取 3.0～5.0。

　　在低速风道系统中，各管段的空气流速在表 3-10 所列范围内，则 R_{m} 值可取为 0.8～1.5Pa/m（平均 1.0Pa/m）。

3.3.3.3　风道系统水力计算

　　（1）风道水力计算方法　风道的水力计算是在系统和设备布置、风管材料以及各送、回风点的位置和风量均已确定的基础上进行的。风道水力计算的主要目的是确定各管段的管径（或断面尺寸）和阻力，保证系统内达到要求的风量分配，最后确定风机的型号和动力消耗。

　　风道水力计算方法比较多，如假定流速法、压损平均法、静压复得法等。对于低速送风系统大多采用假定流速法和压损平均法，而高速送风系统则采用静压复得法。

　　（2）风道水力计算步骤　以假定流速法为例，说明风道水力计算的方法步骤。

　　① 确定空调系统风道形式，合理布置风道，并绘制风道系统轴测图，作为水力计算草图。

　　② 在计算草图上进行管段编号，并标注管段的长度和风量。管段长度一般按两管件中心线长度计算，不扣除管件（如三通、弯头）本身的长度。

　　③ 选定系统最不利环路，一般指最远或局部阻力最多得环路。

　　④ 根据造价和运行费用的综合最经济的原则，选择合理的空气流速。根据经验总结，风管内的空气流速可按表 3-15 确定。

表 3-15　低速风管系统的推荐和最大流速　　　　　　　　　　单位：m/s

应用场所	住宅		公共建筑		工厂	
	推荐	最大	推荐	最大	推荐	最大
室外空气入口	2.5	4	2.5	4.5	2.5	8
空气过滤器	1.3	1.5	1.5	1.8	1.8	1.8
加热排管	2.3	2.5	2.5	3	3	3.5
冷却排管	2.3	2.3	2.5	2.5	3	3
淋水室	2.5	2.5	2.5	2.5	2.5	2.5
风机出口	6	8.5	9	11	10	14
主风管	4	6	6	8	9	11
支风管（水平）	3	5	4	6.5	5	9
支风管（垂直）	2.5	4	3.5	6	4	8

⑤ 根据给定风量和选定流速，逐段计算管道断面尺寸，并使其符合矩形风管统一规格。 然后根据选定了的断面尺寸和风量，计算出风道内实际流速。

⑥ 计算系统的总阻力 Δp。

⑦ 检查并联管路的阻力平衡情况。

⑧ 根据系统的总风量、总阻力选择风机。

3.3.4 风管绝热层的设计

在空调系统中，为了控制送风的温度，减少热量和冷量损失，保证空调的设计运行参数，并为防止其表面因结露而加速传热，以及结露对风道的腐蚀，有必要对通过非空调房间的风管和安装的通风机进行保温。

空调风管常用的保温结构由防腐层、保温层、防潮层、保护层组成。 防腐层一般为一至两道防腐漆；保温层目前为阻燃性聚苯乙烯或玻璃纤维板，以及较新型的高倍率独立气泡聚乙烯泡沫塑料板，其具体厚度可参考有关设计手册；保温层和防潮层都要用铁丝或箍带捆扎后，再敷设保护层；保护层可由水泥、玻璃纤维布、木板或胶合包裹后捆扎。

设置风管及制作保温层时，应注意其外表的美观和光滑，尽量避免露天敷设和太阳直晒。 保护层应具有防止外力损坏绝热层的能力，并应符合施工方便、防火、耐久、美观等要求，室外设置时还应具有防雨雪能力。

（1）保温材料与保温层厚度确定

① 保温材料 风管的保温材料应具有较低的热导率、质轻、难燃、耐热性能稳定、吸湿性小并易于成型等特点。 一般通风空调工程中最常用的保温材料有矿渣棉、软木板等，也可用聚氨酯泡沫橡塑作保温材料，其热导率 $\lambda = 0.03375 + 0.000125 t_m$ [W/(m·K)]，式中 t_m 为保温层的平均温度。

② 保温层厚度与施工 保温层厚度的选择原则上应计算保温层防结露的最小厚度和保温层的经济厚度，然后取其较大值，可参考相关规范推荐值来确定。 对于矩形风管、设备以及 $D > 400mm$ 的圆形管道，按平壁传热计算保温层厚度。

空调风管的保温层，应根据设计选用的保温材料和结构形式进行施工。 为了达到较好的保温效果，保温层的厚度不应超过设计厚度 10% 或低于 5%。 保温层的结构应结实，外表平整，无张裂和松弛现象。 风管保温前，应把表面的铁锈等污物除净，并刷好防锈底漆或用热沥青和汽油配制的沥青底漆刷敷。

（2）风管保温及保冷要求 管道与设备的保温、保冷应符合下列要求。

① 保冷层的外表面不得产生凝结水。

② 冷管道与支架之间应采取防止"冷桥"措施

③ 穿越墙体或楼板处的管道绝热层应连续不断。

（3）绝热层的设置

① 设备、直管道、管件等无需检修处宜采用固定式保温结构；法兰、阀门、人孔等处采用可拆卸式的保温结构。

② 绝热层厚度大于 100mm 时，绝热结构宜按双层考虑，双层的内外层缝隙应彼此错开。

（4）隔汽层与保护层的设置 隔汽层与保护层的设置应根据保温材料、保冷材料、使用环境等因素确定，具体如下所示。

① 采用非闭孔材料保冷时，外表面必须设隔汽层和保护层。

② 保温时，外表面应设保护层。

③ 室内保护层可采用难燃型的玻璃钢、铝箔玻璃薄板或玻璃布。

④ 室外空调管道保护层一般采用金属薄板，宜采用 0.5～0.7mm 厚的镀锌钢板或 0.3～0.5mm 厚的防锈铝板制成外壳，外壳的接缝必须顺坡搭接，以防雨水进入。

⑤ 室内防潮层可采用阻燃型聚乙烯薄膜、复合铝箔等；条件恶劣时，可采用 CPU 防水防腐敷面材料。

3.3.5 风机的选择与校核

在完成风道系统水力计算后，就可以依据系统风量和阻力来选择风机。选择与校核风机应注意如下几点。

① 根据通风机输送气体的性质（如清洁空气、含尘、易燃、易爆、腐蚀性气体等）和用途（如一般通风、高温通风、锅炉送引风等），选用不同类型的通风机。

② 根据通风系统管道布置、所需风量和风压，在所选的类型中确定风机的机号、转数、连接方式和出口方向等。所选风机的工作点应在效率曲线的最高点或高效率范围以内，即风机的选用设计工况效率，不应低于风机最高效率的 90%。

③ 选择风机时，一定要注意到通风机性能的标准状况。一般通风机的标准状况为，大气压力为 101325Pa，温度 20℃，相对湿度为 50%，空气密度为 1.2kg/m³。当风机使用工况与风机样本工况不一致时，要进行通风机性能修正。

④ 选择风机时，应考虑到通风管道系统不严密及阻力计算的误差。为使风机运行可靠，系统的风量和压力均应增加 10%～15% 的富裕量。对于一般的送排风系统，采用定转速通风机时，风量附加为 5%～10%、风压附加为 10%～15%，排烟用风机风量附加为 10%。

⑤ 采用变频通风机时，应以系统计算的总压力损失作为额定风压，但风机电动机的功率应在计算值上附加 15%～20%。

⑥ 对噪声控制有一定要求的工程，应力求选择低噪声的风机，或者控制风机圆周速度，使其 $v<25$m/s。

⑦ 在选择风机时，应尽量避免采用通风机并联或串联工作。当不可避免时，应选用同型号、同性能的通风机参加联合工作。当采用串联时，第一级通风机到第二级通风机间应有一定的管长。

⑧ 风机工况变化时（空气状态变化或处理风量变化），实际所需的电动机功率会有所变化，应注意进行验算，检查样本上配用的电动机功率是否满足要求。

⑨ 输送非标准状态空气的通风、空调系统，应当用实际的容积风量和标准状态下的图表计算出的系统压力损失值来选择通风机型号，当用一般的通风机性能样本选择通风机时，其风量和风压均不应修正，但电动机的轴功率应进行验算。输送烟气时，应按实际情况修正。

第4章

中央空调水系统

4.1 水系统的组成

水系统输送介质通常为水或乙二醇溶液，即通常所说的风机盘管系统。 通过室外主机的热交换器产出空调冷/热水，由管路系统输送至室内的各种末端装置（一般为风机盘管），在末端装置处冷/热水与室内空气进行热交换，为分散处理各房间的空调系统形式，如图 4-1 所示。

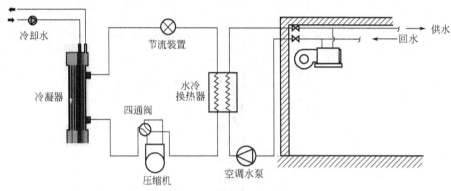

图 4-1 水系统示意图

该系统室内末端通常为风机盘管。 目前，风机盘管一般均可以调节其风机转速，从而调节送入室内的冷/热量，除此以外，风机盘管还可以通过变水量、变水温等方式调节能量输出，因此该系统可以对每个空调房间进行单独调节，满足不同房间不同的空调需求，节能性较好。

此外，由于冷/热水机组的输配系统所占空间很小，因此一般不受住宅层高的限制。 但此种系统一般较难引进新风，因此对于通常紧闭的空调房间而言，其舒适性较差。

4.1.1 水系统的形式

4.1.1.1 冷却水系统

（1）冷却水系统的组成 空调冷却水系统是指利用冷却塔等冷却构筑物向冷水机组的冷凝器供给循环冷却水的水系统。 对于风冷式冷冻机组，则不需要冷却水系统。 冷水流过需要降温的冷凝器后，温度上升，如果即行排放，冷水只用一次，这种冷却水系统称为直流冷却水系统。 当水源水量充足，如江河、湖泊，水温、水质适合，且大型冷冻站用水量较大，采用循环冷却水系统耗资较大时，可采用这种系统。

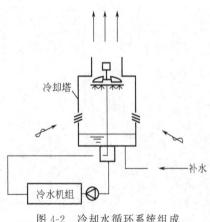

图 4-2 冷却水循环系统组成

在空调工程中，大量采用循环冷却水系统。 这种系统一般由冷却塔、冷却水池（箱）、冷却水泵、冷水机组冷凝器及连接管道组成，如图 4-2 所示。 该系统将来自冷却塔的较低温度的冷却水，经冷却水泵加压后进入冷水机组，带走冷凝器的散热量。 温度升高的冷却水再在循环冷却水泵的作用下，重新送入冷却塔上部喷淋。 由于冷却塔风扇的运转，使冷却水在喷淋下落过程中，不断与塔下部进入的室外空气进行热湿交换，冷却后的水落入冷却塔集水盘中，由水泵重新送入冷水机组循环使用。这种系统冷水的用量大大降低（常可节约95％以上），只需补充少量水，节约大量工业用水。因此，当制冷设备冷凝器、吸收器和压缩机的冷却方式采用水冷方式时，均需要设置冷却水系统。

（2）冷却水系统的分类 循环冷却水系统按通风方式，可分为自然通风冷却循环系统和机械通风冷却循环系统两种。自然通风冷却循环系统采用冷却塔或冷却喷水池等构筑物，使冷却水和自然风相互接触进行热量交换，冷却水被冷却降温后循环使用，适用于当地气候条件适宜的小型冷冻机组。

机械通风冷却循环系统采用机械通风冷却塔或喷射式冷却塔，使冷却水和机械通风接触进行热量交换，从而降低冷却水温度后再送入冷凝器等设备循环使用。这种系统适用于气温高、湿度大，自然通风冷却塔不能达到冷却效果的情况。目前，运行稳定、可控的机械通风冷却循环系统被广泛地应用。

冷却水的供应系统，一般根据水源、水质、水温、水量及气候条件等进行综合技术经济比较后确定。由于冷却水流量、温度、压力等参数直接影响到制冷机的运行工况，因此，在空调工程中大量采用的是机械通风冷却水循环系统。

上述两种系统，均用自来水补充，以保证冷却水流量。

4.1.1.2 冷热水系统

空调的冷（热）水循环常采用闭式系统，如图4-3所示。这种系统具有以下优点。

① 管路系统与大气隔绝，管道与设备内腐蚀机会少。

② 水泵能耗小。

③ 系统最高处设置膨胀水箱可及时补水。

④ 系统设施简单。

在闭式循环系统中，按冷热水是否合用管路划分，冷水系统可分为两管制、三管制和四管制系统；按水泵配置划分，冷水系统可分为单式泵系统、复式泵系统；按各环路长度是否相同划分，冷水系统可分为同程式和异程式系统；按流量的调节方式划分，冷水系统可分为定流量和变流量系统。其类型特征及使用特点见表4-1。

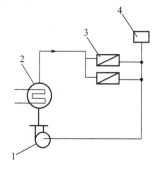

图4-3 冷（热）水循环闭式系统
1—水泵；2—蒸发器；3—空调设备或机组；4—膨胀水箱

表4-1 常用的水管系统的类型特征和使用特点

系统类型		图例	系统特征	使用特点
按冷热水是否合用管路划分	两管制		冷热水合用同一管路系统	(1)管路系统简单，初投资省 (2)无法同时满足供冷和供热的要求

系统类型		图例	系统特征	使用特点
按冷热水是否合用管路划分	三管制		（1）分别设置供冷管路、供热管路、换热设备管路三管供水管 （2）冷水与热水回水管共用	（1）能满足同时供冷与供热要求 （2）管路系统较四管制简单 （3）存在冷、热回水混合损失 （4）投资高于两管制 （5）管路布置较复杂
	四管制		（1）冷、热水的供、回水管均单独设置 （2）具有冷、热两套独立的系统	（1）能灵活实现同时的冷、热供应，且无混合损失 （2）管路系统复杂，初投资高 （3）占用建筑空间较多
按水泵配置划分	单式泵		冷（热）源侧与负荷侧合用一组循环水泵	（1）系统简单，初投资省 （2）不能调节水泵流量 （3）多用小型建筑物的空调，不能适应供水半径相差悬殊的大型建筑物空调系统 （4）供、回水干管间应设旁通（阀）回路
	复式泵		冷（热）源侧与负荷侧分别配置循环水泵	（1）可实现变水泵流量（冷、热源侧设置定流量，负荷侧设置二次水泵，能调节流量），节约输送能耗 （2）能适应空调分区负荷变化 （3）系统总压力低

系统类型		图例	系统特征	使用特点
按各环管路长度是否相同划分	同程式	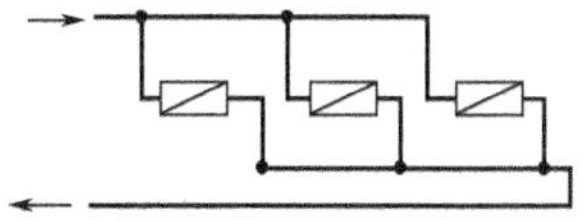	（1）供、回水干管上的水流方向相同 （2）经过每一并联环路的管长基本相等	（1）水量分配均衡，调节方便 （2）系统水力稳定性好 （3）需设回程管，管道长度增加，水阻耗能增加 （4）初投资稍高
	异程式	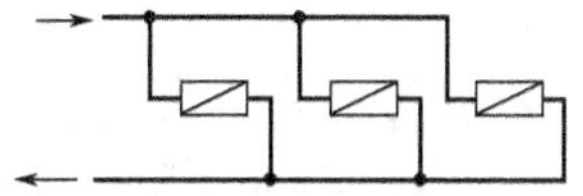	（1）供、回水干管上的水流方向相反 （2）经过每一并联环路的管长不相等	（1）水量分配、调节困难 （2）水力平衡较麻烦 （3）解决办法：在各并支管上安装流量调节装置
按流量的调节方式划分	定流量	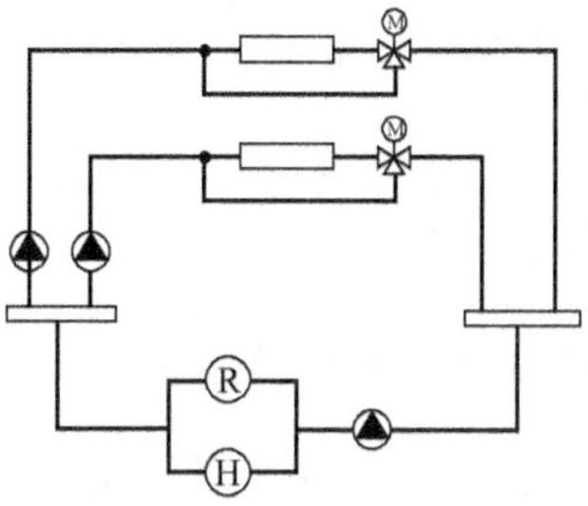	（1）系统中循环水量保持定值 （2）改变供、回水温度来适应负荷变化	（1）系统操作方便 （2）不需要复杂的自控设备 （3）配管设计时，不能考虑同时使用系数 （4）输送能耗始终处于设计的最大值
	变流量	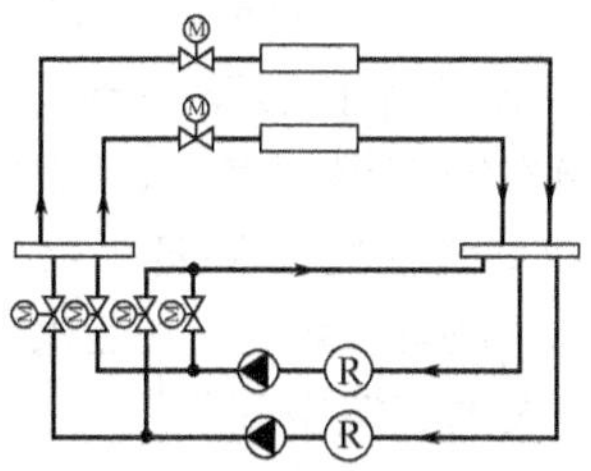	（1）系数中供、回水温度保持定值 （2）改变供水量来适应负荷变化	（1）输送能耗随负荷减少而降低 （2）配管设计时，可以考虑同时使用系数，管径相应减少 （3）水泵容量、电耗相应减少 （4）系统较复杂 （5）必须配合自控设备

注：▽表示膨胀水箱；◀表示水泵；Ⓡ表示冷源；Ⓗ表示热源；⊠表示电动阀；▱表示盘管机组。

　　总体来说，一般建筑物的普通舒适性空调，其冷（热）水系统宜采用单式水泵、变水量调节、双管制的闭式系统，并尽可能为同程式或分区同程式，如图 4-4 所示。

4.1.1.3　冷凝水系统

　　空调冷凝水系统是指空调末端装置在夏季工况时用来排出冷凝水的管路系统。空调水系统夏季供应冷冻水的水温较低，当空气通过空调机组表冷器进行冷却降温去湿，表

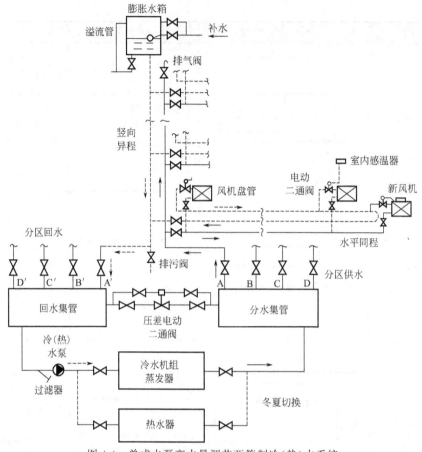

图 4-4 单式水泵变水量调节两管制冷(热)水系统

冷器外表面温度低于与其接触的空气露点温度时,其表面就会因结露而产生大量冷凝水,这些冷凝水必须有效地收集和排放。

空调冷凝水被收集在设置于表冷器下的集水盘中,再由集水盘接管依靠自身重力,在水位差的作用下自流排出。冷凝水的排放方式主要有两种:就地排放和集中排放。安装在酒店客房内使用的风机盘管,可就近将冷凝水排放至洗手间,排水管道短,系统漏水的可能性小,但排水点多而分散,有可能影响使用和美观。集中排放是借助管路,将不同地点的冷凝水汇集到某一地点排放,如安装在写字楼各个房间内的风机盘管,需要专门的冷凝水管道系统来排放冷凝水。集中排放的管道长,漏水可能性大,同时管道的水平距离过长时,为保持管道坡度会占用很大的建筑空间。

通常卧式组装式空调机组、立式空调机组、变风量空调机组的表冷器均设于机组的

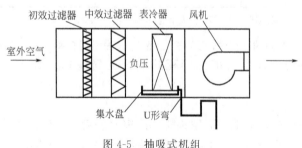

图 4-5 抽吸式机组

吸入段(图 4-5)。在机组运行中,表冷器冷凝水的排放点处于负压,为保证冷凝水的有效排放,要在排水管线上设置一定高度的 U 形弯,以使排出冷凝水在 U 形弯中能形成排放冷凝水所必需的高差原动力,且不致使室外空气被抽入机组,而严重影响冷凝水的正常排

放。 工程实践中出现大量冷凝水排水管线配置不合理,所设 U 形弯高差不够,而导致未能形成必需的水柱高差;另外排水管线坡度不够,有时还有反坡和抬高情况,均会使集水盘中的冷凝水溢至空调机组而导致冷凝水排水不畅,这样在空调机组运行时,冷凝水会从箱体四周滴出。

4.1.2 水系统的设备和附件

4.1.2.1 水管常用材料

空调水系统中常用的管材是水煤气输送钢管和无缝钢管。 水煤气输送钢管是按照原冶金工业部技术标准《水,煤气输送钢管》(YB 234—63)用碳素软钢制造的,俗称熟铁管。 它有镀锌管(俗称白铁管)和不镀锌管(俗称黑铁管)之分。 它的管壁纵向有一条焊缝,一般用护焊法和高频电焊法焊成。 钢管管端有带螺纹和不带螺纹两种。 根据管壁的不同厚度,水煤气输送钢管又可分为普通管(适用于公称压力 $p_g \leqslant 1.0\text{MPa}$)和加厚管(适用于公称压力 $p_g \leqslant 1.6\text{MPa}$)。 这两种壁厚都可用手动工具或套丝机在管端加工管螺纹,以便采用螺纹连接。

水煤气输送管的规格是用公称直径(D_g)表示的。 如公称直径为 50mm 的水煤气输送钢管,则表示为 $D_g 50$。 水、煤气输送钢管的规格见表 4-2,表中理论重量是指不镀锌钢管(黑铁管)的理论重量。 镀锌钢管比不镀锌钢管重 3%~6%。

表 4-2 水、煤气输送钢管的规格(摘自 YB 234—63)

公称直径 D_g/mm	外径/mm	普通管		加厚管		每米钢管分配的管接头重量(以每 6m 一个管接头计算)/kg
		壁厚/mm	不计管接头的理论重量/(kg/m)	壁厚/mm	不计管接头的理论重量/(kg/m)	
8	13.50	2.25	0.62	2.75	0.73	—
10	17.00	2.25	0.82	2.75	0.93	—
15	21.25	2.75	1.25	3.25	1.44	0.01
20	26.75	2.75	1.63	3.50	2.01	0.02
25	33.50	3.25	2.42	4.00	2.91	0.03
32	42.25	3.25	3.13	4.00	3.77	0.04
40	48.00	3.50	3.84	4.25	4.58	0.06
50	60.00	3.50	4.88	4.50	6016	0.08
65	75.50	3.75	6.64	4.50	7.83	0.13
80	88.50	4.00	8.34	4.75	9.81	0.20
100	114.00	4.00	10.85	5.00	13.44	0.40

常用的无缝钢管是按照原冶金工业部技术标准《无缝钢管》(YB 231—70)用普通碳素钢、优质碳素钢、普通低合金钢和合金结构钢制造的。 习惯用英文字母 D 后续外径乘壁厚来表示,如外径为 108mm、壁厚为 4mm 的无缝钢管,应表示为 D108×4,它相当于公称直径 100mm。 无缝钢管按外径和壁厚供货。 在同一外径中有多种壁厚,承受的压力范围较大,但各有异。 空调水系统中常用的一般无缝钢管规格见表 4-3。

表 4-3 空调水系统中常用的一般无缝钢管规格(摘自 YB 231—70)

公称直径/mm	外径/mm	壁厚/mm	质量/(kg/m)
10	14	3.0	0.814

公称直径/mm	外径/mm	壁厚/mm	质量/(kg/m)
15	18	3.0	1.11
20	25	3.0	1.63
25	32	3.5	2.46
32	38	3.5	2.98
40	45	3.5	3.58
50	57	3.5	4.62
65	76	4.0	7.10
80	89	4.0	8.38
100	108	4.0	10.26
125	133	4.0	12.73
150	159	4.5	17.15
200	219	6.0	31.54
250	273	7.0	45.92
300	325	8.0	62.54
400	426	9.0	92.55
500	530	9.0	105.50

空调水管所用管材具体如下。

① 空调冷（热）水管道，采用碳素钢管。 公称直径 $DN < 50mm$ 时，采用普通焊接钢管；公称直径 $DN \geq 50mm$ 时，采用无缝钢管；公称直径 $DN \geq 250mm$ 时，采用螺旋焊接钢管。

空调冷（热）水管道均应按节能要求进行保冷或保温。 保冷、保温材料可采用岩棉管壳、玻璃棉管壳或其他如发泡橡塑隔热材料等。

② 空调冷凝水管道，宜采用聚氯乙烯塑料管或镀锌钢管，不宜采用焊接钢管。 为防止冷凝水管道表面结露，必须进行防结露验算。 对于聚氯乙烯塑料管可不做保温，而对于镀锌钢管应做保温。

4.1.2.2 冷却水系统的设备

冷却水系统的设备主要包括水泵和冷却塔等，如图 4-6 所示。

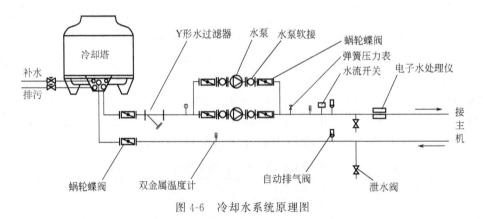

图 4-6 冷却水系统原理图

（1）水泵　通常空调水系统所用的循环泵均为离心式水泵。按水泵的安装形式来分，有卧式泵、立式泵和管道泵；按水泵的构造来分，有单吸泵和双吸泵。

卧式泵是最常用的空调水泵，其结构简单，造价相对低廉，运行稳定性好，噪声较低，减振设计方便，维修比较容易，但需占用一定的面积，如图4-7所示。当机房面积较为紧张时，可采用立式泵，如图4-8所示。由于电机设在水泵的上部，其高宽比大于卧式泵，因而运行的稳定性不如卧式泵，减振设计相对困难，维修难度比卧式泵大一些。在价格上一般高于卧式泵。

图 4-7　卧式泵

图 4-8　立式泵

管道泵是立式泵的一种特殊形式，其最大的特点是可以直接连接在管道上，因此不占用机房面积。但也要求它的重量不能过大。国产的管道泵电机容量不超过30kW。

单吸泵的特点是水从泵的中轴线流入，经叶轮加压后沿径向排出，它的水力效率不可能太高，运行中存在着轴向推力。这种泵制造简单，价格较低，因而在空调工程中得到较广泛的应用。双吸泵采用叶轮两侧进水（图4-9），其水力效率高于同参数的单吸泵，运行中的轴向不平衡力也得以消除。这种泵的构造较为复杂，制造的工艺要求高，价格较贵。因此，双吸泵常用于流量较大的空调水系统。

每台制冷机组应各配置一台水泵。考虑维修需要，宜有备用水泵，并预先接在管路系统中，可随时切换使用。例如有两台机组时，常配置三台冷水泵，其中一台为可切换使用的备用泵。若机组蒸发器或热水器有足够

图 4-9　双吸泵

的承压能力，可将它们设置在水泵的压出段上，这样有利于安全运行和维护保养。若蒸发器或热水器承压能力较小，则应设在水泵的吸入段上。冷水泵的吸入段上应设过滤器。

（2）冷却塔　冷却塔是水与空气直接接触进行热交换的一种设备，它主要由风机、电动机、填料、布水系统、塔身、水盘等组成，主要由在风机作用下温度比较低的空气与填料中的水进行热交换从而达到降低水温的目的。

目前，中央空调系统中常用的冷却塔有逆流式、横流式和闭式等。

① 逆流式冷却塔　所谓逆流式冷却塔，是指在塔内空气和水的流动方向是相逆的。

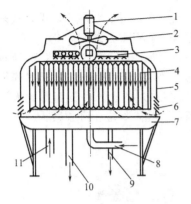

图 4-10 逆流式冷却塔的结构
1—电动机；2—风机叶轮；3—布水器；
4—填料；5—塔体；6—送风百叶；
7—水槽；8—进水口；9—溢水
管；10—出水管；11—补水管

空气从底部进入塔内，而热水从上而下淋洒，两者进行热交换。当处理水量在100t/h（单台）以上时，宜采用逆流式。如图4-10所示是逆流式冷却塔的结构。为增大水与空气的接触面积，在冷却塔内装满淋水填料层。填料一般是压成一定形状（如波纹状）的塑料薄板。水通过布水器淋在填料层上，空气由下部进入冷却塔，在填料层中与水逆流流动。这种冷却塔的优点是结构紧凑、冷却效率高，而缺点是塔体较高、配水系统较复杂。逆流式冷却塔以多面进风的形式使用最为普遍。

目前国内工厂生产的定型的机械通风式冷却塔产品大多用玻璃钢做外壳，故又称为玻璃钢冷却塔。它具有重量轻、耐腐蚀、安装方便等一系列优点。如图4-11所示为玻璃钢冷却塔的结构图。它的淋水装置为薄膜式，通常是用0.3～0.5mm厚的硬质聚氯乙烯塑料板压制成双面凸凹的波纹形，分一层或数层放入塔体内。淋洒下的水沿塑料片表面自上而下呈薄膜流动。配水系统为一种旋转式的布水器。布水器各支管的侧面上开有许多小孔，水由水泵压入布水器的各支管中。当水从各支管的小孔中喷出时，所产生的反作用力使布水器旋转，从而达到均匀布水的目的。轴流式通风机布置在塔顶。空气由集水池上部四周的百叶窗吸入，经填料层后，从塔体顶端排出，与水逆向流动。冷却后的水落入集水池，从出水管排出后循环使用。

② 横流式冷却塔 横流式冷却塔的结构如图4-12所示。所谓横流式冷却塔，是指空气通过填料层时是横向流动的。空气从横向进入塔内进行换热。其优点是体积小、高度低、结构和配水装置简单、空气进出口方向可任意选择，有利于布置。当处理水量在100t/h（单台）以下时，采用横流式较为合适。缺点是这种冷却塔中空气和水热交换不如逆流式充分，其冷却效果较差。

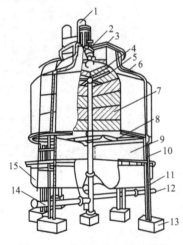

图 4-11 玻璃钢冷却塔的结构
1—扶梯；2—风机；3—风机支架；4—填料层及支架；
5—布水器；6—上壳体；7—淋水填料层；8—填料
层支架；9—挡风板；10—上立柱；11—下立柱；
12—出水管；13—基础；14—进水管；15—集
水池（下壳体）

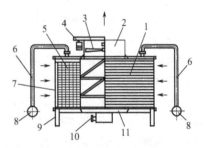

图 4-12 横流式冷却塔的结构
1—冷却塔塔体；2—出风筒；3—风机叶轮；4—电动
机；5—填料层；6—进水立管；7—进风百叶；8—进
水主管；9—立柱；10—出水管；11—集水盘

③ 闭式冷却塔　闭式冷却塔又称为蒸发式冷却塔。如图 4-13 所示为闭式冷却塔的工作原理。中央空调系统的冷却水在冷却水泵的驱动作用下从闭式冷却塔的换热盘管内流过，其热量通过盘管传递给流过盘管外壁的喷淋水。同时，冷却塔周围的空气在风机的抽吸作用下从冷却塔下方的进风格栅进入塔内，与喷淋水的流动方向相反，自下而上流出塔体。喷淋水在与空气逆向流动的过程中进行热湿交换，一小部分水蒸发变成饱和温热蒸汽，带走热量，从而降低换热盘管内冷却水的温度。饱和温热蒸汽由风机向上排出，被空气带出去的水滴由收水器收集为水珠自上而下流动，热空气被风机排出机外，未蒸发而吸走热量的喷淋水直接落入塔底部的集水盘中，由循环泵再输送到喷淋水管中，喷淋到换热盘管上。

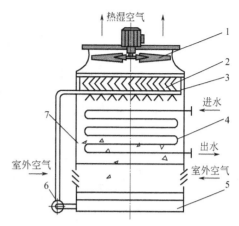

图 4-13　闭式冷却塔的工作原理
1—风机；2—收水器；3—喷淋水管；4—换热盘管；5—集水盘；6—循环泵；7—冷却塔塔体

闭式冷却塔换热盘管内的冷却水封闭循环，不与大气相接触，不易被污染。在室外气温较低时，可利用制备好的冷却水作为冷媒水使用，直接送入中央空调系统中的末端设备，以减少冷水机组的运行时间，在低湿球温度地区的过渡季节里，可利用它制备的冷却水向中央空调系统供冷，达到节能效果。

（3）冷却水箱（池）　如图 4-14 所示为冷却水箱（池）的结构。它主要包括冷却水进水管和出水管、溢水管、排污管及补水管。若冷却水箱采用浮球阀进行自动补水，则补水关闭的水位不应是系统的最高水位，而是应稍高于最低水位线。否则，将导致冷却水循环系统停止运行时会有大量溢流而造成水资源的浪费。

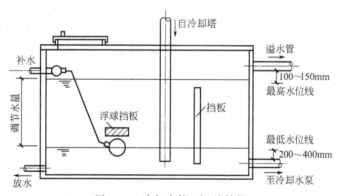

图 4-14　冷却水箱（池）的结构

对于一般逆流式斜波纹填料玻璃钢冷却塔，在短期内使填料层由干燥状态变为正常运转状态所需附着水量约为标称小时循环水量的 1.2%。因此，冷却水箱的容积应不小于冷却塔小时循环水量的 1.2%。

4.1.2.3　冷冻水系统的设备

冷冻水系统的设备主要包括水泵、膨胀水箱和空调末端等，其原理图如图 4-15 所示。

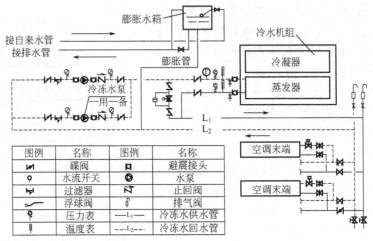

图 4-15　冷冻水系统原理图

图例	名称	图例	名称
⋈	碟阀	⊠	避震接头
⦵	水流开关	⊘	水泵
⋈	过滤器	⋈	止回阀
—	浮球阀	⌀	排气阀
⦵	压力表	——L₁——	冷冻水供水管
⦵	温度表	---L₂---	冷冻水回水管

（1）膨胀水箱　当空调水系统为闭式系统时，为使系统中的水因温度变化而引起的体积膨胀留有余地，并有利于系统中空气的排除和稳定系统压力，在管路系统中应连接膨胀水箱。为保证膨胀水箱和水系统的正常工作，在机械循环系统中，膨胀水箱的膨胀管应该接在水泵的吸入管段上。一般情况下，箱底的标高至少高出水管系统最高点1m。膨胀管上严禁安装阀门。

膨胀水箱的配管主要包括膨胀管、信号管、补水管、溢流管等，其布置如图 4-16 所示。箱体应保温并加盖板，盖板上连接的通气管一般可以选用公称直径为 100mm 的钢管制作。膨胀管接在水泵的吸入端，用于系统中水因温度升高引起体积增加转入膨胀水箱；溢流管用于排出水箱内超过规定水位的多余水量；信号管用于监督水箱内的水位；补水管用于补充系统水量，有手动和自动两种方式。当膨胀水箱兼用于供冷和供暖两种工况时，特别要重视膨胀水箱的安装位置，以防冬季供暖时水箱内的水结冰造成结构破坏，甚至酿成事故。工程上的另一种做法是在膨胀水箱上再接出一根循环管，如图 4-17 中虚线所示。循环管接在连接膨胀管的同一水平管路上，使膨胀水箱中的水在两连接管接点压差的作用下始终处于缓慢的流动状态，防止结冰现象出现。循环管和膨胀管的连接点间距可以由阻力计算确定，一般可以取 1.5～3.0m。要注意的是，这种连接循环管的做法，在夏季使用时会增加系统的无效冷量损失。

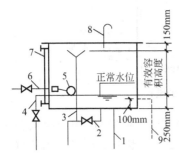

图 4-16　膨胀水箱的配管的布置
1—膨胀管；2—排污管；3—溢流管；4—信号管；
5—浮球阀；6—补水管；7—水位计；
8—通气管；9—循环管

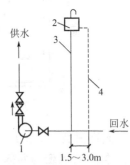

图 4-17　膨胀水箱与机械循环系统的连接
1—水泵；2—膨胀水箱；3—膨胀管；4—循环管

（2）分水器和集水器　在中央空调水系统中，为了便于连接通向各个空调分区的供水管和回水管，设置分水器和集水器。它不仅有利于各空调分区的流量分配，而且便于调节和运行管理，同时在一定程度上也起到均压的作用。分水器用于冷（热）水的供水管路上，集水器用于回水管路上。

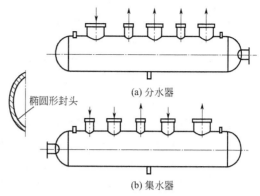

（a）分水器

（b）集水器

图 4-18　分水器和集水器的结构

如图 4-18 所示为分水器和集水器的结构。分水器和集水器实际上是一段大管径的管子，在其上按设计要求焊接上若干不同管径的管接头。分水器和集水器为受压容器，应按压力容器进行加工制作，其两端应采用椭圆形的封头。各配管的间距，应考虑阀门的手轮或扳手之间便于操作来确定（其尺寸详见国标图集）。在分水器和集水器的底部应设有排污管接口，一般选用 DN40mm。

（3）放气装置　水系统中所有可能积聚空气的"气囊"顶点，都应设置自动放空气的放气装置。滞留在水系统中的空气不但会在管道内形成"气堵"影响正常水循环，也会在换热器内形成"气囊"，使换热量大为下降，还会使管道和设备加快腐蚀。

常用的放气装置有集气罐、自动排气阀或手动排气阀。

① 集气罐　集气罐是由直径为 100～250mm 的钢管焊接而成的，根据干管与顶棚的安装空间可分立式集气罐和卧式集气罐，其接管示意图如图 4-19 所示。

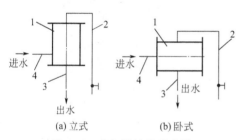

（a）立式　　（b）卧式

图 4-19　集气罐接管示意图
1—集气罐；2—放气管；3—出水管；4—进水管

集气罐的工作原理是，当水在管道中流动时，水流动的速度一般大于气泡浮升速度，水中的空气可随着水一起流动。当水流至集气罐内时，因罐体直径突然增大（一般罐体直径是干管的 1.5～2 倍），水流速度减慢，此时气泡浮升速度大于水流速度，气泡就从水中游离出来并聚集在罐体的顶部。

集气罐顶部安装放气管及放气阀，将空气排出直至流出水来为止。在排除干管空气的同时，回水管、立支管等设备内的空气也会通过各立管浮升至供水干管中一起排除。

集气罐应安装在系统的最高位置处，为方便操作，排气管引至有排水设施处，距地面不宜过高。

集气罐的优点是，制作简单，安装方便，运行安全可靠等。缺点是，在系统初运行或间歇过长时，需人工操作排气，排气管阀门失灵易造成系统大量失水等。

② 自动排气阀　自动排气阀一般装设于泵的出水口处或送配水管线中，用于大量排除管中集结的空气，或者将管线较高处集结的微量空气排放至大气中。当管内一旦有负压产生时，阀迅速吸入外界空气，以防止管线因负压而被毁损。

自动排气阀常用产品有 ZPT-C 型（卧式）和 ZP88-1 型（立式）两种。

如图 4-20 所示为 ZPT-C 型排气阀的结构。自动排气阀大多采用浮球式的启闭方式，即当排气时浮球靠其自重下移，带动滑动杆打开排气口。当排气完毕水进入时，浮球被托起上移，带动滑动杆关闭排气口。 自动排气阀可使系统内的空气随有随排，不需人工操作，被广泛用在空调水系统中。

③ 手动排气阀 手动排气阀可排除局部残存的空气，当需排气时，拧开盖帽，带动针形阀芯离开阀座，排气完毕拧紧阀芯即可。 手动排气阀结构简单，使用安装方便。

（4）空调末端 对于制取冷冻水的空调系统来说，末端装置即风机盘管机组，简称风机盘管，它是由风机、换热器及过滤器等组成一体的空气调节设备。 风机盘管加新风空调系统是目前我国多层或高层民用建筑中采用最为普遍的一种空调方式。 它具有噪声较小、可以个别控制、系统分区进行调节控制容易、布置安装方便、占建筑空间小等优点，目前在国内外广泛应用于宾馆、公寓、医院、办公楼等高层建筑物中，而且其应用越来越广泛。

① 基本结构和工作原理 风机盘管机组由风机、风机电动机、盘管（换热器）、空气过滤器、凝水盘和箱体等组成，如图 4-21 所示。 从风机盘管机组的构造可以看出，风机盘管机组可分为水路和气路。 水路由集中冷（热）源设备（如制冷机）供给冷（热）媒水，在水泵作用下，输送到盘管管内循环流动。 气路是空气由风机经回风口吸入，然后横略过盘管，与盘管内的冷（热）媒水换热后，降温除湿，再由送风口送入室内。 如此反复循环，使室内温度和湿度得以调节。

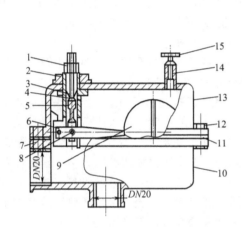

图 4-20　ZPT-C 型自动排气阀的结构
1—排气口；2—六角锁紧螺母；3—阀芯；4—橡胶封头；
5—滑动杆；6—浮球杆；7—铜锁钉；8—铆钉；9—浮球；
10—下半壳；11—垫片；12—螺栓螺母；13—上半壳；
14—手动排气座；15—手拧顶针

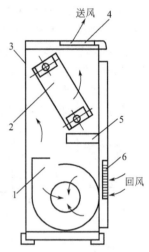

图 4-21　风机盘管的结构
1—风机；2—盘管；3—箱体；4—送风口；5—凝水盘；6—空气过滤器

风机盘管在调节方式上，一般采用风量调节或水量调节等方法。 所谓水量调节方法是指在其进出水管上安装水量调节阀，并由室内温度控制器进行控制，使室内空气的温度和湿度控制在设定的范围内。 而风量调节方式则是通过改变风机电动机的转速，来实现对室内温度和湿度的控制。 风机盘管机组的基本规格见表 4-4。

表 4-4　风机盘管机组的基本规格

规格	额定风量/(m³/h)	额定供冷量/W	额定供热量/W
FP-34	340	1800	2700
FP-51	510	2700	4050

规格	额定风量/(m³/h)	额定供冷量/W	额定供热量/W
FP-68	680	3600	5400
FP-85	850	4500	6750
FP-102	1020	5400	8100
FP-136	1360	7200	10800
FP-170	1700	9000	13500
FP-204	2040	10800	16200
FP-238	2380	12600	18900

② 常用风机盘管机组

a. 立式机组　如图 4-22 所示为立式明装上出风风机盘管机组。 机组通常设置在室内地面上，靠外墙窗台下，采取上出风、前出风或斜上出风。 立式明装机组对外观质量要求较高，表面经过处理，机组面板用喷漆或塑料喷漆装饰，美观大方。 立式明装机组安装方便、维护容易，可以直接拆下面板进行检修。

立式暗装型风机盘管机组在结构上与立式明装机组相似。 安装于地面上，一般是靠墙安装，设在窗台下，外面做装修，机组被装饰材料所遮掩。 立式暗装型机组美观要求低，维修工作量较明装机组大。 装修设计时，应注意使气流通畅，减小阻力。

立式风机盘管机组的特点是可以省去吊顶，但需占地。 立式明装型风机盘管机组安装简单、维护方便，立式暗装型风机盘管机组维护较麻烦。 立式风机盘管机组主要应用于不设吊顶、要求地面安装或全玻璃结构的建筑物，一些公共场所及公共建筑的辅助房间。 冬季以供暖为主的北方地区的中央空调，可用立式机组。 对于旧建筑改造加装中央空调，并要求节省投资、施工周期短的场合，也可应用这种机组。

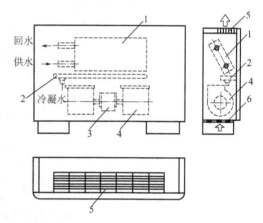

图 4-22　立式明装上出风风机盘管机组
1—盘管；2—凝水盘；3—风机电动机；4—风机；
5—出风格栅；6—空气过滤器

b. 卧式机组　如图 4-23 所示所示为卧式明装型风机盘管机组。 该机组结构美观大方，一般安装于靠近管道竖井隔墙的楼板或吊顶下，安装方便，节省地面空间。 卧式明装机组吊装在顶棚下，可作为建筑装饰品，机组的背面离墙要有一定的距离，以便接管和更换过滤器。 卧式明装机组适用于楼层不高、不进行顶面修饰的办公楼或其他旧建筑改造而加装中央空调的工程。

如图 4-24 所示为卧式暗装风机盘管机组，机组中风机和盘管并列放置，凝水盘置于盘管正下方。 回风从风机下方开口吸入，通过盘管之后由水平方向吹出。 进、出水管安排在风机盘管的侧面，通常采用下进上出排列。 机组有风机裸露的和带回风箱的两种机型。 回风箱又有后回风箱（从后面回风）和下回风箱（从下面回风）之分。 设置回风箱的好处是防止吊顶内的灰尘和脏物进入机组，在回风箱的回风进口处设空气过滤器，既过滤来自室内回风的灰尘，又可防止吊顶内灰尘进入。

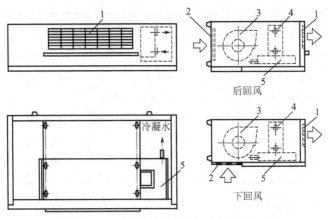

图 4-23　卧式明装型风机盘管机组

1—出风格栅；2—空气过滤器；3—风机；4—盘管；5—凝水盘

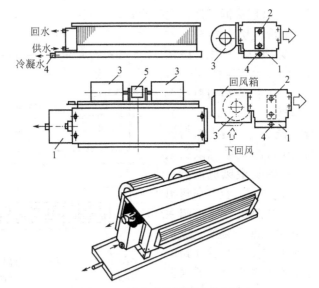

图 4-24　卧式暗装风机盘管机组

1—凝水盘；2—盘管；3—风机；4—冷凝水排出管；5—风机电动机

　　卧式暗装机组是目前应用最多的一种机型，按照机外静压的大小可分为标准型（机外静压为零）和高静压型两类。两者的主要差别在于机组所选配的风机不同，高静压型机组的噪声略大。

　　卧式暗装风机盘管机组吊顶安装，外面做装修，布置形式美观，节省地面空间。机组不占用房间有效面积，安装在吊顶内，通过送风管及风口把处理后的空气送入室内，目前广泛应用于宾馆客房、办公楼、餐饮娱乐行业的包间等场合。它的维修比其他机型麻烦。另外，冷凝水排放系统处理不好，容易造成吊顶滴水。

　　c. 立柱式机组　如图 4-25 所示为立柱式风机盘管机组。立柱式风机盘管机组也有明装和暗装两种机型，其高度为 1800～2100mm。明装机组在外观上与分体式立柜型空调器相似。暗装机组的面板装饰简单，由室内装饰工程公司统一装潢，但回风口与出风口位置及尺寸必须与机组相一致。

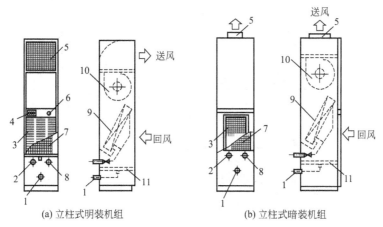

(a) 立柱式明装机组　　　　　(b) 立柱式暗装机组

图 4-25　立柱式风机盘管机组

1—冷凝水排出管；2—进水管；3—回风口；4—调速开关；5—出风格栅；6—指示灯；7—空气过滤器；8—出水管；9—盘管；10—风机；11—凝水盘

　　立柱式机组占地面积小，安装、维护、管理方便。在北方地区使用，冬季时可停开风机，将它当作对流式散热器使用，节省电能。进行立柱式机组布置时，机组背面离墙应留有足够的管道安装和检修的空间，暗装机组应设有检修门。目前该机组主要用于宾馆的客房（暗装机型）、医院和其他公用建筑面积不太大的空间。

　　d. 壁挂式机组　壁挂式风机盘管机组通常直接挂在房间的内墙上，按外观分有普通型和豪华型两种，只有明装，没有暗装。普通型壁挂式机组如图 4-26 所示。豪华型壁挂式机组在外观上与分体式房间空调器的室内机相似。

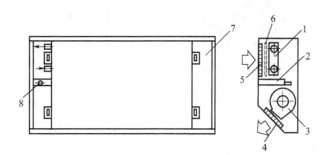

图 4-26　普通型壁挂式机组

1—盘管；2—凝水盘；3—风机；4—送风口；5—回风口；6—空气过滤器；7—挂板；8—冷凝水排出管

　　壁挂式风机盘管外形小巧美观，一般使用遥控器进行控制，控制简单，功能齐全，安装方便，但是由于供回水管需要从墙的背面穿出，使用条件受到限制。它广泛应用于宾馆、饭店、工厂、医院、展览馆、商场以及办公楼等多房间或大空间工业和民用建筑的空调场合。

　　壁挂式机组安装维护方便，不占用房间的有效面积，可适用于旧建筑加装中央空调工程或其他新建的办公、住宅楼。

　　e. 卡式机组　卡式机组吊挂在房间吊顶内，它的送风口和回风口均露在吊顶顶板上，又称为顶棚式机组。按照送风口和回风口的布置方式不同，主要有一侧送风、另一侧回风和四面送风、中间回风两种形式，分别如图 4-27 和图 4-28 所示。

　　该机组集主机和送、回风口于一体，施工安装容易，不占用房间的有效面积，可与室

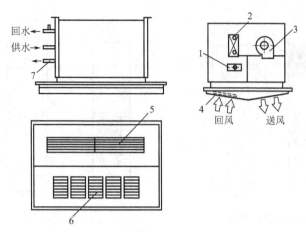

图 4-27　卡式机组盘管机组（一侧送风、另一侧回风）

1—凝水盘；2—盘管；3—风机；4—空气过滤器；5—出风口；6—回风口；7—冷凝水排出管

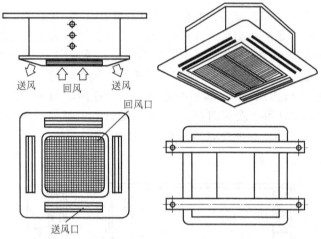

图 4-28　卡式机组盘管机组（四面送风、中间回风）

内建筑装饰相协调。但必须处理好冷凝水及时排放的问题，否则冷凝水会滴到吊顶上。同时，维护检修不如立式、立柱式方便。

4.1.2.4　水系统的管路附件

（1）放气阀　将水循环中的空气集中在（或在局部位置）自动排出。它是空调系统中不可缺少的阀类，一般安装在闭式水路系统的最高点和局部最高点，如图 4-29 所示。

（2）止回阀　用于阻止介质倒流，主要安装在水泵的出水段，如图 4-30 所示。

图 4-29　放气阀

图 4-30　止回阀

（3）水过滤器　在水泵入口、水系统各换热器及调节阀等入口处，均应安装水过滤设备，以防止杂物进入系统堵塞管道或污染设备。目前常用的水过滤器类型有金属网状过滤器、尼龙网状过滤器、Y形过滤器、角通式和直通式除污器等。

工程上应用较多的是Y形过滤器，如图4-31所示。Y形过滤器是利用过滤网阻留杂物和污垢。过滤网为不锈钢金属网，过滤面积为进口管面积的2～4倍。Y形过滤器通常安装在过滤器的清洁不是很频繁的场合，它与管道的连接方法有螺纹连接和法兰连接两种，小口径过滤器为螺纹连接。Y形过滤器有多种规格（DN15～450mm）。

Y形过滤器具有外形尺寸小、重量轻，可在多种方位的管路上安装，阻力小等优点。缺点是如不安装旁通管和阀，就只能在水系统停止运行时才能拆下清洗。目前，有许多厂家生产了不停泵就能自动排污的过滤器，可供在设计中选用。

（4）温控电动两通阀或三通阀　根据负荷控制温度，如果夏季室温低于整定值时，通过电动阀调节或关断来调节水量，如图4-32所示。另外，电动阀与风机盘管的风机电源联锁，当风机盘管停止使用时，电动阀随之关闭，停止供水。

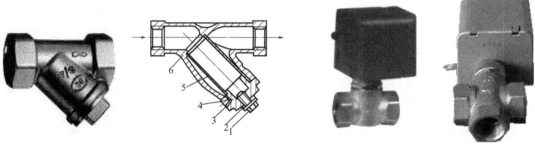

图4-31　Y形过滤器
1—螺栓；2，3—垫片；4—封盖；5—滤网；6—阀体

图4-32　温控电动两通阀和三通阀

（5）水系统仪表　为了空调系统调试和运行管理方便，水系中要求设置一些必要的仪表。主要设备进、出口，一般需要设置测压装置，以便了解水系统中的压力分布情况及设备的阻力；水温发生变化的地点，应设置测温装置，如冷、热源设备进、出口。

（6）水系统阀门　水系统中设置的阀一般有两个作用，一是起调节作用，调节管网中的水量；二是起关断作用，如变换季节时的冷、热源转换，或设备检修时，用阀门关断。如图4-33所示。

(a) 闸阀　　　　(b) 截止阀　　　　(c) 蝶阀（一）　　　　(d) 蝶阀（二）

图4-33　常用水系统阀门

空调管道阀门选型原则见表4-5。

表 4-5　空调管道阀门选型原则

项目	序号	选型原则
阀门选型设计	1	冷冻水机组、冷却水进出口设计蝶阀
	2	水泵前蝶阀、过滤器,水泵后止回阀、蝶阀
	3	集、分水器之间压差旁通阀
	4	集、分水器进、回水管蝶阀
	5	水平干管蝶阀
	6	空气处理机组闸阀、过滤器、电动两通或三通阀
	7	风机盘管闸阀(或加电动两通阀)

一般采用蝶阀时,若口径小于 150mm 则采用手柄式蝶阀(D71X、D41X);若口径大于 150mm 则采用蜗轮传动式蝶阀(D371X、D341X)

选用阀门注意事项	1	减压阀、平衡阀等必须加旁通
	2	全开全闭最好用球阀、闸阀
	3	尽量少用截止阀
	4	阀门的阻力计算应当引起注意
	5	电动阀一定要选好的

止回阀设置要求		
止回阀设置要求	1	引入管上
	2	密闭的水加热器或用水设备的进水管上
	3	水泵出水管上
	4	进出水管合用一条管道的水箱、水塔、高地水池的出水管段上

注:装有管道倒流防止器的管段,不需再装止回阀

止回阀的阀型选择	应根据止回阀的安装部位、阀前水压、关闭后的密闭性能要求和关闭时引发的水锤大小等因素确定,应符合下列要求	
	1	阀前水压小的部位,宜选用旋启式、球式和梭式止回阀
	2	关闭后密闭性能要求严密的部位,宜选用有关闭弹簧的止回阀
	3	要求削弱关闭水锤的部位,宜选用速闭消声止回阀或有阻尼装置的缓闭止回阀
	4	止回阀的阀瓣或阀芯,应能在重力或弹簧力作用下自行关闭

(7) 电子水处理仪　电子水处理仪,又名电子除垢防垢仪。该设备不需要添加任何化学药物,安装使用非常简单,可广泛用于锅炉、中央空调、换热设备、循环水系统、工业通用水处理设备等,对物理性、生物性、化学性的垢类均有明显的预防和清除效果,如图 4-34 所示。

空调水系统中使用的水过滤器和电子水处理仪一般都按照设备所在管段的管径进行选择。冷却水系统为开式系统,必须使用电子水处理仪;冷冻水系统为闭式系统,要求不那么严格,可以在冷冻水系统管路中或膨胀水箱进水管路中安装电子水处理仪。

(8) 软接头　软接头有金属制品和橡胶制品两种,从目前使用情况看,后者应用较多。通常在一些振动较大的设备,如冷水机组、水泵等的进出口接管处设置水管路软接头,以减少振动的传递,是一种较好的减振措施,如图 4-35 所示。

图 4-34　电子水处理仪

图 4-35　软接头

（9）补偿器　为了消除因管道热力伸长而产生的管道应力，应采用管道补偿器，如图 4-36(a)所示。尽量利用管道本身的转向等方式作自然补偿。只有当自然补偿不能满足要求时，才考虑采用波纹管补偿器，如图 4-36(b)所示。

4.2　水系统的设计计算

空调水系统的功能是输配冷热能量，满足末端设备或机组的负荷要求。其配置原则为，具备足够的输送能力，经济合理地选定管材、管径以及水泵台数、型号、规格；具有良好的水力工况稳定性，重视并联环路间的阻力平衡；满足部分负荷时的调节要求；实现空调运行期间的节能运行要求；便于管理维修保养。

4.2.1　水系统的承压和冷热源设备的布置

4.2.1.1　水系统的承压

（1）水系统水静压力　水系统承受的最大压力，通常在水泵出口，如图 4-37 所示，在水泵出口处 A。系统承压有以下三种情况。

(a) 管道补偿器

(b) 波纹管补偿器

图 4-36　补偿器

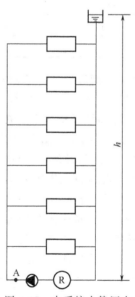

图 4-37　水系统水静压力

① 系统停止运行时，最高压力 p_A 等于系统的静水压力，即

$$p_A = \rho g h \qquad (4-1)$$

② 系统瞬时启动，但动压尚未形成时，水泵出口压力是系统势水压力和水泵全压之和。

$$p_A = \rho g h + p \qquad (4-2)$$

③ 系统正常运行时，出口压力等于该点静水压力与水泵静压之和。

$$p_A = \rho g h + p - p_d \qquad (4-3)$$

$$p_d = \frac{v^2 \rho}{2}$$

式中　h——膨胀水箱液面至水泵中心的垂直距离，m；

　　　p——水泵全压，Pa；

　　　p_d——水泵出口处动压，Pa；

　　　v——水泵出口处流速，m/s；

　　　ρ——水的密度，kg/m³；

　　　g——重力加速度，m/s²。

（2）主要设备的承压能力

① 冷水机组蒸发器和冷凝器的工作压力。国产冷水机组，一般为 1.0MPa。国外冷水机组，普通型为 1.0MPa；加强型为 1.7MPa；特加强型为 2.0MPa。

② 国产热泵机组蒸发器，一般为 1.0MPa。

③ 表冷器和风机盘管，一般为 1.6MPa。

④ 水泵壳体的耐压，取决于轴封的形式，水泵采用机械轴封时，工作压力可达 1.6MPa。

（3）阀门和管道的公称压力　见表 4-6。

表 4-6　阀门和管道的公称压力

阀门类型	公称压力/MPa	管道类型	公称压力/MPa
低压阀门	1.6	低压管道	≤2.5
中压阀门	2.5～6.4	中压管道	4～6.4
高压阀门	10～100	高压管道	10～100

普通焊接钢管的工作压力为 1.0MPa，加厚焊接钢管的工作压力为 1.6MPa，直缝、螺旋缝焊接钢管的工作压力为 1.6MPa，无缝钢管的工作压力可达 1.6MPa 以上。

4.2.1.2　冷热源设备和系统布置

对于超高层建筑，如果系统静水压力和水泵工作压头过大，设备和部件的承压超过承压能力，冷热源设备通常有以下几种布置方式。

① 冷热源设备布置在外裙房顶层，如图 4-38 所示。

② 冷热源设备布置在塔楼中间的设备层，如图 4-39 所示。

③ 冷热源设备布置在塔楼顶层，如图 4-40 所示。

④ 在中间技术设备层内，布置水-水换热器，使静水压力分段承受。香格里拉饭店的水系统图如图 4-41 所示。

⑤ 当高层区上部超过设备承压能力的部分负荷量不大时，上部各层可以独立处理，如采用自带冷、热的空调器或热泵等，以减小整个水系统所承压的压力。深圳国贸大厦水系统图如图 4-42 所示。

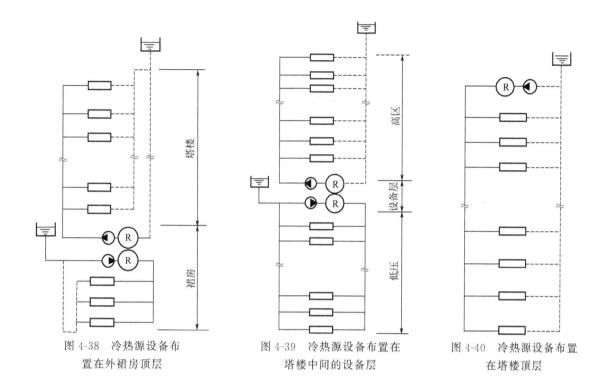

图 4-38 冷热源设备布
置在外裙房顶层

图 4-39 冷热源设备布置在
塔楼中间的设备层

图 4-40 冷热源设备布置
在塔楼顶层

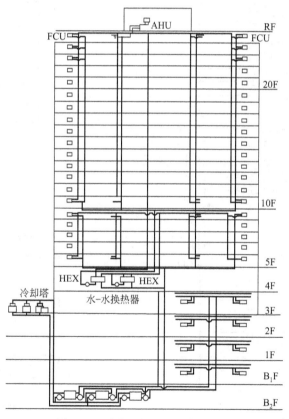

图 4-41 香格里拉饭店的水系统图

采用以上几种方式时，有几点值得加以考虑。

① 冷热源设备设在裙房顶层时，根据裙房屋面的周围环境，可以考虑水冷或是风冷冷凝器。

② 采用中间设备层布置冷源设备时，选用风冷式冷凝器为宜。

③ 冷源设备布置在裙房顶层或中间设备层，必须充分考虑和妥善解决设备的隔振及噪声，防止噪声传播给周围环境和邻近房间。

④ 将循环水泵布置在蒸发器或冷凝器的出水端，可降低设备的承压。

⑤ 在同程式系统中，图 4-43(a) 的布置优于图 4-43(b)，有利于减少设备承压。在水系统远行时，图 4-43(a) 的 A 点压力为

$$p_A = \rho g h + p - p_d - \Delta p_{B-A} \tag{4-4}$$

式中　Δp_{B-A}——水泵出口至 A 点的压力损失，Pa。

图 4-43 (b) 的 A 点压力为

$$p_A = \rho g h + p - p_d \tag{4-5}$$

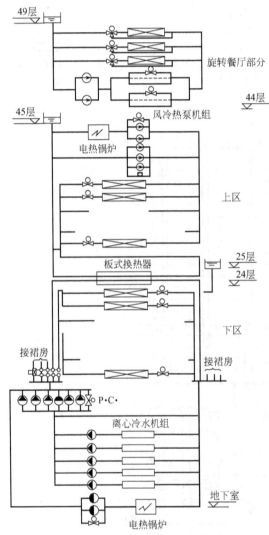

图 4-42　深圳国贸大厦水系统图

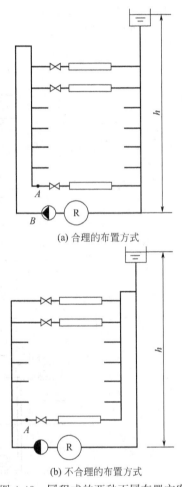

图 4-43　同程式的两种不同布置方案

4.2.2 水系统的管路设计计算

空调水系统设计的任务是根据管段的流量和给定的管内水流速度，确定管道直径，然后计算管路的沿程阻力和局部阻力，以此作为选择循环泵扬程的主要依据之一，选出水泵等设备。

4.2.2.1 冷热水系统的设计

（1）水管路系统的设计原则

① 空调管路系统应具备足够的输送能力。 如在中央空调系统中，通过水系统来确保通过每台空调机组或风机盘管的循环水量达到设计流量，以确保机组的正常运行。

② 合理布置管道。 管道的布置要尽可能地选用同程式系统，虽然初投资略有增加，但易于保持环路的水力工况的稳定性；若采用异程式系统，设计时应注意各支管间的压力平衡问题。

③ 确定系统的管径时，应保证能输送设计流量，并使阻力损失和水流噪声小，以获得经济合理的效果。 管径大则投资多，但流动阻力小，循环水泵的耗电量就小，使运行费用降低。 因此，应当确定一种能使投资和运行费用之和为最低的管径。 同时，设计中要杜绝大流量、小温差问题，这是管路系统设计的经济原则。

④ 在设计中，应进行严格的水力计算，以确保各个环路之间符合水力平衡要求，使空调水系统在实际运行中具有良好的水力工况和热力工况。

⑤ 空调管路系统在设计时应考虑满足中央空调部分负荷运行时的调节要求。

⑥ 空调管路系统设计中要尽可能多地采用节能技术措施。

⑦ 管路系统选用的管材、配件要符合有关的规范要求。

⑧ 管路系统设计时要注意便于设备及管道的维修管理，操作、调节方便。

⑨ 另外还应注意以下问题。

a. 放气排污。 在空调水系统的顶点要设排气阀或排气管，防止形成气塞；在主立管的最下端（根部）要有排除污物的支管并带阀门；在所有的低点应设泄水管。

b. 热胀、冷缩。 对于长度超过 40m 的直管段，必须装伸缩器。 在重要设备与重要的控制阀前应装水过滤器。

c. 对于并联工作的冷却塔，一定要安装平衡管。

d. 注意管网的布局，尽量使系统平衡。 确实从计算上、设计上都平衡不了的，可适当采用平衡阀。

e. 要注意计算管道推力，选好固定点，做好固定支架。 特别是大管道水温高时更要注意。

f. 所有的控制阀门均应装在风机盘管冷冻水的回水管上。

g. 注意坡度、坡向、保温防冻。

（2）管路系统的管材选择 管路系统的管材的选择可参见表 4-7。

表 4-7 管路系统的管材的选择

公称直径 DN/mm	介质参数		可选用管材
	温度/℃	压力/MPa	
≤150	≤200 >200	≤1.0 >1.0	普通水煤气钢管(YB 234—63)或 无缝钢管(YB 231—70) 无缝钢管(YB 231—70)

続表

公称直径 DN /mm	介质参数		可选用管材
	温度/℃	压力/MPa	
200～500	≤450 >450	≤1.6 >1.6	螺旋缝电焊钢管(YB 234—63)或 无缝钢管(YB 231—70) 无缝钢管(YB 231—70)
500～700			螺旋缝电焊钢管或钢板卷焊管
>700			钢板卷焊管

（3）冷（热）水系统水管管径的确定

① 连接各空调末端装置的供回水支管的管径，宜与设备的进出水接管管径一致，可查产品样本获知。

② 供回水管的内径，可根据各管段中水的体积流量和流速，通过计算确定。

$$d=\sqrt{\frac{4q_V}{3.14v}} \qquad (4-6)$$

式中　q_V——水流量，m³/s；

　　　v——水流速，m/s。

水流速可按表 4-8 的推荐值选用，经试算来确定其管径，或按表 4-9 根据流量确定管径。

表 4-8　管内水流速推荐值　　　　单位：m/s

管径/mm	15	20	25	32	40	50	65	80
闭式系统	0.4～0.5	0.5～0.6	0.6～0.7	0.7～0.9	0.8～1.0	0.9～1.2	1.1～1.4	1.2～1.6
开式系统	0.3～0.4	0.4～0.5	0.5～0.6	0.6～0.8	0.7～0.9	0.8～1.0	0.9～1.2	1.1～1.4
管径/mm	100	125	150	200	250	300	350	400
闭式系统	1.3～1.8	1.5～2.0	1.6～2.2	1.8～2.5	1.8～2.6	1.9～2.9	1.6～2.5	1.8～2.6
开式系统	1.2～1.6	1.4～1.8	1.5～2.0	1.6～2.3	1.7～2.4	1.7～2.4	1.6～2.1	1.8～2.3

表 4-9　水系统的管径和单位长度阻力损失

钢管管径/mm	闭式水系统		开式水系统	
	流量/(m³/h)	比摩阻/(kPa/100m)	流量/(m³/h)	比摩阻/(kPa/100m)
15	0～0.5	0～60	—	—
20	0.5～1.0	10～60	—	—
25	1～2	10～60	0～1.3	0～43
32	2～4	10～60	1.3～2.0	11～40
40	4～6	10～60	2～4	10～40
50	6～11	10～60	4～8	—
65	11～18	10～60	8～14	—
80	18～32	10～60	14～22	—
100	32～65	10～60	22～45	—
125	65～115	10～60	45～82	10～40
150	115～185	10～47	82～130	10～43
200	185～380	10～37	130～200	10～24

钢管管径/mm	闭式水系统		开式水系统	
	流量/(m³/h)	比摩阻/(kPa/100m)	流量/(m³/h)	比摩阻/(kPa/100m)
250	380~560	9~26	200~340	10~18
300	560~820	8~23	340~470	8~15
350	820~950	8~18	470~610	8~13
400	950~1250	8~17	610~750	7~12
450	1250~1590	8~15	750~1000	7~12
500	1590~2000	8~13	1000~1230	7~11

（4）阻力损失的计算

① 流动阻力　管内水流动阻力等于沿程阻力和局部阻力之和，见式(3-17)，即

$$\Delta p = \sum (\Delta p_{\mathrm{m}} + Z) = \sum \left(R_{\mathrm{m}} l + \zeta \frac{\rho v^2}{2} \right)$$

上式中，单位沿程阻力（比摩阻）R_{m}宜控制在100~300Pa/m，具体可查附表69。 制表时，水温在10℃，当量绝对粗糙度K的取值为，闭式系统$K=0.2$mm，开式系统$K=0.5$mm。 也可查图4-44，它是根据莫迪公式按$K=0.3$mm、水温20℃条件制作的。

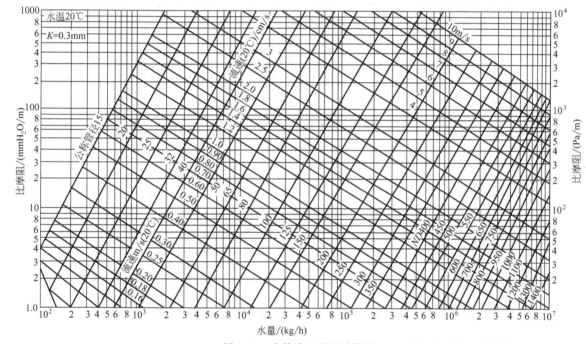

图4-44　水管路比摩阻计算图

一些阀门、管配件的局部阻力系数ζ，可参见表4-10。

表4-10　一些阀门、管配件的局部阻力系数ζ

部件	规格	ζ
球形阀	DN40mm 以下，全开	15
	DN50mm 以上，全开	7

部件	规格	ζ
角阀	DN40mm 以下,全开	8.5
	DN50mm 以上,全开	3.9
闸阀	DN40mm 以下,全开	0.27
	DN50mm 以上,全开	0.18
止回阀	—	2
90℃弯头	短的	0.26
	长的	0.2
突然扩大	$d/D=1/2$	0.55
突然缩小	$d/D=1/2$	0.35
三通		3
		1.8
		1.5
		0.68

② 设备阻力 一些设备阻力参见表 4-11。

表 4-11 设备阻力

设备名称	阻力/kPa	备注
离心式冷冻机 蒸发器	30~80	按不同产品而定
冷凝器	50~80	按不同产品而定
吸收式冷冻机 蒸发器	40~100	按不同产品而定
冷凝器	50~140	按不同产品而定
冷却塔	20~80	不同喷雾压力
冷热水盘管	20~50	水流速度为 0.8~1.5m/s
热交换器	20~50	
风机盘管机组	10~20	风机盘管容量越大,阻力越大,最大 30kPa 左右
自动控制阀	30~50	

（5）水泵选择及其应用

① 空调系统中常用的水泵形式 水泵形式的选择与水管系统的特点、安装条件、运行调节要求和经济性等有关。就空调系统而言,使用比转数 n_s 为 30~150 的离心水泵最为合适,因为它在流量和压头的变化特性上容易满足空调系统的使用需要。在常用的离心水泵中,根据对流量和压头的不同要求,可以分别选用单级泵和多级泵。此外,离心水泵还有单吸和双吸之分,在相同流量和压头的运行条件下,从吸水性能、消除轴向不平衡力和运行效率方面比较,双吸泵均优于单吸泵,在流量较大时更明显;但双吸泵结构复杂,且一次投资较大。空调工程中常用的高效节能型水泵系列见表 4-12。

表 4-12　空调工程中常用的高效节能型水泵系列

结构	系列	流量范围		扬程范围		取代的系列
		/(L/s)	/(m³/h)	/kPa	/m	
单级、单吸、悬臂式	IS	1.75～111	6.3～400	49～1226	5～125	BA
单级、双吸、中开式	S	38.9～561	140～2020	98～931	10～95	SH
单吸、多级、分段式	TSWA	4.17～53.1	15～191	165～2865	16.8～292	TSW

② 水泵性能曲线　性能曲线是液体在泵内运动规律的外部表现形式，它反映着一定转速下水泵的流量 Q_W、压头 p、功率 N 及效率 η 之间的关系。每一种型号的水泵，制造厂都通过性能试验给出如图 4-45 所示的三条基本性能曲线：$Q_W\text{-}p$ 曲线、$Q_W\text{-}N$ 曲线和 $Q_W\text{-}\eta$ 曲线。

各种型号水泵的 $Q_W\text{-}p$ 曲线随水泵压头（扬程）和比转数不同而不同，一般有三种类型：平坦型、陡降型及驼峰型，如图 4-46 所示。具有平坦型 $Q_W\text{-}p$ 曲线的水泵，当流量变化很大时，压头变化较小；具有陡降型 $Q_W\text{-}p$ 曲线的水泵，当流量稍有变化时，压头就有较大变化。具有以上两种性能的水泵可以分别应用于不同调节的水系统中。至于具有驼峰型 $Q_W\text{-}p$ 曲线的水泵，当流量从零逐渐增大时，压头相应上升；当流量达到某一数值时，压头会出现最大值；当流量再增加时，压头反而逐渐减少，因此，其 $Q_W\text{-}p$ 曲线形成驼峰状。当水泵的工作参数介于驼峰曲线范围时，系统的流量就可能出现忽大忽小的不稳定情况，使用时应注意避免。

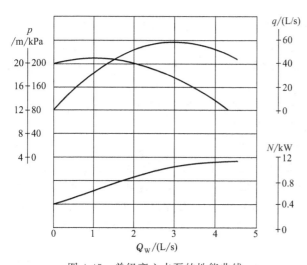

图 4-45　单级离心水泵的性能曲线

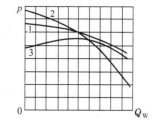

图 4-46　三种不同类型的 $Q_W\text{-}p$ 曲线
1—平坦型；2—陡降型；3—驼峰型

③ 水泵选择　选择水泵所依据的流量 Q_W 和压头（或扬程）P 按式(4-7)确定。

$$Q_W = (1.1 \text{ 或 } 1.2)Q_{W,\max} \qquad (4\text{-}7)$$

式中　$Q_{W,\max}$——设计的最大流量，m^3/s 或 m^3/h；

1.1 或 1.2——附加系数，当水泵单台工作时取 1.1，两台并联工作时取 1.2。

$$\Delta p = (1.1 \sim 1.2)\Delta p_{\max} \qquad (4\text{-}8)$$

式中　$\Delta p_{\max}$——管网最不利环路总阻力计算值，kPa。

已知 Q_W、Δp 值后，就可按水泵特性曲线选择相应的水泵型号，并从样本查知其效率、功率和配套电机型号等。

4.2.2.2 冷却水系统的设计

目前最常用的冷却水系统设计方式是冷却塔设在建筑物的屋顶上，空调冷冻站设在建筑物的底层或地下室。水从冷却塔的集水槽出来后，直接进入冷水机组而不设水箱。当空调冷却水系统仅在夏季使用时，该系统是合理的，它运行管理方便，可以减小循环水泵的扬程，节省运行费用。

（1）冷却塔的选择和设置

① 冷却塔的选择 空调中常用的逆流式水膜型填充物冷却塔的热工计算是一个比较复杂的问题，表示其热工特性的重要参数是以焓为基准的总容积传热系数，它与填充料的材质特性、冷却塔的结构形式、淋水密度、水气比、塔断面风速等许多因素有关。因此，在工程中使用时，一般都按市售产品的样本提供的热工性能数据进行选择。

冷却塔要根据当地的气象条件、冷却水进出口温差及处理的循环水量，按冷却塔选用曲线或冷却塔选用水量表来选用。一定要注意不可直接按冷却塔给出的冷却水量选用。其循环水量为

$$W = \frac{kQ_0}{c(t_{w_2} - t_{w_1})} \times 3.6 \qquad (4-9)$$

式中　W——循环水量，t/h；

　　k——系数，与制冷机的形式有关（对于压缩式制冷机，取制冷机负荷的 1.3 倍左右；对于吸收式制冷机，取制冷机负荷的 2.5 倍左右）；

　　Q_0——制冷机的制冷量，kW；

　　c——水的比热容，kJ/(kg·℃)，常温时，$c = 4.1868$kJ/(kg·℃)；

　　kQ_0——冷凝器的热负荷，kW；

t_{w_1}，t_{w_2}——冷却水进、出口水温，℃（对于压缩式制冷机，取 4~5℃；对于吸收式制冷机，取 6~9℃）。

然后，根据 W 值从产品样本选择型号和规格。当设计条件与制造厂提供的产品性能表所列条件不同时，应考虑按设计条件予以修正。

在冷却塔型号规格选定时，尚需复核所选冷却塔的结构尺寸（指占地面积和高度）是否适合现场的安装条件，要根据冷却塔的运行重量核算冷却塔安装位置的楼板（或屋面板）结构的承受能力；同时要重视所选冷却塔在运行时的噪声水平，使其满足环境噪声要求。选择理想的冷却塔还要重视它的能耗指标和价格。对于多台冷却塔并联运行，各台冷却塔之间应设平衡管。水泵与冷却塔一一对应，每台冷却塔供回水管之间设旁通管以便相互备用。

② 冷却塔的设置 冷却塔设置时宜采用相同型号，其台数与冷水机组的台数相同，不设置备用冷却塔，即"一塔对一机"的方式。冷却塔的设置位置一般应放在通风良好的室外。在布置时，首先要保证其排风口上方无遮挡物，避免排出的热风被遮挡而由进风口重新吸入，影响冷却效果。在进风口周围，至少应有 1m 以上的净空，以保证进风气流不受影响，且进风口处不应有大量的高湿热空气的排气口。冷却塔大都采用玻璃钢制造，难以达到非燃要求，因此要求消防排烟风口必须远离冷却塔。

a. 冷冻站为单层建筑时，冷却塔可根据总体布置的要求，设置在室外地面或屋面上，由冷却塔塔体下部存水，直接用自来水补水至冷却塔，并设加药装置进行水处理。该流程运行管理方便，但在冬季运行时，在结冰气候条件下，不宜采用。

当冷却水循环水量较大时，为便于系统补水，且在冬季运行的情况下，可使用设有

冷却水箱的循环流程。 冷却水箱可根据情况设在室内，也可设在屋面上。 当建筑物层高较高时，为减少循环水泵的扬程，节省运行费用，冷却水箱一般设在屋面上。

b. 当冷冻站设置在多层建筑或高层建筑的底层或地下室时，冷却塔通常设置在建筑物相对应的屋顶上。 根据工程情况，可分别设置单机配套相互独立的冷却水循环系统，或设置公用冷却水箱、加药装置及供、回水管的冷却水循环系统。

（2）冷却水系统的补水量　冷却水的补水量应考虑排污量和由于空气夹水滴的飘溢损失；同时还应综合考虑各种因素如冷却塔的结构、冷却水水泵的扬程、空调系统大部分时间是在部分负荷下运行等的影响。 一般来说，电动制冷时冷却塔的补水量取为冷却水流量的1％～2％；溴化锂吸收式冷水机组的补水量取为冷却水流量的2％～2.5％。

（3）冷却水系统水力计算　冷却水系统的水力计算方法同冷热水系统的管路计算。单位沿程阻力（比摩阻）R_m 可由附表 69 查得。 附表 69 的制表条件是按照冷却水温度35℃、水的密度 994.1kg/m³、运动黏度 $0.727×10^{-6}$ m²/s、管壁绝对粗糙度 0.5mm 条件下制作的。

（4）空调冷却水系统设计中应注意的问题　为了使系统安全可靠地运行，实际设计时应注意以下几点。

① 冷却塔台数应与制冷主机的数量一一对应。

② 冷却塔的水流量＝冷水机组冷却水流量×（1.25～1.3）。

③ 为了保证水泵不吸入空气产生气蚀，同时也为了冷却水温稳定性较好，宜采用集水型冷却塔，即增大冷却塔存水盘的深度，集水量可考虑 1.5～2min 的冷却水循环水量。

④ 冷却塔上的自动补水管应稍大一些，以缩短补水时间，有利于系统中空气的排出。

⑤ 应设置循环泵的旁通止逆阀，以避免停泵时出现从冷却塔内大量溢水问题，并在突然停电时，防止系统发生水击现象。

⑥ 设计时要注意各冷却塔之间管道阻力平衡问题。 冷却塔多台并联时要有平衡管，以保持各冷却塔水盘内的水位一致。

⑦ 选用冷却塔时应遵循相关标准的规定，其噪声不得超过表 4-13 所列的噪声限制值。

表 4-13　厂界噪声限制值　　　　　　　　　　　　　　单位：dB(A)

厂界毗邻区域的环境类别	昼间	夜间	备注
特殊住宅区	45	35	高级宾馆和疗养院
居民、文教区	50	40	学校与居民区
一类混合区	50	45	工商业与居民混合区
商业中心、二类混合区	60	50	商业繁华区与居民混合区
工业集中区	65	55	工厂林立区域
交通干线道路两侧	70	55	每小时车流 100 辆以上

4.2.3　凝结水管路系统的设计

（1）冷凝水管的布置

① 若邻近有下水管或地沟时，可用冷凝水管将空调器接水盘所接的凝结水排放至邻近的下水管中或地沟内。

② 若邻近的多台空调器距下水管或地沟较远，可用冷凝水干管将各台空调器的冷凝水支管和下水管或地沟连接起来。

（2）冷凝水管管径的确定

① 直接和空调器接水盘连接的冷凝水支管的管径应与接水盘接管管径一致。

② 需设冷凝水干管时，某段干管的管径可依据与该管段连接的空调机组的总冷负荷（kW）按表 4-14 表中所列数据近似选定冷凝水管的公称直径。

表 4-14　冷凝水管管径估算表

冷负荷 Q/kW	凝水管管径 DN/mm	冷负荷 Q/kW	凝水管管径 DN/mm
$\leqslant 7$	20	$7.1\sim17.6$	25
$17.7\sim100$	32	$101\sim176$	40
$177\sim598$	50	$599\sim1055$	80
$1056\sim1512$	100	$1513\sim12462$	125

注：1. $DN=15\mathrm{mm}$ 的管道，不推荐使用。

2. 立管的公称直径，应与同等负荷的水平干管的公称直径相同。

（3）冷凝水管保温　所有冷凝水管都应保温，以防冷凝水管温度低于局部空气露点温度时，其表面结露滴水，从而影响房间卫生条件。　冷凝水管常采用带有网络线铝箔贴面的玻璃棉保温，保温层厚度可取 25mm。

（4）冷凝水管道设计注意事项　空调冷凝水系统一般为开式重力非满管流。　为避免管道腐蚀，冷凝水管道可采用聚氯乙烯塑料管或镀锌钢管，不宜采用焊接钢管。　当采用镀锌钢管时，为防止冷凝水管道表面结露，通常需设置保温层。　为保证冷凝水能顺利排走，冷凝水管道设计应注意下列事项。

① 保证足够的管道坡度。　冷凝水盘的泄水支管沿凝结水流向坡度不宜小于 0.01；其他水平支、干管，沿水流方向保持不小于 0.002 的坡度，且不允许有积水部位，每层的冷凝水排到雨水立管中。

② 当冷凝水集水盘位于机组内的负压区段时，为避免冷凝水倒吸，凝水盘的出水口处必须设置 U 形水封，一般水封的高度应比集水盘处的负压（相当于水柱高度）大 50% 左右。

③ 冷凝水立管顶部应设计通大气的透气管。　水平干管始端应置扫除口。

④ 冷凝水排入污水系统时，应有空气隔断措施，冷凝水管不得与室内密闭雨水系统直接连接。

⑤ 冷凝水管宜采用聚氯乙烯塑料管或镀锌钢管，不宜用水煤气管。　采用聚氯乙烯塑料管时，一般可以不必进行防结露的保温和隔汽处理；采用镀锌钢管时，通常应设置保温层。

⑥ 设计和布置冷凝水管路时，必须认真考虑定期冲洗的可能性，并应安排必要的设施。

⑦ 冷凝水管管径应按冷凝水流量和冷凝水管最小坡度确定。　一般情况下，1kW 冷负荷 1h 约产生 0.4kg 冷凝水；在潜热负荷较高的场合，1kW 冷负荷 1h 约产生 0.8kg 冷凝水。　冷凝水管管径可按表 4-14 选用。

4.2.4　水管保温层的设计

为了减少管道的能量损失，防止冷水管道表面结露以及保证进入空调设备和末端空调机组的供水温度，空调水管道及其附件均应采用保温措施。　保温层的经济厚度的确定与很多因素有关，需要详细计算时可以查阅有关技术资料。一般情况下可以参考表 4-15 选用。目前，空调工程中常用的保温材料及其主要技术特性列于表 4-16。

表 4-15　保温层厚度选用参考表

冷水管（或热水管）的公称直径 D_g/mm		≤32	40～55	80～150	200～300	>300
保温层厚度/mm	聚苯乙烯（自熄型）	40～45	45～50	55～60	60～65	70
	玻璃棉	35	40	45	50	50

注：其他管道如冷凝水管、室外明装的冷却塔出水管以及膨胀水箱的保温层厚度取 25mm。

表 4-16　空调工程中常用保温材料及其主要技术特性

材料名称	密度/(kg/m³)	热导率/[W/(m·K)]	适用温度/℃	备注
可发性聚苯乙烯塑料板、管壳	18～25	0.041～0.044	−40～70	有自熄型和非自熄型两种，订货时需明确指出
软质聚氨酯泡沫塑料制品	30～36	0.040	−20～80	可以现场发泡浇注成型，强度较大，但成本也高
酚醛树脂矿渣棉管壳	150～180	0.042～0.049	<300	难燃、价廉、货源广，施工时刺激皮肤且尘土大
岩棉保温管壳	100～200	0.052～0.058	−268～350	适应温度范围大，施工容易，但需注意岩棉对人体的危害
水泥珍珠岩管壳	250～400	0.058～0.087	≤600	不燃、不腐蚀、化学稳定性好，且价廉
玻璃棉管壳	120～150	0.035～0.058	≤250	耐腐蚀、耐火、吸水性很小，有良好的化学稳定性，但施工时刺激皮肤
聚乙烯高分子架桥发泡体	33～45	0.036	≤100	难燃、燃烧无毒性、极佳的防水性、优良的耐候性、加工容易、优良的结构强度

管道保温结构的施工方法很多，详细内容可参阅施工规范和有关手册。

保温结构的设计和施工质量直接影响到保温效果、投资费用和使用寿命，应予以重视。管道和设备的保温结构一般由保温层和保护层组成。对于敷设在地沟内的管道和输送低温水的管道还需加防潮层。

管道保温结构的施工应在管道系统试压和涂漆合格后进行。在施工前应先清除管子表面的脏物和铁锈，涂上防锈漆两道，要保护管道外表面的清洁并使其干燥。在冬、雨季进行室外管道施工时应有防冻和防雨的措施。

保温结构的形式很多，视选用的保温材料、管径大小和管径的外界环境条件而异。目前，空调工程中水管大多用管壳式保温材料，并采用绑扎式结构，在管壳的外面应包裹油毡玻璃丝布保护层，或者涂抹石棉水泥保护壳。应该指出，在用矿渣棉或玻璃棉制的管壳作保温层时，宜使用油毡玻璃丝布保护层，而不宜选用石棉水泥保护壳。

4.3　定流量水系统与变流量水系统

4.3.1　定流量水系统与变流量水系统的应用

按为适应房间空调负荷变化采用的调节方式不同，冷媒水系统可分为定水量系统和变水量系统。

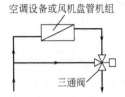

图 4-47　用电动三通阀调节

（1）定水量系统　定水量系统中的水量是不变的，它通过改变供回水温差来适应房间负荷的变化。这种系统各空调末端装置或各分区，采用设在空调房内感温器控制的电动三通阀调节，如图 4-47 所示。当室温没达到设计值时，三通阀旁通孔关闭，直通孔开启，冷（热）水全部流经换热器盘管；当室温达到或低（高）于设计值时，三通阀直通孔关闭，旁通孔开启，冷（热）水全部经旁通直接流回回水管。因此，对总的系统来说流量不变。但在负荷减少时，供、回水的温差会相应减小。

定水量系统的特点是，结构简单，操作方便，不需要复杂的自动控制装置，但是由于系统输水量是按照最大空调负荷来确定的，因此循环泵的输送能耗总是处于最大值，造成部分负荷时运行费用大。

定水量系统适用于只有一台冷水机组和一台循环水泵的大面积空调系统，如体育馆、影剧院、展览馆等间歇性使用的空调系统。

（2）变水量系统　变水量系统保持供、回水的温度不变，通过改变空调负荷侧的水流量来适应房间负荷的变化［以中央机房的供、回水集管为界，靠近冷水机组或热水器侧为冷（热）源侧；靠近空气处理设备侧为负荷侧］。如图 4-48 所示，变水量系统各空调末端装置采用受设在室内的感温器控制的电动二通阀调节。风机盘管一般采用双位调节（即通或断）的电动二通阀；新风机和冷暖风柜则采用比例调节（开启度变化）的电动二通阀。当室温没达到设计值时，二通阀开启（或开度增大），冷（热）水流经换热器盘管（或流量增加）；当室温达到或低（高）于设计值时，二通阀关闭（或开度减小），换热器盘管中无冷（热）水流动（或水流量减少）。目前采用变水量调节方式的较多。

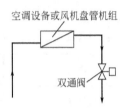

图 4-48　用两通阀调节

变水量系统中，水泵的输水量随负荷变化而变化，其能耗在部分负荷运行时随负荷的减小而降低，降低了系统运行的成本。

变水量系统适用于设置两台或多台冷水机组和循环泵的空气调节系统，其必须设置相应的自控装置。

此外，无论是定水量系统还是变水量系统，空调末端装置除设自动控制的电动阀外，还应装手动调节截止阀。供、回水集管间压差电动二通阀两端都应设手动截止阀，这样才便于初次调整及维修。

4.3.2　变流量水系统的方式及其优点

实现变流量的方式很多，如节流调节、变速调节、台数调节以及台数与调速相结合的方式等。

4.3.2.1　变流量水系统的方式

（1）节流调节方式　节流调节是通过改变水泵出口阀门的开度，使工作状态点由 1 移至 2，利用节流过程的损失 Δp（$\Delta p = p_2 - p_3$）使流量由 Q_1 减至 Q_2，水泵效率由 η_1 降至 η_2，但单位流量的功耗增大。从图 4-49 分析可得，变流量采用节流调节时，应选择持性曲线较平坦的水泵；节流阀不应设置在水泵吸水管上。

（2）变速调节方式　根据水泵流量 Q、压力 p、转速 n 和功率 N 间的关系（$n_1/n_2 = Q_1/Q_2 = \sqrt{P_1}/\sqrt{P_2} = \sqrt[3]{N_1}/\sqrt[3]{N_2}$），即改变水泵转速，可使流量适应负荷变化的要求，而水泵效率不变（$\eta_1 = \eta_2$），功率大幅度下降，节能效果显著，如图 4-50 所示。

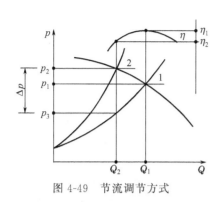

图 4-49　节流调节方式

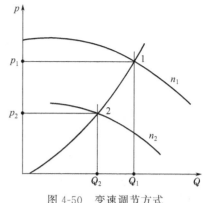

图 4-50　变速调节方式

当采用变速调节时，用压差控制比用出口压力控制更节能，而且系统的稳定性好。因变速调节的调节上限，会受最大允许转速的限制，所以，越过这一转速，易导致水泵的损坏。调节下限则受临界速度的制约，若过分接近这一速度，易使水泵产生剧烈振动。

（3）台数调节方式　通过压力、流量或能量等参数的控制，改变运行水泵的台数，如图 4-51 所示。压力控制时，若流量减少，工作点 1 左移。当达到压力上限点 2 时，自动停泵一台，这时，工作点移至点 3；若流量续减，则工作点继续左移，直至压力上限点 4 时，又自动停泵一台；反之，当流量增大时，工作点由点 5 右移，到达压力下限点 5′ 时，自动增泵一台，这时，工作点移至 4′；若流量续增，则工作点继续右移，直至压力下限点 3′ 时，又自动增泵一台等。

通过台数来调节流量，不但节省能耗，且能大幅度减少每台水泵的运行时间，从而延长使用寿命。运行中水泵效率有升有降，无效能耗较少。但采用台数调节时，必须处理好当减至只有一台水泵工作，压力接近上限而系统流量继续减少时，及时报警并让旁通阀自动开启。

台数调节方式应使水泵的启停能依次顺序进行，以保持水泵的工作机会彼此均等。

台数调节方式还应考虑到泵群中某一台产生突发故障的可能件，这时，应有另一台水泵自动投入运行进行替代。因此须设置备用泵。

（4）台数调节与变速调节相结合方式　台数调节与变速调节相结合，即采用定速泵与变速泵并联运行，如图 4-52 所示。当流量不太大时，仅变速泵运行；流量增至 Q_3 时，定速泵自动投入运行，由于流量增大，变速泵的转速自动降低，保持总流量为 Q_4；若流量续增，则变速泵的转速自动增高，直至两者的流量和等于设计总流量 Q_6 为止。

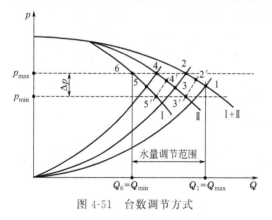

图 4-51　台数调节方式

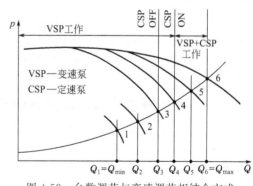

图 4-52　台数调节与变速调节相结合方式

采用台数调节与变速调节相结合的方式时，由图 4-52 可知，流量的变化关系大致如下。

$$Q_1 = 0.8 Q_{VSP}$$
$$Q_2 = 0.9 Q_{VSP}$$
$$Q_3 = Q_{VSP}$$
$$Q_4 = 0.8 Q_{VSP} + Q_{CSP}$$
$$Q_5 = 0.9 Q_{VSP} + Q_{CSP}$$
$$Q_6 = Q_{VSP} + Q_{CSP}$$

式中　Q_{VSP}——变速水泵的流量，m^3/h；

　　　Q_{CSP}——变速水泵的流量，m^3/h。

采用台数调节与变速调节相结合的方式时，应给定速泵的启停预留一定的提前和延迟时间，以防水泵的启停过于频繁。这也有利于变速泵在小流量区工作时防止进入不稳定区。

4.3.2.2 交流量水系统的一、二次泵

① 设计变流量水系统时，冷源侧（一次泵环路）宜采用"一泵对一机"的定流量方式，以保证通过冷水机组的水流量为定值；负荷侧（二次泵环路）水泵的台数，不一定要与一次泵的数量对等。

② 冷源侧的一次泵与冷水机组的台数控制，常见的有"流量盈亏控制"和"负荷（冷量）控制"两种方式。"负荷控制"可以解决系统水力工况与热力工况间的矛盾，应优先考虑。

4.3.2.3 供回水环路的旁通

设计变流量水系统时，供、回水环路之间必须设置旁通调节装置。

4.3.2.4 变流量水系统的优点

① 可使室温基本稳定　由于变流量系统采用室温控制器来自动调节供冷（热）水量的大小，所以可使室温波动范围较小，达到室温基本稳定的效果。

② 节能效果好　空调负荷在一年之中的分布是极不均衡的，设计负荷占总运行时间的 6%～8%。空调负荷的全年分布见表 4-17（引自美国制冷协会标准 880-56 的数据）。

表 4-17　空调负荷的全年分布　　　　　　　　　　　　　　单位：%

冷负荷率	75～100	50～75	25～50	<25
占总运行时间的比例	10	50	30	10

水泵的能耗较大，占空调系统总能耗量的 15%～20%，为此，采用变流量系统，使输送能耗能随流量的增减而增减，具有显著的节能效益与经济效益。但须注意的是，设计变流量水系统时，必须注意到各末端装置的流量变化与负荷的改变并不成线性关系。所以应考虑系统的动态平衡和稳定的问题，才能达到节能的最佳效果。

4.3.3　变流量水系统设计流量的查算方法

（1）算式计算法　对于负担两个或两个以上朝向负荷的管网系统，当负荷侧设计有变流量自动调节设施时，实际设计流量必须按各向房间的设计流量累加的总和，乘以参差系数 DF。

$$DF = \frac{Q}{\sum q} = 0.6 + 0.21\varphi + 0.197\varphi^2 \tag{4-10}$$

$$\varphi = \frac{\sum q'}{\sum q} \quad (4\text{-}11)$$

式中　Q——变流量水系统的实际设计流量，m^3/h；

$\sum q$——各向空调房间在设计负荷条件下的流量总和，m^3/h；

$\sum q'$——所计算朝向侧各个空调房间在设计负荷条件下的流量总和，m^3/h。

（2）查图计算法　变流量水系统的实际设计流量，也可用查图法先查出参差系数，然后再计算其设计流量 Q。而 DF 值可以根据 φ 值直接从图 4-53 查出。

（3）查算方法示例　现举实际设计流量的查算方法，供设计人员参考。

例：变流量水系统管网布置如图 4-54 所示，试计算各管段的实际设计流量。

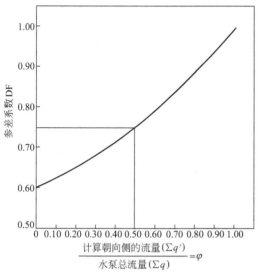

图 4-53　参差系数 DF 查算图

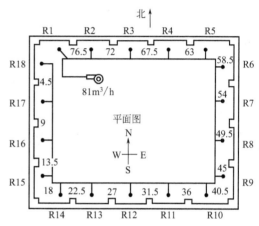

图 4-54　变流量水系统管网布置

解：求出各向的流量比及参差系数。

总流量：$\sum q = 4.5 \times 18 = 81 m^3/h$

北向：$\sum q' / \sum q = 4.5 \times 5/81 = 0.28$

　　　查图 4-53 得：$DF = 0.67$

东向：$\sum q' / \sum q = 4.5 \times 9/81 = 0.50$

　　　查图 4-53 得：$DF = 0.76$

南向：$\sum q' / \sum q = 4.5 \times 14/81 = 0.78$

　　　查图 4-53 得：$DF = 0.89$

西向：$\sum q' / \sum q = 4.5 \times 18/81 = 1.00$

　　　查图 4-53 得：$DF = 1.00$

根据以上 DF 值，利用式（4-10）即可算出实际设计流量，见表 4-18。

表 4-18　实际设计流量表

管段	$q/(m^3/h)$	DF	$Q/(m^3/h)$	管段	$q/(m^3/h)$	DF	$Q/(m^3/h)$
1	81.0	0.67	54.3	3～4	67.5	0.67	45.3
1～2	76.5	0.67	51.3	4～5	63.0	0.67	44.5(42.2)
2～3	72.0	0.67	48.2	5～6	58.5	0.76	44.5

管段	q/(m³/h)	DF	Q/(m³/h)	管段	q/(m³/h)	DF	Q/(m³/h)
6~7	54.5	0.76	41.0	12~13	27.0	0.89	24.0
7~8	49.5	0.76	37.6	13~14	22.5	0.89	20.0
8~9	45.0	0.76	36.0(34.2)	14~15	18.0	1.00	18.0
9~10	40.5	0.80	36.0	15~16	13.5	1.00	13.5
10~11	36.0	0.89	32.0	16~17	9.0	1.00	9.0
11~12	31.5	0.89	28.0	17~18	4.5	1.00	4.5

第5章

中央空调冷热源及机房设计

中央空调冷热源是空调系统的关键设备，冷热源的形式直接决定了建筑物空调系统的能耗特点及对外部环境的影响状况，它的重要性不言而喻，作为集中式空调系统的主机，它是整个空调系统的心脏。随着人们生活水平的提高，居住环境、办公环境的舒适性、美观性的要求越来越高。而对于具有较大建筑面积的宾馆、写字楼，业主一般都要求采用集中式空调系统。且目前冷热源设备种类繁多，品牌林立，冷热源的选择是每个设计师都需要面对的问题。

机房是整个中央空调系统的冷热源中心，同时又是整个中央空调系统的控制调节中心。中央机房一般由冷水机组、冷水泵、冷却水泵、集水缸、分水缸和控制屏组成（如果考虑冬季运行送热风，还有中央空调热水机组等生产热水装置）。本章介绍中央空调冷热源的特性和选择，以及中央机房设计与布置的要求。

5.1 冷热源及其选择

5.1.1 冷热源的种类及特点

5.1.1.1 中央空调冷源设备

中央空调工程中常用载冷剂为水，因此冷水机组是中央空调工程中采用最多的冷源设备。一般而言，将制冷系统中的全部组成部件组装成一个整体设备，并向中央空调提供处理空气所需要低温水（通常称为冷冻水或冷水）的制冷装置，被简称为冷水机组。冷水机组的技术参数主要有以下几项。

① 制冷运行工况　制冷系统在不同的工作状况下运行将产生不同的工作效果。运行工况一般以冷水和冷却水的进出口水温来表示。标准制冷运行工况通常标定为，冷水进出口水温 12℃/7℃，冷却水进出口水温 32℃/37℃。某些进口机组的标准工况会有所不同，但一般都在冷水进口水温 10～12℃、冷水出口水温 5～7℃、冷却水进口水温 30～32℃、冷却水出口水温 35～37℃ 的范围内。

② 制冷量　指冷水机组在标准工况下运行的满额冷量输出，它是衡量冷水机组容量大小的主要技术指标。

③ 制冷工质及充注量　制冷工质又称为制冷剂。压缩式制冷通常使用的制冷剂有 R22、R123、R134a 等。随着为了保护大气臭氧层而限制某些氟里昂类制冷剂使用的期限渐近，将会有更多、更新的制冷剂（氟里昂替代品）出现。吸收式制冷普遍采用溴化锂（LiBr）和水的混合溶液作为制冷工质，其中溴化锂为吸收剂，水为制冷剂。

制冷工质充注量是指冷水机组制冷系统维持正常运转所需制冷剂的多少。

④ 冷量调节范围　指冷水机组冷量输出的调节能力。一般用标准工况制冷量的百分率表示，无级调节则表示为有效调节范围。

⑤ 机组输入功率　压缩式制冷指压缩机电机功率，吸收式制冷则是机内各类泵的电机功率总和。

⑥ 冷水和冷却水流量　指在标准工况下流经冷水机组的冷水量和冷却水量。

⑦ 水路压头损失　指冷水和冷却水分别流经冷水机组蒸发器和冷凝器时的阻力。

⑧ 接管尺寸　指冷水系统和冷却水系统与冷水机组连接管的管径。

⑨ 外形尺寸及重量　冷水机组外形尺寸指机组的长×宽×高，重量一般指其运行重量。

⑩ 噪声　指冷水机组标准工况下稳定运行时产生的噪声大小，一般用声 L_A 级或 N（NR）评价曲线表示。

另外，冷水机组的机型不同，其技术参数也各有不同，具体可参见其说明书。

（1）活塞式冷水机组　活塞式制冷压缩机是最早问世的压缩机，几乎和机械制冷方法同时出现，在100多年的使用中，得到了广泛发展和深入研究，直到目前为止，虽然受到其他新型压缩机的挑战，但其产量和使用范围在各类压缩机中仍占有一定地位。而活塞式冷水机组也是在民用建筑空调制冷中采用时间最长、使用最多的一种机组。活塞式冷水机组适用于中、小容量的空调制冷和热泵系统，属于容积式制冷压缩式机组，通过气缸容积往复运动过程中的变化来达到对制冷剂进行压缩的目的，采用的制冷剂一般为R22等，普通活塞式冷水机组的单机容量一般在580kW以下。近年来，通过采用多台压缩机联合运行的方式（又称为多机头机组）活塞式冷水机组容量又可不断增加，机组总制冷量可达1500kW以上。活塞式冷水机组的制冷效率较其他电动型机组低，根据国家标准GB/T 18430.1—2001中规定，制冷量大于116kW的水冷式机组的性能系数（COP），规定不低于3.6，风冷式机组不应低于2.57。活塞式冷水机组的能量调节通过调节压缩机台数或则依靠压缩机气缸的上载或卸载来完成。

活塞式冷水机组的主要优点为：①在空调制冷范围内，其容积效率较高；②系统装置较简单；③用材为普通金属材料，加工容易，造价低；④采用多机头、高速多缸、短行程、大缸径后容量有所增大，性能可得到改善；⑤模块式冷水机组是活塞式的改良型，采用高效板式换热器，机组体积小，重量轻，噪声低，占地少，可组合成多种容量，调节性能好，部分负荷时的COP保持不变（COP约为3.6）。其自动化程度较高，制冷剂为R22的，对环境的危害程度小，且安装简便。

活塞式冷水机组的主要缺点为：①往复运动的惯性力大，转速不能太高，振动较大；②单机容量不宜过大；③单位制冷量重量指标较大；④当单机头机组不变转速时，只能通过改变工作气缸数来实现跳跃式的分级调节，部分负荷下的调节特性较差；⑤模块式机组受水管流速的限制，组合片数不宜超过8片，价格昂贵。

（2）螺杆式冷水机组　螺杆式冷水机组由于采用螺杆式压缩机而得名，目前，螺杆式冷水机组在我国制冷空调领域得到了越来越广泛的应用，其典型制冷量范围为700～1000kW，一般应用于中型制冷量范围。国家标准CB/T 18430.0—2001中规定了螺杆式冷水机组在名义工况时的制冷性能系数。如水冷式机组，制冷量大于230kW时，其COP不应低于3.85。一般来说。螺杆式冷水机组的制冷效率比活塞式冷水机组的效率要高。螺杆式压缩机是一种回转容积式压缩机，它是依靠容积的改变来压缩气体的。在压缩机的气缸内部平行地配置这一对阴阳转子。阳转子的齿周期性地侵入阴转子的齿槽。并且随着转子的旋转，空间接触线不断地向排气端推移，致使转子的基元面积逐渐缩小，基元容积内气体的压力不断提高，达到压缩气体的目的。其制冷剂通常采用R22、R134a等。

虽然螺杆式冷水机组已有多年的发展历史，但作为民用建筑空调中的应用，在我国则是近十年才逐渐有发展的。目前运行的螺杆式冷水机组中，大部分是双螺杆式，其使用已经有相当长的一段时间。螺杆式冷水机组的冷量调节是通过它独有的能量调节机构——滑阀来实现无级调节的。通过对滑阀的控制，冷量可以在15%～100%的范围内无级调节。

螺杆式冷水机组从螺杆设置的方式上分，可分为垂直式和水平式两种。垂直式机组的外形尺寸稍小，且通常采用全封闭式压缩机，因此其机组噪声较小。在单机容量方面，螺杆式冷水机组和活塞式差不多。同活塞式机组一样，一些螺杆式冷水机组也采用多机头方式，使机组的总制冷量大幅增加。国外采用多机头时，总制冷量可达2500kW

以上。

就压缩气体的原理而言，螺杆式制冷压缩机同属于容积型压缩机，但就其运动形式来看，它又与离心式制冷压缩机类似，转子做高速旋转运动，所以螺杆式制冷压缩机兼具有活塞式和离心式压缩机两者的优点：①具有较高转速（3000～4400r/min），可与原动机直联，因此，它的单位制冷量的体积小，重量轻，占地面积小，输气脉动小；②没有吸、排气阀和活塞环等易损部件，故结构简单，运行可靠，寿命长；③因气缸中喷油，油起到冷却、密封、润滑的作用，因而排气温度低；④没有往复运动部件，故不存在不平衡重量惯性力和力矩，对基础要求低，可提高转速；⑤具有强制输气的特点，输入量几乎不受排气压力的影响；⑥对湿行程不敏感，易于操作管理；⑦没有余隙容积，也不存在吸气阀片及弹簧等阻力，因而容积效率高；⑧输气量调节范围宽，且经济性较好，小流量时也不会出现离心式压缩机那样的"喘振"现象。

螺杆式制冷压缩机也有一些不尽理想的地方，其主要缺点有：①单机容量比离心式小；②转速比离心式低；③耗油量大；④噪声比离心式高；⑤加工精度要求高；⑥部分负荷下的调节性能较差，特别是在60％以下负荷运行时，COP急剧下降，只适宜在60％～100％负荷范围内运行（指目前国内机组，在部分负荷时其实际功率受其工作压力比的影响）；⑦机组出现故障时，无法在现场维修；⑧由于螺杆的线速度与运行工况有关，当冷凝温度上升时，其绝热效率下降，其运行费用增加。

（3）离心式冷水机组　离心式冷水机组是目前大、中型民用建筑集中空调系统中应用最广泛的一种机组，尤其是制冷量在1000kW以上时，设计中宜选用离心式机组，其效率高于螺杆机。国家标准GB/T 18430.0—2001中规定，离心式水冷机组的制冷量大于1163kW时，其COP不应低于4.7，是螺杆机效率的1.2倍以上。目前离心式机组常用的制冷剂是R22、R123和R134a等。

离心式制冷压缩机属于速度型压缩机，其工作原理与容积式制冷压缩机不同，它是利用叶轮高速旋转时产生的离心力来压缩和输送气体的。当带叶片的转子转动时，叶片带动气体运动，把功传递给气体，使气体获得动能。制冷剂蒸气由轴向吸入，沿半径方向甩出，故称为离心式制冷压缩机。

离心式制冷压缩机主要优点是：①单机制冷量大，制冷系数高；②结构紧凑，重量轻、尺寸小，因而占地面积小；③运行可靠、操作方便、维护费用低；④容量调节方便，目前大多数厂家都采用的是进口导叶调节方式，容量控制范围在30％～100％之间；⑤易于实现多级压缩和节流，达到同一台制冷机多种蒸发温度的操作运行；⑥无往复运行部件，平衡性好，运行平稳、振动小、噪声低，运行时制冷剂不混有润滑油，因此蒸发器和冷凝器的传热效果好；⑦机组的自动化程度高，制冷量的调节范围广，且可连续无级调节。

离心式制冷压缩机主要缺点是：①制冷量不宜过小，如果负荷太低（小于20％左右）或冷凝压力太高，会发生"喘振"现象，这是离心式压缩机的致命软肋；②不宜采用较高的冷凝压力；③变工况适应性不强；④离心式制冷压缩机的转速高，需通过增速齿轮来驱动，所以对材质、加工精度和制造质量均要求比较严格。

以上活塞式、螺杆式、离心式冷水机组均有风冷和水冷之分。风冷冷水机组是以冷凝器的冷却风机替代水冷冷水机组中的冷却水系统设备（如冷却塔、冷却水泵、冷却水处理装置、水过滤器及冷却水系统管路等），使庞大的冷水机组变得简单而紧凑。与水冷冷水机组相比，风冷冷水机组可以安装于室外空地，也可安装在屋顶，也无需建造机房，但设备的初投资较高，单位制冷量的耗电量也较高。

（4）溴化锂吸收式冷（热）水机组　在民用冷热源中，吸收式机组一般是指溴化锂吸收式冷水机组。吸收式制冷与压缩式制冷一样，都是利用制冷剂的蒸发产生的汽化潜热进行制冷。两者的区别是，压缩式制冷以电为能源，而吸收式制冷则是以热为能源。在民用建筑空调制冷中，吸收式制冷所采用的工质通常是溴化锂水溶液，其中水为制冷剂，溴化锂为吸收剂。通常溴化锂制冷机组的蒸发温度不能低于 $0℃$，所以使用范围不如压缩式制冷，但对于民用建筑空调来说，由于要求空调冷水的温度通常为 $6\sim7℃$，因此还是可以满足的。

溴化锂制冷机组的一个主要特点是节省电能。从其制冷循环中可以看出，它的用电设备主要是溶液泵，功率为 $5\sim10kW$，比压缩式冷水机组省电。在电力紧张的地区，溴化锂制冷机组可以是一个不错的选择。该机组的另一个特点是由于传热面积大，传热温差小，因而机组对冷却水温的要求相对来说不如压缩式机组严格，冷却水温的变化对制冷量的影响较小。故其运行工况较为稳定，室外气候对其影响不大，这一特点对于空调系统本身是有利的。同时，溴化锂冷水机组的容量调节范围也比压缩式宽阔一些（为 $10\%\sim100\%$）。

溴化锂吸收式冷水机组目前的产品分为单效式和双效式两种。单效式利用的是低位热源（$0.05\sim0.3MPa$ 的饱和蒸汽或 $140℃/80℃$ 热水），因此特别适用于有废热的区域（如一些工厂等）。由于溴化锂溶液浓度太高时容易结晶，因此，单效式机组对热媒温度的限制不能太高。单效机组的缺点是制冷效率较低，通常其热力系数在 $0.6\sim0.7$ 之间。为了更有效地利用热能，提高制冷效率，对于高位热源（如高压蒸汽），目前通常采用双效式机组，即把发生器分为高压发生器和低压发生器两部分，可避免溴化锂溶液的结晶，提高能源的利用率，其热力系数可达 $0.95\sim1.3$。但双效式机组要求高位热源（$0.3\sim1.0MPa$ 的饱和蒸汽或大于 $140℃$ 高温热水），反过来又在一定程度上限制了该机组的应用。

按照其驱动能源的不同，又可以分为热水型、蒸汽型以及直燃型。需要说明的是，热水型、蒸汽型溴化锂吸收式冷水机组只能作为冷源使用，而直燃式溴化锂吸收式冷水机组除了用作冷源外，也能作为热源。

溴化锂吸收式冷（热）水机组的优点有：①以水作为制冷剂，溴化锂溶液作吸收剂，无毒、无味、无臭，对人体无危害，对大气臭氧层无破坏作用；②对热源要求不高（蒸汽型/热水型），一般的低压蒸汽（120kPa 以上）或热水（75℃ 以上）均能满足要求，特别适用于有废汽、废热水可以利用的化工、冶金和轻工业企业，有利于热源的综合利用；③整个装置基本上是换热器的组合体，除泵外，没有其他运动部件，所以振动、噪声都很小，运转平稳，对基建要求不高，可在露天甚至楼顶安装，尤其适用于船舰、医院、宾馆等场合；④结构简单，制造方便，同时操作简单、维护保养方便，易实现自动化运行；⑤整个装置处于真空状态下，无爆炸危险；⑥能在 $10\%\sim100\%$ 范围内进行制冷量的自动、无级调节，而且在部分负荷下运行时，机组的热力系数并不明显下降；⑦（直燃型）自备热源，无需另建锅炉房或依赖城市热网，节省占地及热源购置费，（直燃型）采用燃油或燃气，燃烧效率高，燃料消耗少；且制冷主机与燃烧设备一体化，避免了能量的输送损失，提高了能量利用率，（直燃型）具有生产卫生热水的功能，可满足诸如宾馆、高级写字楼或公寓等各类用户要求；⑧可平衡城市煤气与电力的季节耗量，有利于城市季节能源的合理使用。如夏季是城市用电高峰及用气低谷的季节，溴化锂吸收式冷水机组由于用电很少，可以起到削减用电峰值，增加用气量的作用。

溴化锂吸收式冷（热）水机组的缺点为：①溴化锂溶液对金属，尤其是黑色金属有强烈的腐蚀性,特别在有空气存在的情况下更严重,因此对机器的密封性要求非常严格;②溴化锂机组价格较高,机组溶液充灌量大,故初投资较高;③由于系统以热能作为补偿,加上溴化锂溶液的吸收过程是放热过程,故对外界的排热量大,通常比蒸气压缩式制冷机大一倍以上,因此冷却水消耗量较大,冷却塔和冷却水系统容量较大;④直燃型结构紧凑,体积小;而蒸汽型和热水型机房占地面积大且高度较高,设备也较重;⑤使用寿命比其他冷热水机组短,热效率低;⑥冷量衰减问题,有统计表明,在一般情况下,运行 3 年以上,吸收式冷热水机组的冷量衰减可达 20%;⑦冷却水水质对包括吸收式机组性能的影响比对电制冷机组性能的影响大得多,吸收器内冷却盘管结垢使盘管传热系数降低,从而降低吸收效率和机组的制冷量。 根据溴化锂溶液的物理特性,冷凝温度上升 1℃时,溴化锂溶液的放气范围减少约 10%,也就是说冷剂蒸气流量减少约 10%。 而对于电力冷水机组,冷凝温度上升 1℃时,空调工况下的机组制冷系数下降约 2.5%,即在输入同样功率的情况下机组制冷量下降约 2.5%。

各种冷水机组的经济性有多项指标,冷水机组的经济性比较见表 5-1。

表 5-1　冷水机组的经济性比较

比较项目	活塞式	螺杆式	离心式	吸收式
设备费(小规模)	B	A	D	C
设备费(大规模)	B	A	D	C
运行费	D	C	B	A
容量调节性能	D	B	B	A
维护管理的难易	B	A	B	D
安装面积	B	B	C	D
必要层高	B	B	B	C
运转时的重量	B	B	C	D
振动和噪声	C	B	B	A

注:表中 A、B、C、D 表示从有利到不利的顺序。

5.1.1.2　中央空调热源设备

空调热源可分为设备热源和直接热源两大类。 直接向空调系统供热或通过换热器对空调管道系统内循环的热水进行加热升温的热源为直接热源,如城市或区域热网、工业余热等。 通过消耗其他能量对空调管道系统内循环的热水进行加热升温的设备被称为设备热源,常见的主要有中央热水机组、热交换式热水器、各种锅炉和热泵式冷热水机组等。

(1)热网　在城市或区域供热系统中,热电站或区域锅炉房所产生的热能,借助热水或蒸汽等热媒通过热网(即室外热力输配管网)送到各个热用户。 当以热水为热媒时,热网的供水温度一般为 95～105℃;当以蒸汽为热媒时,蒸汽的参数由热用户的需要和室外管网的长度决定。

用户的空调水系统与热网的连接方式可分为直接连接和间接连接两种。 直接连接方式是将热用户的空调水系统管路直接连接于热力管网上,热网内的热媒(一般为热水)可直接进入空调水系统中。 直接连接方式简单,造价低,在小型中央空调系统中应用广泛。

当热网压力过高,超过空调水系统管路与设备的承压能力,或热网提供的热水温度高于空调水系统要求的水温时,可采用间接连接方式。 它是在热用户的空调水系统与热网连接处设置间壁式换热器,将空调水系统与热网隔离成两个独立的系统。 热网中的热媒将热能通过间壁式换热器传递给空调水系统的循环热水。 采用换热器供热的另一个优点是空调水系统可以不受热网使用何种热媒的影响。 主要缺点是热量经过换热器的传递，不可避免地会有一些损失。 此外，间接连接方式还需要在建筑物用户入口处设置有关测量、控制等附属装置，使得间接连接方式的造价要比直接连接方式高出许多，且运行费用也相应增加。

我国工矿企业余热资源潜力很大，如化工、建材等企业在生产过程中都会产生大量余热，只要合理利用，也可以成为空调热源。

（2）热交换式热水器 空调系统的冬季供水温度一般在 45～60℃ 之间，而城市或区域性热源提供的一般都是中、高温水或高压蒸汽，因此，需要借助换热器的热交换功能，才能满足空调冬季供水水温及压力的要求。 此外，高层建筑水系统采用竖向分高、低区但合用同一冷（热）源方案时，也要用到换热器。

如图 5-1 所示，热交换式热水器实际上就是一台汽-水式换热器（以蒸汽为加热热媒）。 它的工作原理很简单，外界锅炉所提供的高温、高压蒸汽与系统循环水在其中进行热交换，使循环水获得一定的温升，相当于系统循环水间接从锅炉获取热量。

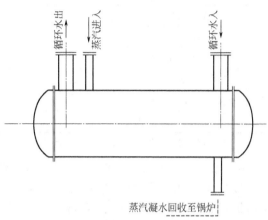

图 5-1 热交换式热水器的结构

热交换式热水器多为壳管式结构，适用于一般工业与民用建筑的热水供应系统，其热媒为高温、高压的蒸汽。 热交换器管程工作压力≤0.4MPa，壳程工作压力为 0.6MPa，出口热水温度不高于 75℃。 作为标准产品，按容积的不同分为表 5-2 所列型号。

表 5-2 热交换式热水器型号

热交换器型号	1	2	3	4	5	6	7	8	9	10
容积/m³	0.5	0.7	1.0	1.5	2.0	3.0	5.0	8	10	15

1～3 号热交换器 U 形管束按单排直线式排列，4～10 号的 U 形管束按多排圆形管板式排列。 圆形管板式排列又分为甲型、乙型、丙型三种可供选用。

间壁式热交换器的技术参数参见表 5-3 示例。 它的选用需经过热力计算，然后按所需热交换面积来定型，外界所提供的蒸汽应满足热水器的设计工况要求。 热水器的最终产出应该是符合中央空调设计要求的 60℃ 热水。

表 5-3 间壁式热交换器的技术参数

		甲型			乙型		丙型
	U 形管排列	第 1 排	第 2 排	第 3 排	第 1 排	第 2 排	第 1 排
8 号	管径/mm	φ38×3					
	根数/根	7	6	3	7	6	7
	换热管长度/mm	3400					
	换热面积 /m² 各排面积	10.62	9.32	4.78	10.62	9.32	10.62
	换热面积 /m² 总面积	24.72			19.94		10.62

		甲型			乙型		丙型
	U形管排列	第1排	第2排	第3排	第1排	第2排	第1排
9号	管径/mm			$\phi38\times3$			
	根数/根	9	8	5	9	8	9
	换热管长度/mm			3400			
	换热面积 /m² 各排面积	13.94	12.68	8.12	13.94	12.68	13.94
	总面积	34.74		26.62		13.94	
10号	U形管排列	第1排	第2排	第3排	第1排	第2排	第1排
	管径/mm			$\phi45\times3.5$			
	根数/根	9	8	5	9	8	9
	换热管长度/mm			4100			
	换热面积 /m² 各排面积	20.40	18.56	11.86	20.40	18.56	20.40
	总面积	50.82		38.96		20.40	

注：表中所列各热交换器U形管排列，以靠近圆中心为第1排，向外依次为第2排、第3排。

由于热交换式热水器仅仅只是一个热交换器，因而它的体积和占地面积均相对很小，这对于机房面积有限的中央机房是十分有利的。但是，由于热水器中需输入高温、高压的蒸汽，因此它属于压力容器类，对设备抗压能力和安全措施都有相当严格的要求。

（3）中央热水机组　中央热水机组是为中央空调系统配套使用的专用热水供给设备，它相当于一台无压热水锅炉，主要由燃烧器、内部循环水系统、水-水热交换器和温控系统组成。机内燃烧器所产生的热量加热内部循环水，再通过机内的水-水热交换器使空调系统循环水加热，使其能源源不断地向空调系统供应热水。采用温控系统来实现自动控制，可以根据需要来改变热水的出水温度。机组适应的燃料有轻质柴油、重油、煤气、石油气等多种。标准状况下机组输出热水温度为60℃。

中央热水机组由于在实际使用中所表现出的多方面优越性而受到用户和厂家的欢迎，在近几年得到迅猛发展，产品质量也得到飞速提高。中央热水机组具有以下特点。

① 机组采用开式结构，无压容器，符合国家劳动部门"免检"要求，运行安全。

② 机组自身备有燃烧器，不需外界提供热源，热量供应稳定可靠。

③ 燃料适用种类多，可以燃用廉价的重油、废油来降低运行费用，取得较好的经济效益。

④ 在非采暖季节，机组可用来生产生活热水，能实现一机多用，提高使用率。

⑤ 机组结构集成程度高，占地面积小，与传统锅炉相比有很大优势。

⑥ 多采用技术先进的燃烧器，燃料燃烧彻底，属于环保产品。

（4）锅炉　锅炉是最传统同时又是目前在空调工程中应用最广泛的一种人工热源，它是利用燃烧释放的热能或其他热能，将水加热到一定温度或使其产生蒸汽的设备热源。

供热锅炉按向空调系统提供的热媒不同，分为热水锅炉与蒸汽锅炉两大类，每一类又可分为低压锅炉与高压锅炉两种。在热水锅炉中，温度低于115℃的称为低压锅炉，温度高于115℃的称为高压锅炉。空调系统常用的热水供水温度为55～60℃，因此大多采用低压锅炉；按使用的燃料和能源不同分，锅炉又可分为燃煤锅炉、燃油锅炉、燃气锅炉和电锅炉。 燃煤锅炉是目前使用最多的一种锅炉，但由于占地面积大、污染环境严重、工人劳动强度大、自动化程度较低等，在国内许多城市的使用已受到限制。

与燃煤锅炉相比，燃油和燃气锅炉尺寸小、占地面积少、燃料运输和储存容易、燃料转化效率高、自动化程度高（可在无人值班的情况下全自动运行），对大气环境的污染也小，给设计及运行管理都带来较大的方便。 虽然把燃油和燃气锅炉安装在建筑中使用的安全性还是一个正在讨论和研究的问题，但从发达国家目前的情况来看，城市中逐渐采用燃油和燃气锅炉代替燃煤锅炉也必将是供暖锅炉的一个发展方向。

电锅炉又称为电加热锅炉、电热锅炉、电热水器，是直接采用高品位的电能来加热水的设备。 它尺寸小、占地面积少、自动化程度高（可在无人值班的情况下全自动运行）、对大气环境无污染。 但电锅炉耗电量大，且用高品位电能转换成低品位热能，运行不经济，除了电力供应十分充足且便宜的地区采用外，大多数地区都弃而不用。

5.1.1.3 中央空调热泵机组

热泵机组是一种冷热源两用的设备，既能供冷，又能提供比驱动能源多的热能，在节约能源、保护环境方面具有独特的优势，因此在空调领域获得了较为广泛的应用。

（1）空气源热泵 空气源热泵是一种利用环境空气夏季冷却冷凝器、冬季作为蒸发器供热的空调供热、供冷两用设备，它的基本流程就是由常规风冷制冷机加上四通阀作为制冷剂流程转换和控制实现冷凝器和蒸发器的互换。 空气源热泵的性能特点如下。

① 空气是热泵机组取之不尽，随时可利用的冷源（供冷时）与热源（供暖时）。 由于其比热容小以及室外侧蒸发器的传热温差小（蒸发温度与空气进风温度差为 10℃ 左右），故所需风量较大，机组体积较大。 蒸发器从空气中每吸取 1kW 热量所需的风量约为 360m³/h；

② 热泵机组供热时，空气流经蒸发器表面被冷却，随着室外空气温度的降低，在蒸发器表面会产生凝露甚至结霜。 微量凝露虽可增强传热，但空气的阻力损失增大。 随着霜层增厚，热阻和对空气的阻力均增大，因而需要除霜。

③ 随着室外空气温度的降低，热泵的效率降低。 热泵虽然在室外空气温度低到 −10℃（乃至 −15℃）以下仍可运行，但此时制热系数将有很大降低。 随着室外空气温度的降低，机组的供热量也减少，但建筑物的热负荷却增大，供热量与需热量的矛盾，应该通过绘制热泵的供热特性线与建筑物热负荷特性线，以求得一个合理的平衡点来解决。 如果选择机组时环境温度取得过低，虽然在较低温度时仍能满足供热要求，但机组的容量将增加，很可能在较多时间内低效率运行。 因此，机组容量的选择一般是要求在绝大部分时间内满足热量的供需要求，当室外空气温度低到机组的供热量少于需求量时，可采用辅助加热器补充不足的热量。 热源可以是电、蒸汽或热水等。

空气源热泵的主要优点为：①安装在室外，不占用机房面积，省去冷却塔、冷却水泵和冷却水系统，也不需另建锅炉房，节省了土建及建筑空间；②冬季供暖，获得的热能是消耗的电能当量的 2～3 倍，较为节能（相对于电热）；③结构紧凑，整体性好，安装方便，施工周期短；④自控设备完善，管理简单。

空气源热泵的主要缺点为：①对冬季室外湿度较高且室外气温较低的地区，结霜较为频繁，影响供暖效果；②机组多安装在屋顶，噪声较大，需合理控制，避免影响周围居民；③室外空气的状态参数随地区和季节的不同而变化，对热泵的容量和制热 COP 影响很大；④要根据平衡点温度确定机组容量和辅助加热容量，避免机组选择过大，初投资增加，并导致运行效率较低。

（2）水源热泵机组 水源热泵机组也是一种冷热同源的空调主机。 水源热泵技术是利用地球表面浅层水源如地下水、河流和湖泊中吸收的太阳能及地热能而形成的低温低位热能资源，并采用热泵原理，通过少量的高位电能输入，实现低位热能向高位热能转移的一种技术，如图 5-2 和图 5-3 所示。

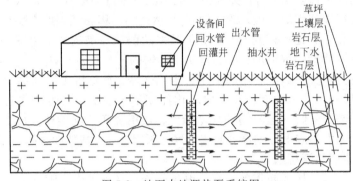

图 5-2　地下水地源热泵系统图

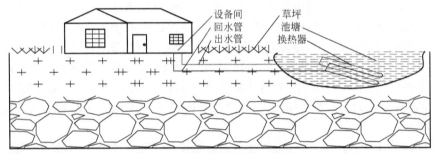

图 5-3　地表水地源热泵系统图

水源热泵根据对水源的利用方式的不同，可分为闭式系统和开式系统两种。 闭式系统是在水侧为一组闭式循环的换热套管，该组套管一般水平或垂直埋于地下或湖水海水中，通过与土壤或海水换热来实现能量转移（其中埋于土壤中的系统称土壤源热泵，埋于海水中的系统称海水源热泵）。 开式系统是指从地下抽水或地表抽水后经过换热器直接排放的系统。 在制冷模式时，高压高温的制冷剂气体从压缩机出来后进入水/制冷剂的冷凝器，向水中排放热量而冷却成高压液体，并使水温升高。 经热膨胀阀节流成低压液体后进入蒸发器蒸发成低压蒸汽，同时吸收空气（水）的热量。 低压制冷剂蒸气又进入压缩机压缩成高压气体，如此不断循环。 此时，制冷环境需要的冷冻水在蒸发器中获得。 在供热模式时，高压、高温制冷剂气体从压缩机压出后进入冷凝器，同时排放热量而冷却成高压液体，经热膨胀阀节流成低压液体进入蒸发器蒸发成低压蒸气，蒸发过程中吸收水中的热量将水冷却。 低压制冷剂蒸气又进入压缩机压缩成高压气体，如此不断循环。 此时，供热环境需要的热水在冷凝器中获得。

水源热泵的主要优点如下。

① 高效节能　水源热泵机组可利用的水体温度冬季为 12～22℃，水体温度比环境空气温度高，所以热泵循环的蒸发温度提高，能效比也提高。 而夏季水体温度为 18～35℃，水体温度比环境空气温度低，所以制冷的冷凝温度降低，使得冷却效果好于风冷式和冷却塔式，机组效率比空气源热泵有显著提高。 据美国环保署 EPA 估计，设计安装良好的水源热泵，平均来说可以节约用户 30%～40% 的供热制冷空调的运行费用。

② 环保效益和经济效益显著　水源热泵是利用地表水或地下水作为冷热源，进行能

量转换的供暖空调系统。 供热时省去了燃煤、燃气、燃油等锅炉房系统，没有燃烧过程，避免了排烟污染；供冷时省去了冷却水塔，避免了冷却水塔的噪声及霉菌污染。 不产生任何废渣、废水、废气和烟尘，使环境更优美，是一种理想的绿色技术。

③ 运行稳定可靠　水体温度一年四季相对稳定，其波动的范围远远小于空气的变动。 是很好的热泵热源和空调冷源，水体温度较恒定的特性，使得热泵机组运行更可靠、稳定，也保证了系统的高效性和经济性。 不存在风冷热泵冬季除霜的难题。

④ 一机多用，应用范围广　水源热泵系统可供暖、供冷，一机多用，一套系统可以替代原来的锅炉加冷水机组的两套装置或系统。

⑤ 自动运行　水源热泵由于工况稳定，所以系统简单，部件较少，机组运行简单可靠，维护费用低，自动控制程度高。

⑥ 设计简单，安装容易　只要布置好机组，计算和布置水循环系统设计、简单的风管设计和自控设计即可，故设计简单，设计周期较短；安装工作比其他集中式空调系统少，安装周期短，更改安装也容易。

⑦ 可灵活调节、应用　每一台热泵在任何时间都可以选择供冷或供热，能灵活地满足建筑物各个区的需要，并随时可以更改用途，且计量收费方便。

当然，水源热泵在某些方面应用会受到限制。

① 可利用的水源条件限制　水源热泵理论上可以利用一切水资源，其实在实际工程中，不同的水资源利用的成本差异是相当大的。 所以在不同的地区是否有合适的水源成为水源热泵应用的一个关键。 目前的水源热泵利用方式中，闭式系统一般成本较高。而开式系统，能否寻找到合适的水源就成为使用水源热泵的限制条件。 对开式系统，水源必须满足一定的温度、水量和清洁度要求。

② 水层的地理结构的限制　对于从地下抽水回灌的使用，必须考虑到使用地的地质结构，确保可以在经济条件下打井找到合适的水源，同时还应当考虑当地地质和土壤的条件，保证用后尾水的回灌可以实现。

③ 投资的经济性　由于受到不同地区、不同用户及国家能源政策、燃料价格的影响，水源的基本条件的不同，一次性投资及运行费用会随着用户的不同而有所不同。 虽然总体来说，水源热泵的运行效率较高、费用较低。 但与传统的空调制冷取暖方式相比，在不同地区、不同需求的条件下，水源热泵的投资经济性会有所不同。

（3）地源热泵机组　地源热泵是以土壤为冷热源，水为载体，在封闭环路（地下埋管换热器系统）进行热交换的热泵。 与其他热泵的不同之处在于其冷凝器是通过防冻剂与地能进行换热的。 利用"泵"的功能，冬天将地热"取"进建筑物，夏天将建筑物产生的废热"送"回地下。

地源热泵系统中的换热器埋管方式可分为水平式地埋管换热器、垂直U形式地埋管换热器、垂直套管式地埋管换热器、热井式地埋管换热器等。

① 水平式地埋管换热器　如图5-4所示，水平地埋管普遍用在单相运行状态的空调系统中，一般的设计埋管深度在2～4m之间，在只用于采暖时，土壤在整个冬天处于放热状态，埋管沟的深度一定要深，管间距要大。 水平埋管因占地面积大、受气候影响大等缺点，目前应用较少。

② 垂直U形式地埋管换热器　如图5-5所示，垂直U形式地埋换热器是钻孔将U形管深埋在地下，因此与水平土壤换热器比较具有使用地面面积小、运行稳定、效率高等优点，已成为工程应用中的主导形式。

③ 垂直套管式地埋管换热器　换热器有内套管和外套管的闭路循环系统。 循环时，

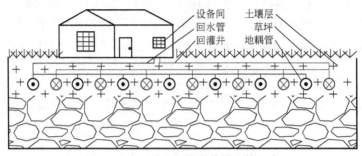

图 5-4　水平式地埋管换热器埋管方式

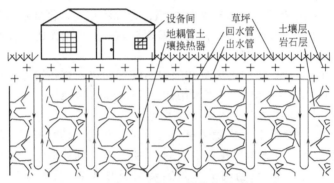

图 5-5　垂直 U 形式地埋管换热器埋管方式

水沿内套管从上至下流入，从外套管的底部经内套管上流到顶部出套管。套管式土壤换热器适合在地下岩石深度较浅、钻深孔困难的地表层使用。通过竖埋单管试验，套管式换热器较 U 形管效率高 20％～25％。竖埋套管式孔距为 3～5m，孔径为 150～200mm，外套管直径为 63～120mm，内套管直径为 25～32mm。目前在欧洲的瑞典采用较多的套管式土壤换热器，如图 5-6 所示。

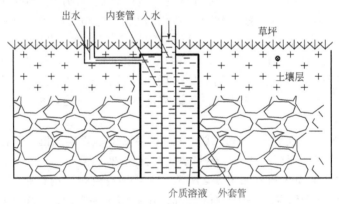

图 5-6　垂直套管式地埋管换热器埋管方式

　　④ 热井式地埋管换热器　热井式地埋管换热器是套管式换热器的改进，在地下为硬质岩石的地质，可采用这种换热器，如图 5-7 所示。

　　在安装时，地表渗水层以上用直径和孔径一致的钢管做护井套，护套管与岩石层紧密连接，防止地下水的渗入；渗水层以下为自然空洞，不加任何固井措施，热井中安装一个内管到井底。内管的下部四周钻孔，其中上部通过钢套直接与土壤换热，下部循环水

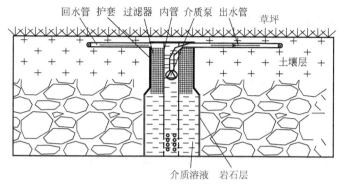

回水管 护套 过滤器 内管 介质泵 出水管 草坪

土壤层

介质溶液 岩石层

图 5-7　热井式地埋管换热器埋管方式

直接接触岩石进行热交换。　换热后的流体在井的下部通过内管下部的小孔进入内管，再由内管中的抽水泵汲取水作为热泵机组的冷热源，此系统为全封闭系统。

　　与空气源热泵相比，土壤作为热泵机组的热源有着很多优点：①土壤的温度波动小，一般认为，5m 以下的土壤温度是不随大气温度变化而变化的，全年保持恒定温度，其温度在夏季低于大气温度，冬季高于大气温度，理论上可以大大提高机组的效率；②土壤有一定的蓄热性。　夏季释放的热量可以冬季取出用，并可反复进行，研究表明越是长期运行，此效果越是明显；③空气源热泵有冬季结霜的问题，地源热泵不存在这个问题；④地下换热管路采用高密度聚乙烯塑料管，寿命＞50 年，且一机多用，应用范围大，无需室外管网，特别适合低密度的别墅区使用。

　　从应用的实际情况来看，土壤源也存在一些缺点：①地下换热器换热量随土壤物性参数的不同有很大变化，不易准确把握，另外土壤的换热量也较小，为 20～80W/m（垂直埋管）和 15～30W/m（水平埋管），因而所需换热管的面积比较大；②长时间运行时，机组运行工况会随土壤温度变化而波动；③土壤对金属（埋地盘管）会有一定的腐蚀；④地埋管系统维修困难，施工难度大。

　　尽管土壤源热泵存在上述不足，但总体来说是一项节能的技术。　随着其工程开发应用的不断完善，针对我国的具体情况，在合适的地区应用地源热泵，还是有很大的前景和市场的。

5.1.2　冷热源的选择与组合

5.1.2.1　冷水机组的选择

　　冷水机组是中央空调的心脏设备，正确选择冷水机组，不仅是工程设计成功的保证，而且对系统的运行也产生长期影响。　因此，冷水机组的选择是一项重要的工作。

　　（1）选择冷水机组需考虑的因素

　　① 建筑物的用途。

　　② 各类冷水机组的性能和特征。

　　③ 当地水源（包括水量、水温和水质）、电源和热源（包括热源种类、性质及品位）。

　　④ 建筑物全年空调冷负荷的分布规律。

　　⑤ 初投资和运行费用。

　　⑥ 对氟里昂类制冷剂限用期限及使用替代制冷剂的可能性。

　　（2）冷水机组选择的一般原则　在充分考虑上述几方面因素之后，选择冷水机组时，还应注意以下几点。

① 对大型集中空调系统的冷源，宜选用结构紧凑、占地面积小及压缩机、电动机、冷凝器、蒸发器和自控元件等都组装在同一框架上的冷水机组。 对小型全空气调节系统，宜采用直接蒸发式压缩冷凝机组。

② 选用风冷型冷水机组还是水冷型冷水机组需因地制宜，因工程而异。 一般大型工程宜选用水冷机组，小型工程或缺水地区宜选用风冷机组。

③ 对有合适热源特别是有余热或废热的场所或电力缺乏的场所，宜采用吸收式冷水机组。

④ 冷水机组一般以选用 2～4 台为宜，中小型规模宜选用 2 台，较大型可选用 3 台，特大型可选用 4 台。 机组之间要考虑其互为备用和切换使用的可能性。 同一站房内可采用不同类型、不同容量的机组搭配的组合式方案，以节约能耗。 并联运行的机组中至少应选择一台自动化程度较高、调节性能较好、能保证部分负荷下高效运行的机组。 选择活塞式冷水机组时，宜优先选用多机头自动联控的冷水机组。

⑤ 若当地供电不紧张，应优先选用电力驱动的冷水机组。 当单机空调制冷量大于 1163kW 时，宜选用离心式；制冷量在 582～1163kW 时，宜选用离心式或螺杆式；制冷量小于 582kW 时，宜选用活塞式。

⑥ 电力驱动的冷水机组的制冷系数 COP 比吸收式冷水机组的热力系数高，前者为后者的三倍以上。 能耗由低到高的顺序为离心式、螺杆式、活塞式、吸收式（国外机组螺杆式排在离心式之前）。 但各类机组各有其特点，应用其所长。

⑦ 选择冷水机组时应考虑其对环境的污染。 一是噪声与振动，要满足周围环境的要求；二是制冷剂 CFCs 对大气臭氧层的危害程度和产生温室效应的大小，特别要注意 CFCs 的禁用时间表。 在防止污染方面，吸收式冷水机组有着明显的优势。

⑧ 无专用机房位置或空调改造加装工程可考虑选用模块式冷水机组。

⑨ 尽可能选用国产机组。 我国制冷设备产业近十年得到了飞速发展，绝大多数的产品性能都已接近国际先进水平，特别是中小型冷水机组，完全可以和进口产品媲美，且价格上有着无可比拟的优势。 因此在同等条件下，应优先选用国产冷水机组。

（3）冷水机组的选择步骤

① 根据冷水机组的选择原则，确定冷水机组的结构形式，对照空调系统所需的制冷量，初选冷水机组的规格、型号，一般要求机组的名义制冷量应不小于空调系统所需的制冷量。

② 根据空调系统的要求，确定冷冻水进出水温度，一般冷冻水进出水温差为 5～6℃；根据设计的夏季室外气象条件，确定冷却水进水温度和冷却水出水温度，一般冷却水进出水温差为 5～6℃。

③ 利用厂家提供的机组性能曲线或性能表，根据实际工况的冷冻水进出水温度和冷却水进出水温度要求，确定该机组在实际工况条件下的制冷量。

④ 比较机组在实际工况下的制冷量和空调制冷系统所要求的冷量。 要求机组在实际工况下的制冷量略大于空调制冷系统所要求的制冷量，否则应重新选取。

⑤ 根据机组的规格、型号，查取该机组的冷冻水流量、冷却水流量及机组中冷冻水和冷却水的压降等，为选择冷却塔、冷冻水泵及冷却水泵等做好资料准备。

5.1.2.2 中央空调热源的选择

首先是形式的确定。 综合分析中央热水机组、热交换式热水器和吸收式冷水机组供热水，各有其长也各有不足，应该根据其实际情况选用。 选择中央空调热源时应注意以下几点：

① 设有蒸汽源的建筑（如酒店等设有供厨房、洗衣房等使用的锅炉），可选用热交换式热水器，使一台（组）锅炉多种用途，提高锅炉使用效率，简化系统。没有蒸汽源的建筑或属加装冬季供暖的热源，可选用中央热水机组。

② 中央热水机组一般以选用 2～3 台为宜，机组容量要大小搭配，组合方式为两大一小、或一大一小，机组之间要考虑能够互为备用和切换使用，以利于根据负荷变化来调节以及运行中的维修。

③ 在有余热或废热的场所和电力缺乏或电力增容困难而燃料供应相对充足的地方，宜选用吸收式冷水机组供热水，实现一机多用，这不但能降低建设初投资，还能简化系统、减小机房占地面积、解决电力增容问题，长远来看还不受氟里昂类制冷剂禁用的影响。

④ 在冬季室外气温不很低、建筑物又适合于安装风冷式冷水机组的情况下，可选用热泵式冷水机组。

⑤ 在根据系统循环水量选择好中央热水机组的机型或根据冷量选择好吸收式冷水机组或热泵式冷水机组的机型后，通过热量校核计算，机组热量输出不够时，必须辅之以其他热源形式补充。可在系统内串接蒸汽热交换式热水器或电加热器。

然后是容量的确定。中央空调热源的作用是向系统提供热量，故整个系统的热负荷是选择中央空调热源的唯一技术指标。在进行热负荷计算，得到系统总热负荷之后，根据其大小来确定热源的容量。一般的定型产品都可以从其产品样本上直接找到有关数据。

5.1.2.3 中央空调冷热源的组合

针对既要制冷又要供暖的中央空调工程，常用冷热源方案，主要有电动式和热力式两类冷水机组与锅炉及热网的组合方案，直燃型溴化锂吸收式冷热水机组和热泵式冷热水机组各自单独使用的方案，以及离心式冷水机组与锅炉、吸收式冷水机组的组合方案等。

（1）电动式冷水机组供冷和锅炉供暖方案　电动式冷水机组和锅炉的组合形式是使用最多，也是最传统的方案。在电力供应有保证的地区，较普遍采用电动式冷水机组供冷，因其初投资和能耗费较低，设备质量可靠，使用寿命长。

这种方案可供选用的锅炉种类较多。采用燃煤锅炉虽历史悠久，运行费用较低，但其污染大，许多大城市开始或已经禁止在市区使用；随着我国西气东输工程的实施，燃气的使用更方便、更广泛，城市燃气管道化的快速发展，促使燃气锅炉的采用越来越多；在没有城市气源或气源不充足的地区则一般使用燃油锅炉；电锅炉通常只在电力充足、供电政策和价格十分优惠，系统的供暖热负荷较小，无城市或区域热源，不允许或没有条件采用燃料锅炉的场合使用。

这种方案从电力负荷角度来看，夏季与冬季相差悬殊，构成全年季节性严重不平衡。如果锅炉只在冬季使用，且燃料又是城市燃气，则除了电力负荷的季节性失衡外，还会导致城市燃气负荷的严重季节性失衡。基于对空调能源供应结构全年均衡化的考虑，我国有些城市近年来针对这一现象已明文规定，对于空调能源，不允许冬季采用燃气而夏季使用电力。

（2）电动式冷水机组供冷和热网供暖方案　热网供暖最经济、节能，是应优先采用的供暖方案。但必须要有热网，且冬季供暖要有保障，空调建筑物应在热网的供热范围内。

（3）热力式冷水机组供冷和锅炉供暖方案　本方案在有充足且低廉的锅炉燃料供应

的地区采用最合适。 另外，在一些大型企业，特别是在我国北方的一些企业、事业单位，基于生产工艺要求或集中供暖与生活用供热要求，都有一定容量的供热锅炉。 它们在全年各个季节里的运行负荷并不均衡，只有在冬季才会满负荷运行，夏季时锅炉容量或多或少会有一些闲置。 在这种情况下，如果这些单位需要增加空调用的冷源设备，则热力式冷水机组也许是最佳选择。 由于可充分利用已有供暖锅炉的潜在能力，在既不需要扩建锅炉房又无需对供电设备进行扩容的情况下，妥善地解决了冷源设备的能源问题，无疑是一个经济实惠的方案。

与此类似，当某些企业，如钢铁、化工企业，夏季有大量余热或废热（低压蒸汽或热水）产生而未获利用时，如果需要增加空调用的、合适的冷源设备，则利用废热锅炉（必要的话）结合采用热力式冷水机组，均可取得较好的经济、节能效果。

（4）热力式冷水机组供冷和热网供暖方案 当夏季电力供应没有保证，而热网却一年四季都能保证供热时，可采用这一方案。 在有集中供热的热网地区，即使是电力供应条件齐备，如考虑到冬夏季供热负荷的平衡，采用热力式冷水机组也是一种十分合理的选择。

（5）直燃型溴化锂吸收式冷热水机组夏季供冷、冬季供暖方案 在电力供应紧张，又没有热网，油、气燃料能够保证供应的情况下，通常采用这种方案。

（6）空气源热泵冷热水机组夏季供冷、冬季供暖方案 在夏热冬冷地区，不方便或无处设置冷却塔、无热网供热，以日间使用为主的中央空调系统，通常选择空气源热泵冷热水机组作为冷热源。 对缺水地区一般也可考虑采用该方案。

需要指出，空气源热泵冷热水机组的节能，主要表现在它的冬季供暖工况运行。 在夏季供冷工况运行时，由于它采用的是风冷冷却方式，其制冷的性能系数比较低。

在评价空气源热泵机组时，须全面考核其全年运行的能耗特性。 而空气源热泵机组全年运行的能耗状况，也并非为其固有属性所决定，与其运行所处地区的气候条件大有关系。 如同样一台空气源热泵机组，在一个全年气温较高、按供冷工况运行时间较长的地区使用，其全年的综合运行能耗指标必然会远低于夏季短、冬季长的地区。

冷热源设备全年能源需求最为平衡的，当首推冷热源一体化设备，如中央热水机组。 原因是这类设备不仅在用能的品种上，而且在耗能的量值上，冬夏季基本上都是一致和平衡的。 除了能源需求平衡的好处外，冷热源一体化设备还具有一机冬夏两用、设备利用率高、节省机房面积等一系列其他好处。 因此，很多情况下，在新建、改建或扩建工程中，特别是当同时需要设置或增加冷源和热源设备时，这类设备往往成为设计人员和业主的首选目标。

（7）离心式冷水机组与锅炉、吸收式冷水机组组合方案 对大型建筑和建筑群空调需要配置的大容量冷、热源设备，目前有一种采用多能源设备的趋势。 其中采用多台离心式冷水机组，与燃气或燃油锅炉配置多台蒸汽溴化锂吸收式冷水机组的组合比较常见。 这种组合有多种好处。

① 可降低站房的用电容量，降低变电站电压等级，减少变配电扩容费用。

② 由于冷源设备所用能源既有燃料又有电力，其供冷的可靠性将大为提高。

③ 由于各种能源价格的变动难以避免，且其相对价格比的改变又无法预料，采用多能源结构的冷热源在日常运行中，能源的经济性选择和适应方面具有较大的灵活性。 特别是随着我国各地夏季昼夜用电的分时计价逐步推行以后，白天可以优先考虑利用吸收式冷水机组运行，而夜晚电价较低时，优先利用离心式冷水机组运行。

5.2 机房的设计与布置

5.2.1 机房设计与布置的一般要求

中央空调机房的设计与布置是一项综合性的工作，必须与建筑、结构、给排水、建筑电气等专业工种密切配合。本专业的要求有如下几点。

① 机房应尽可能靠近冷负荷中心布置。高层建筑有地下室可利用的，宜设在地下室中；超高层建筑根据系统划分，可设在中间楼层（技术设备层）；空调改造工程或加装工程，也可在空调建筑物外另建，或设在空调建筑物顶面及其他位置，但必须保证建筑结构有足够的承重能力。

② 机房内设备力求布置紧凑，以节约占用的建筑面积。设备布置和管道连接应符合工艺流程要求，并应便于安装、操作和维修。

中央空调机房设备布置的间距见表 5-4。

表 5-4　中央空调机房设备布置的间距

项　目	间　距/m
主要通道和操作通道宽度	>1.5
制冷机突出部分与配电盘之间	>1.5
制冷机突出部分相互间的距离	>1.0
制冷机与墙面之间的距离	>0.8
非主要通道	>0.8
溴化锂吸收式制冷机侧面突出部分之间	>1.5
溴化锂吸收式制冷机的一侧与墙面	>1.2

兼作检修用的通道宽度，应根据设备的种类及规格确定。

布置管壳式换热器冷水机组和吸收式冷水机组时，应考虑有清洗或更换管簇的可能，一般是在机组一端留出与机组长度相当的空间。如无足够的位置时，可将机组长度方向的某一端直对相当高度的采光窗或直对大门。

③ 中央机房应采用二级耐火材料或不燃材料建造，并有良好的隔声性能。

④ 机房高度（指自地面至屋顶或楼板的净高）应根据设备情况确定。采用压缩式冷水机组时，机房净高不应低于 3.6m；采用吸收式冷水机组时，设备顶部距屋顶或楼板的距离不得小于 1.2m。

⑤ 中央机房内主机间宜与水泵间、控制室间隔开，并根据具体情况设置维修间、储藏室。如果机房内布置有燃油吸收式冷水机组或燃油式中央热水机组，最理想的方法是通过输油管路从另外设置的专用油库中获取燃料。如果燃油罐放置在机房内，则一定要严格按照有关消防规范进行平面布置，机房内再添置必要的消防灭火设备。

⑥ 中央机房设在地下室时应设机械通风，小型机组按换气次数 3 次/h 计算通风量；离心式机组，当总制冷量为 Q_0 时，通风量可按 $q_V = 36.54 Q_0^{2/3}$（m^3/h）计算。

⑦ 氨制冷机房的电源开关应布置在外门附近。发生事故时，应有立即切断主电源的装置。

⑧ 中央机房内，应设给水排水设施和排水沟，尽量设置电话，并应考虑事故照明。

5.2.2 机房平面布置示例

如图 5-8 所示是两种比较典型的中央空调机房平面布置示例。

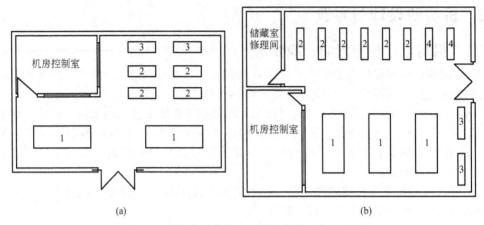

图 5-8　两种典型的中央空调机房平面布置示例

1—冷水机组;2—冷冻冷却水泵;3—集水、分水缸;4—热交换式热水器

第 6 章

防振与防火排烟设计 中央空调系统的消声、

6.1 空调系统的消声设计

6.1.1 空调系统的噪声源

按照物理学的观点，杂乱无章地组合在一起的各种不同频率和声强的声音称为噪声。相反，有规则的振动产生的声音则称为乐声。按照心理学和生理学的观点，凡是使人感到烦躁不安、刺耳、讨厌和影响工作、学习及休息的声音都称噪声。有时即便是一首优美的乐曲，对于正在思考问题的人来讲，也可以说是一种噪声。在通风空调系统中，噪声主要来源于以下几个方面。

（1）通风机噪声　通风机是空调系统中主要的噪声源，尽管冷水机组、水泵等的噪声也很大，但是它们不与送、排风系统直接连通，不会直接以空气动力噪声的形式影响空调房间。通风机噪声由空气动力噪声、机械噪声和电磁噪声组成，而空气动力噪声为其主要成分。空气动力噪声是由于气流速度与压力的波动而产生的，并由气流涡旋噪声、撞击噪声和回转噪声组成。涡流噪声是气流在吸入口和叶轮中流动由于流向不断改变形成的，它与风机的进出口、前盘结构及其相互配合有关。撞击噪声是气流进入或离开叶片时产生的，它和风机的流量、叶片的入口、出口角度有关。回转噪声是气流旋转叶片对气流产生周期性的压力，引起气体压力和速度的脉动变化而产生的。它与风机的转速高低以及叶轮直径有关。由于通风机是主要噪声源，因此在工程设计时最好对通风机的声功率级和频带声功率进行实测。

（2）机械噪声　机械噪声是出于机器设备本身或系统中物件的振动而产生的，如制冷机、电动机等的机械振动以及其他机械零件运转时因不平衡而产生的噪声。

（3）电磁噪声　电磁噪声是由于电机的定子与转子之间交变电磁引力、磁滞伸缩而引起的。

如图 6-1 所示是空调系统的噪声传播情况。从图中可见，噪声除由风管传入室内外，还可通过建筑围护结构的不严密处传入室内；设备的振动和噪声也可通过地基、围护结构和风管壁传入室内。

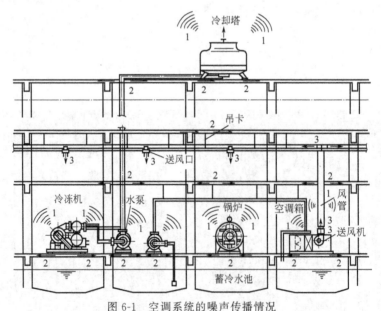

图 6-1　空调系统的噪声传播情况

1—空气传声；2—振动引起的固体传声；3—由风管传播的风机噪声

除此之外，还有一些其他的气流噪声，如风管内气流引起的管壁振动，气流遇到障碍物（阀门、弯头等）产生的涡流以及出风口风速过高等都会产生噪声。

6.1.2 空调系统的噪声标准

为满足生产的需要和消除对人体的不利影响，需对各种不同场所制定出允许的噪声级，称为噪声标准。将空调区域的噪声完全消除不易做到，也没有必要。制定噪声标准时，应考虑技术上的可行性和经济上的合理性。

（1）噪声评价曲线　因人的耳朵对不同频率噪声的敏感程度不同，对不同频率的噪声控制措施也不尽相同，所以应制定出各倍频程的噪声允许标准。目前我国以国际标准组织制定的噪声曲线 N（或 NR）作为标准，如图 6-2 所示。

图 6-2 中 N（或 NR）值为噪声评价曲线号，即中心频率 1000Hz 所对应的声乐级分贝值。考虑到人耳对低频噪声不敏感以及低频噪声处理较困难的特点，图 6-2 中低额噪声的允许声压级分贝值较高，而高频噪声的允许声压级分贝值较低。

（2）室内允许噪声标准　室内的噪声标准主要是保护人的听力和保证交谈及通信的质量。噪声对听觉的危害与噪声的强度、频率以及持续时间等因素有关。国标标准组织提出的噪声允许标准规定为，每天工作 8h，允许连续噪声的噪声级为 90dB；根据作用时间减半，允许噪声能量可加倍的原则，每天工作 4h，允许噪声级为 93dB；但任何情况下，不得超过 115dB。

有消声要求的空调房间大致可分为两类。一类是生产或工作过程对噪声有严格要求的房间，如广播电台和电视台的演播室、录音室，这类房间的噪声标准应根据使用需求由工艺设计人员提出，经有关方面协商；另一类是在生产或工作过程中要求给操作人员创造适宜的声学环境的房间。室内允许噪声标准见表 6-1。

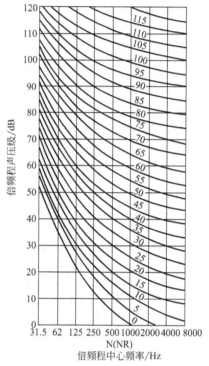

图 6-2　噪声评价曲线

表 6-1　室内允许噪声标准　　　　　　单位：dB

建筑物性质	噪声评价曲线 N 号	声级计 A 档读数(L_A)
电台、电视台的播音室	20～30	25～35
剧场、音乐厅、会议室	20～30	25～35
体育馆	40～50	45～55
车间（根据不同用途）	45～70	50～75

6.1.3 消声器

为了减少噪声，使其达到所要求的标准，常常采用以下措施。

① 在选择风机时应尽量选用低速叶片向后弯的离心式通风机，并使其工作点位于或接近于风机的最高效率点，此时风机产生的噪声功率最小。

② 电动机最好能直接与通风机相连，并采用联轴器连接。如果必须采用间接传动，

应选择 V 形带传动。

③ 对通风机应做动平衡和静平衡校正。

④ 风道内的风速不宜过高，以免气流波动而产生噪声。

⑤ 通风机、电动机应安装在减振基座上，风机出口要避免急剧转弯，同时安装软接头。

⑥ 为了防止设备运转时噪声传出，可在机房内贴吸声材料，并使机房远离有消声要求的空调房间。

⑦ 为防止风管震动，应按要求对风管进行加固。通过墙壁或悬吊在楼板下时，风管和支架要隔震。

⑧ 当风管通过高噪声的房间时，应对风管进行隔声处理。

当采取上述措施并考虑了管道系统的自然衰减作用后，如还不能满足空调房间对噪声要求，应考虑采用消声器。消声器是一种在允许气流通过的同时，又能有效衰减噪声的装置。空调系统中消声器主要是降低和消除通风机的噪声沿送、回风管道传入室内或传向周围环境。

空调系统所用的消声器有多种形式，根据消声原理的不同大致可分为阻性消声器、抗性消声器、共振式消声器和宽频程复合式消声器四大类。

（1）阻性消声器　阻性消声器是利用吸声材料的吸声作用，使沿通道传播的噪声不断被吸收而衰减的装置，故又称吸收式消声器。它对中频和高频噪声具有良好的吸声效果。吸声材料多为疏松或多孔性的，如超细玻璃棉、开孔型聚氨酯泡沫塑料、微孔吸声砖以及木丝板等。阻性消声器有以下几种形式。

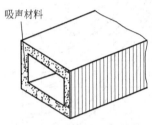

图 6-3　管式消声器的结构

① 管式消声器　管式消声器的结构如图 6-3 所示，它是一种最简单的阻性消声器，仅在管壁内周贴上一层吸声材料即可制成，故又称"管衬"。管式消声器制作方便，阻力小，但只适用于断面较小的风管，直径一般不大于 400mm。当管道断面面积较大时，将会影响对高频噪声的消声效果。这是由于高频声波波长短，在管内以窄束传播，当管道断面积较大时，声波与管壁吸声材料的接触减少，从而使消声量骤减。

② 片式和格式消声器　片式和格式消声器的结构如图 6-4 所示，它是将管式消声器中较大截面的风道断面划分成几个格子而成的，可改善对高频声的消声效果。片式消声器应用比较广泛，它构造简单，对中、高频吸声性能较好，阻力也不大。格式消声

图 6-4　片式和格式消声器的结构

器具有同样的特点，但因要保证有效断面不小于风管断面，故体积较大。这类消声器的空气流速不宜过高，以防气流产生湍流噪声而使消声无效，同时增加了空气阻力。

片式消声器的片距一般为 100～200mm，格式消声器的每个通道约为 200mm×200mm，吸声材料厚度一般为 100mm 左右。

③ 折片式、声流式消声器　将片式消声器的吸声板改制成曲折式，就成为折板式消声器，如图 6-5 所示。声波在折板内往复多次反射，增加

图 6-5　折片式消声器的结构

了与吸声材料接触的机会，从而提高了中、高频噪声的消声量，但折板式消声器的阻力比片式消声器的阻力大。

为了使消声器既具有良好的吸声效果，又具有尽量小的空气阻力，可将消声器的吸声片横截面制成正弦波状或近似正弦波状，这种消声器称为声流式消声器，如图 6-6 所示。

④ 室式消声器　在大容积的厢（室）内表面粘贴吸声材料，并错开气流的进、出口位置，就构成室式消声器，如图 6-7 所示。 它又可分为单室式和双室式（又称迷宫式）两种。 它们的消声原理除了主要的阻性消声作用外，还因气流断面变化而具有一定的抗性消声作用。 室式消声器的特点是吸声频程较宽，安装维修方便，但阻力大，占空间大。

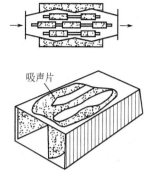

图 6-6　声流式消声器的结构

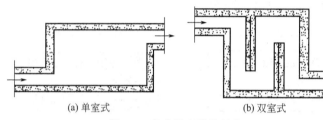

(a) 单室式　　　　　　(b) 双室式

图 6-7　室式消声器的结构

（2）抗性消声器　如图 6-8 所示，抗性消声器由管和小室相连而成。 它是利用风管截面的突然扩张、收缩或旁接共振腔，使沿风管传播的某些特定频率或频段的噪声，在突变处返回声源方向而不再向前传播，从而达到消声的目的，又称膨胀性消声器。 为保证一定的消声效果，消声器的膨胀比（大断面与小断面面积之比）应大于 5。

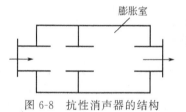

图 6-8　抗性消声器的结构

抗性消声器对中、低频噪声有较好的消声效果，且结构简单；另外，由于不使用吸声材料，因此不受高温和腐蚀性气体的影响。 但这种消声器消声频程较窄，空气阻力大，占用空间多，一般宜在小尺寸的风管上使用。

（3）共振式消声器　如图 6-9 所示，共振式消声器在管道上开孔，并与共振腔相连。 在声波作用下，小孔孔颈中的空气像活塞似的往复运动，使共振腔内的空气也发生振动，这样，穿小孔孔径处的空气柱和共振腔内的空气构成了一个共振吸声结构［图 6-9（b）］。 它具有由孔颈直径（d）、孔颈厚（t）和腔深（D）所决定的固有频率。 当外

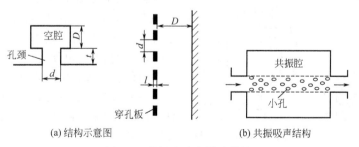

(a) 结构示意图　　　　　　(b) 共振吸声结构

图 6-9　共振式消声器的结构

界噪声的频率和共振吸声结构的固有频率相同时，会引起小孔孔颈处空气柱强烈共振，空气柱与颈壁剧烈摩擦，从而消耗了声能，起到消声的作用。这种消声器具有较强的频率选择性，消声效果显著的频率范围很窄，一般用以消除低频噪声，具有空气阻力小，不用吸声材料的特点。

（4）宽频程复合式消声器　为了在较宽的频程范围内获得良好的消声效果，把阻性消声器对中、高频噪声消除显著的特点，与抗性或共振性消声器对消除低频噪声效果显著的特点进行组合，设计出复合型消声器，如阻抗复合式消声器、阻抗共振复合式消声器以及微孔板消声器等。

阻抗复合式消声器是按阻性与抗性两种消声原理通过适当的结构复合起来而构成的。常用的阻抗复合式消声器有"阻性-扩张室复合式"消声器、"阻性-共振腔复合式"消声器、"阻性-扩张室-共振腔复合式"消声器以及"微穿孔板"消声器。在噪声控制工作中，对一些高强度的宽频带噪声，几乎都采用这几种复合式消声器来消除，如图 6-10 所示是常见的阻抗复合式消声器的结构。

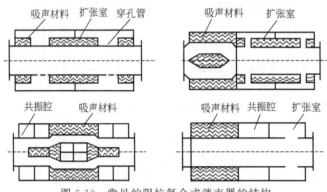

图 6-10　常见的阻抗复合式消声器的结构

微穿孔板消声器是一种特殊的消声结构，它利用微穿孔板吸声结构而制成，是我国噪声控制工作者研制成功的一种新型消声器，如图 6-11 所示。微穿孔板的板厚和孔径均小于 1.0mm，微孔有较大的声阻，吸声性能好，并且由于消声器边壁设置共振腔，微孔与共振腔组成一个共振系统，通过选择微穿孔板上的不同穿孔率与板后的不同腔深，能够在较宽的频率范围内获得良好的消声效果。又因其不使用消声材料，因此不起尘，一般多用于有特殊要求的场合，如高温、高速管道及净化空调系统中。

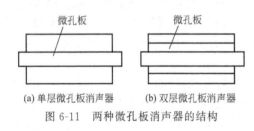

图 6-11　两种微孔板消声器的结构

（5）其他形式的消声器　除上述各种常见消声器外，空调工程中还有一些经过适当处理后兼有消声功能的管道部件和装置。常用的有消声弯头和消声静压箱。

消声弯头的结构如图 6-12 所示，其中图 6-12（a）为基本型，弯头内表面粘贴吸声材料；图 6-12（b）为改良型，弯头外缘由穿孔板和吸声材料组成。其特点是构造简

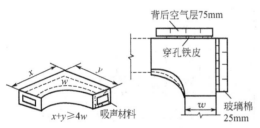

图 6-12　消声弯头的结构

单，价格便宜，占用空间少，噪声衰减量大。 与其他同样长度的消声器比较，消声弯头对低频噪声的消声效果好，阻力小，是降低风机低频噪声的有效措施之一。

消声静压箱的结构如图 6-13 所示，它是在风机出口处设置内壁粘贴吸声材料的静压箱，既可以起稳定气流的作用，又可以起消声器的作用。

（6）消声器的应用

① 消声器的选择 在选择消声器时应考虑以下几个方面。

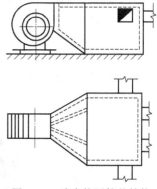

a. 消声性能 所选择的消声器应符合空调系统噪声衰减的要求，使室内的噪声符合标准。

b. 压力损失 所选择的消声器的压力损失应在整个系统余压允许的范围内。

c. 造价 消声器的造价对整个空洞系统的投资有较大的影响，因此必须设法节约投资，降低成本。

d. 适用范围 在选择消声器时，要根据消声器配置的环境、部位以及自身的特点来选择。

② 消声器的配置 在同一系统中选用相同类型和数量的消声器时，由于配置的部位和方式不同，会对整个系统的噪声

图 6-13 消声静压箱的结构

衰减有较大的差别。 因此，为确保空调房间达到允许的噪声标准，必须合理地配置消声器。

消声器一般设置在靠近通风机侧气流稳定的管段上，且不宜设在空调机房内。 否则机房噪声会传给消声器后面的管道，而使消声器失去应有的作用；此外，为防止空调房间互相串声，宜在管道接入空调房间前加装消声器。 空调系统回风管的消声处理也不应忽视，在系统内，无论是送风管道还是回风管道，均应设置性能和数量相同的消声器。

6.2 空调系统的隔振设计

通风空调系统中，各类运转设备如风机、水泵、冷水机组等，会由于转动部件的重量中心偏离轴中心而产生振动，该振动又传给支撑结构（基础或楼板）或管道，引起后者振动。 振动一方面直接向外辐射噪声；另一方面以弹性波的形式通过与其相连的结构向外传播，并在传播的过程中向外辐射噪声。 这些振动将影响人的身体健康，影响产品质量，有时还会破坏支承结构。 因此，通风空调系统中的一些运转设备，应采取隔振措施。

减弱空调装置振动的办法是在设备基础处安装与基础隔开的弹性构件，如弹簧、橡胶、软木等，以减轻通过基础传出的振动力，称为积极隔振法，空调装置的隔振都属于积极隔振；属于工艺自身隔振的装置，如精密仪器、仪表等，防止外界振动对装置带来影响而采取措施，被称作消极隔振法。

6.2.1 隔振材料和隔振装置

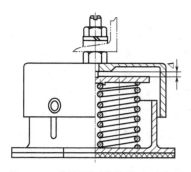

图 6-14 弹簧隔振器的构造示意图

隔振材料的品种很多，有软木、橡胶、玻璃纤维板、毛毡板、金属弹簧和空气弹簧等。 在空调工程中，最为常用的隔振材料是橡胶及金属弹簧，或两者合成的隔振装置。 下面介绍空调工程中常用的隔振装置。

（1）弹簧隔振器 弹簧隔振器是由单个或数个相同尺寸的弹簧加铸铁或塑料护罩构成，如图 6-14 所示为弹簧隔振器的构造示意图。 由于弹簧隔振器结构简单，加工容易，固有频率低，静态压缩量大，承载能力大，

性能稳定、可靠，安装方便，隔振效果好，使用寿命长，具有良好的耐油性、耐老化性和耐高低温性能，因此应用广泛。但它的阻尼比小，容易传递高频振动，并在运转启动时转速通过共振频率会产生共振，水平方向的稳定性较差，价格较贵。如果将弹簧隔振器与橡胶组合起来使用，减振效果会更好。

（2）橡胶隔振装置　橡胶是一种常用的隔振材料，弹性好、阻尼比大、成型简单、造型和压制方便，可多层叠合使用，能降低固有频率且价格低廉。但橡胶不耐低温和高温，易老化，使用年限较短，这些缺点也限制了它的应用范围。做隔振用的橡胶主要是采用经硫化处理的耐油丁腈橡胶制成，主要有橡胶隔振垫和橡胶隔振器两种，分别属于压缩型和剪切型橡胶隔振装置，如图 6-15 所示。

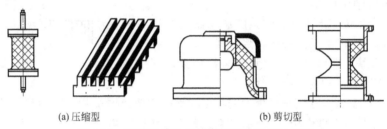

(a) 压缩型　　　　　　　　　　　　　　(b) 剪切型

图 6-15　不同形式的橡胶隔振器的结构示意图

（3）弹簧与橡胶组合隔振器　当采用橡胶隔振装置满足不了隔振要求，采用弹簧隔振器阻尼又不足时，可采用弹簧与橡胶组合隔振器。这类隔振器有并联、串联及复合形等形式，如图 6-16 所示。

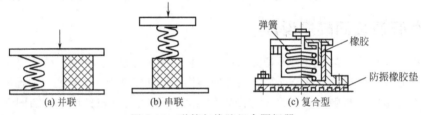

(a) 并联　　　　　　　　(b) 串联　　　　　　　　(c) 复合型

图 6-16　弹簧与橡胶组合隔振器

（4）悬吊隔振器　悬吊隔振器又称隔振吊架，主要用于悬吊安装的设备、装置和管道的隔振，以减少设备、装置和管道传递给悬吊支承结构（如楼板）的振动。其形式有弹簧悬吊隔振器和橡胶悬吊隔振器两种。如图 6-17 所示为 ZTW 型阻尼弹簧悬吊隔振器外观图。悬吊隔振器结构简单，刚度低，隔振效果好，安装比较方便。

图 6-17　ZTW 型阻尼弹簧悬吊隔振器外观图

（5）软接头　为了消除或减少冷（热）水机组、水泵、风机和空调设备通过所连接水管或风管向外传递的振动，通常在这些设备的冷热流体进出口与管道的连接处设置软接头来过渡，使设备与管道的刚性连接变为柔性连接。

软接头又称为隔振软管，常用的有橡胶挠性接管（俗称橡胶软接头）和不锈钢波纹管两种（图 6-18）。橡胶软接头具有弹性好、位移量大、吸振能力强等特点，但受水温和水压的限制，且易老化；不锈钢波纹管能耐高温、高压、耐腐蚀，经久耐用，但价格较高。

(a) KXT型可曲挠橡胶软接头   (b) JZ型不锈钢波纹管

图 6-18　软接头外观图

6.2.2　空调系统的隔振设计

空调系统的隔振设计应包括设备隔振和管道隔振。设备隔振包括冷水机组、空调机组、水泵、风机（包括落地式和吊装式风机）以及其他可能产生较大振动设备的隔振；管道隔振主要是防止设备的振动通过管道进行传递。

通风机、水泵和制冷机组，宜固定在隔板基座（又称惰性块）上，以增加其稳定性（降低重心）。隔振基座可用钢筋混凝土板或型钢加工而成，其重量可按以下经验数据确定。

① 水泵（卧式）取其自重的 1～2 倍。

② 通风机取其自重的 1～3 倍（一般均用型钢结构）。

③ 往复式压缩机取其自重的 3～6 倍。

对于离心式和螺杆式冷水机组，因其自重大，一般可在机座下直接设置橡胶垫板或弹簧减振基座。现在制冷机厂均在大型机组供货时，随机提供防振基座，根据产品结构情况（型号、机种类）及安装地点的隔振要求，采用不同结构，如图 6-19 所示。

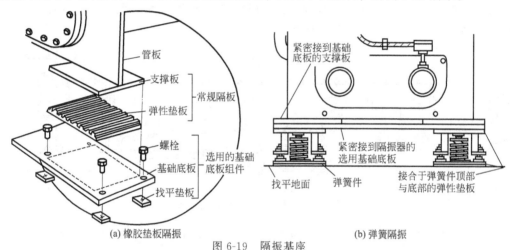

(a) 橡胶垫板隔振   (b) 弹簧隔振

图 6-19　隔振基座

隔振装置形式可按以下原则选用。

① 螺旋形钢弹簧隔振器静态压缩量大、阻尼比小、固有频率低，宜用于驱动频率为 5～10Hz 的机器设备的隔振。

② 橡胶隔振垫的静态压缩量小、阻尼较大、可抑制共振，宜用于驱动频率为 10～30Hz 的机器设备的隔振。采用橡胶垫时，应采用防晒、防油、防老化等措施。

③ 软木板的静态压缩量也较小，固有频率高，宜用于驱动频率为 20～40Hz 的机器设备的隔振。

空调防振措施是多方面的，转动的机器设备和基础之间的隔板，虽是首要的，然而，这种振动还可能通过连接的水管、风管等传递到建筑物中去。所以配管或风管与振动设备的连接，采用软管接头的防振措施同样是十分重要的。

6.2.3　防振措施的若干实例

① 水泵除基础隔振外，泵的进、出口接管均应采用柔性连接，如图 6-20 所示。 各种配管柔性接头形式如图 6-21 所示。

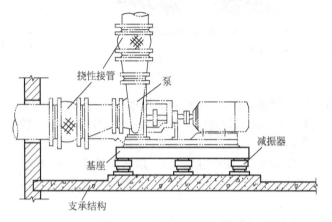

图 6-20　水泵减振示意图

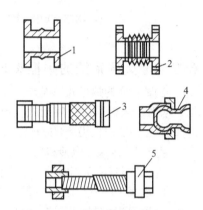

图 6-21　各种配管柔性接头形式
1—橡胶制膨胀接头；2—不锈钢膨胀接头；
3—无凸缘的金属螺旋接头；4—橡胶球
接头；5—金属制螺旋接头

② 配管的吊卡也是振动的传递途径，所以配管的吊卡与楼板之间，应设有防振橡胶垫等作隔振连接，其形式如图 6-22 所示。

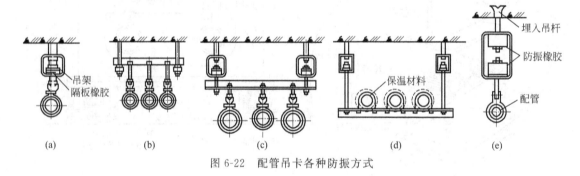

图 6-22　配管吊卡各种防振方式

③ 垂直安装在管井中的立管，也应采取防振措施。 图 6-23 示出各种形式的防振方法。

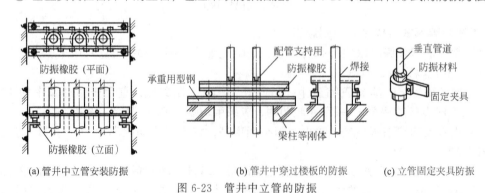

(a) 管井中立管安装防振　　　　　(b) 管井中穿过楼板的防振　　　　(c) 立管固定夹具防振
图 6-23　管井中立管的防振

④ 配管穿墙或贯通楼板时，可采取如图 6-24 所示的做法。

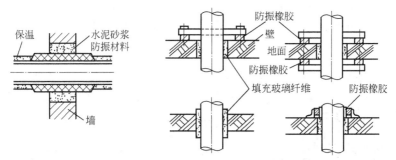

图 6-24 配管穿墙（楼板）时的防振

⑤ 对于悬吊设备的防振，如风机箱，可按如图 6-25 所示的方式作防振。

⑥ 垂直与水平风管的防振。 对于低速风道，且风机出口有良好的防振软管者，一般可不考虑风管吊卡和支撑的防振；当风速较大而建筑物噪声标准被控制严格的场合，则应考虑风管的防振措施，如图 6-26 所示；当风管断面大而防止管内气流对管壁的振动引起噪声时，应在管道保温前，对风管管壁采取补救措施。 此外，为避免风道内噪声通过吊平顶渗入室内，必要时可在风道下设置隔声板，如图 6-26（f）所示。

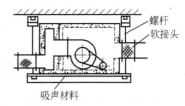

图 6-25 悬吊风机的防振

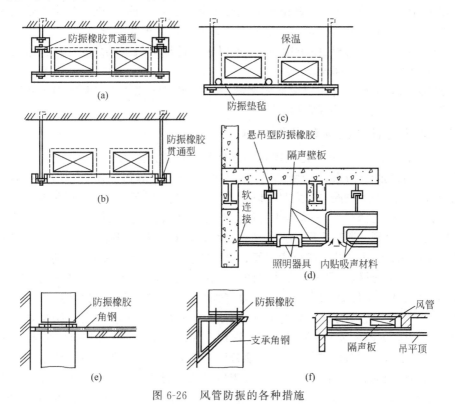

图 6-26 风管防振的各种措施

⑦ 风机安装除考虑基础防振设施外，在风机与出口管道的连接处，应设有柔性接

管，以防止风机振动由管道传入室内，如图 6-27 所示。另外应注意，风机出口调节阀应安装在软管之后，以免风机振动使风阀产生附加噪声。风阀与风机出口的距离与方向，有条件时，应按照如图 6-27（b）所示的尺寸进行安装，这是由于风机出口断面风速极不均匀的缘故。

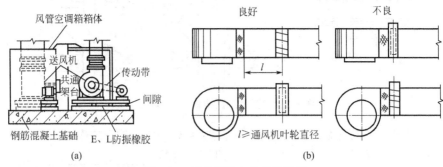

图 6-27　风机安装与接管的防振

6.3　空调建筑的防火排烟设计

空调建筑的防火，首先要考虑建筑物、装修、家具、空调用设备材料、其他系统用设备材料等的非燃化，其次是对易燃物、可燃物加以妥善处置。建筑物一旦起火，则要立即采取各种消防措施，扑灭燃烧的部位，控制着火区域。因为消防灭火需要一定的时间，为确保有效的疏散通路，因此空调建筑必须具备防烟设施。火灾产生的烟气具有一定的毒性，由高分子化合物燃烧所产生的烟气，毒性尤为严重。这些烟气直接危及人身安全，给疏散和扑救也造成很大的困难。所以防止建筑物火灾的危害，很大程度是解决火灾发生时的防烟、排烟问题。

良好的防火防烟设施与建筑设计和空调设计有着密切关系，这两方面的正确规划是做好建筑物防火防烟工程的基本保证。

6.3.1　建筑设计的防火和防烟分区

（1）防火分区　防火分区是指采用防火分隔措施划分出的，能在一定时间内防止火灾向同一建筑的其余部分蔓延的局部区域（空间单元）。其目的是有效地把火势控制在一定的范围内，减少火灾损失，同时可以为人员安全疏散、灭火、扑救提供有利条件。

防火分区可分为两类。一类为垂直防火分区，用以防止多层或高层建筑物层与层之间竖向发生火灾蔓延，通常采用具有一定耐火极限的楼板将上下层分开。在建筑设计中通常规定楼梯间、通风竖井、风管道空间、电梯井、自动扶梯升降通路等形成"竖井"的部分都要作为防火分区。另一类为水平防火分区，用以防止火灾在水平方向扩大蔓延，通常用防火墙、防火门、防火卷帘等防火分隔物将各楼层在水平方向分隔。

（2）防烟分区　防烟分区是为有利于建筑物内人员安全疏散和有组织排烟而采取的技术措施。依靠防烟分区，使烟气封闭于设定空间，通过排烟设施将烟气排出至室外。

防烟分区是对防火分区的细化。防烟分区内不能防止火灾的扩大，仅能有效地控制火灾产生的烟气流动。首先要在有发生火灾危险的房间和用作疏散通道的走廊间加设防烟隔断，在楼梯间设置前室，并设自动关闭门，作为防火防烟的分界；对特殊的竖井（如商场中部的自动扶梯处）应设置烟感器控制的防火隔烟卷帘等。如图 6-28 所示为某商场的防火、防排烟分区示意图。

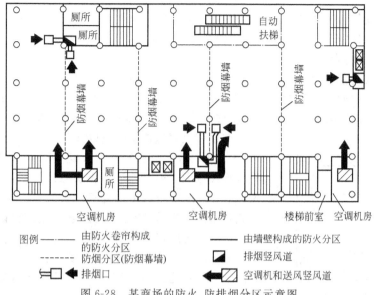

图例 ——— 由防火卷帘构成
　　　　　的防火分区
　　　 ------ 防烟分区(防烟幕墙)
　　　 ▇□◀ 排烟口
　　　 —— 由墙壁构成的防火分区
　　　 ▇ 排烟竖风道
　　　 ◢◀ 空调机和送风竖风道

图 6-28　某商场的防火、防排烟分区示意图

　　防烟分区可按如下规定：需设排烟设施的走道，净空不超过 6m 的房间，应采用挡烟垂壁、隔墙或从顶棚下突出不小于 50cm 的梁划分防烟分区，每个防烟分区的建筑面积不应超过 500m²，且防烟分区不得跨越防火分区。

　　如图 6-29 所示是楼层防火分区实例，无论是旅馆还是办公大楼，把低层的公共部分和标准层之间作为主要的防火划分区是十分必要的。空调通风管道、电气配管、给排水管道等，由于使用上的需要而穿越防火防烟分区时，应采取专门的措施。

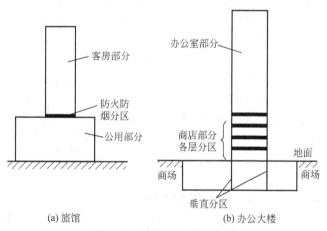

(a) 旅馆　　　　　　　　(b) 办公大楼

图 6-29　楼层防火分区实例

6.3.2　空调系统的防火与防排烟设计

　　有中央空调的建筑物的一大特点是风道、管井多，火灾发生时风道、管井成为火灾扩散或烟气扩散通路的情况经常发生。由于空调风道直接连接于房间与房间之间，所以传播烟气和扩散火灾的危险性甚大。

　　从防灾观点看，最好采用不以空气为热媒而是以水作为带热介质的空调方式。但是，选择空调方式除考虑防灾之外，还要注意经济性、耐久性以及维修管理等因素。目前，对于空调方式与防灾性能及经济性之间的关系还没有定量的评价。 例如，采用前面述及的分区（层）空调方式时，一台空调机组负担一个楼面，防灾性能是理想的，然而造价偏高。 根据分析，一般认为在高层建筑中一个空调系统负担四层到六层时，投资比较经济，而防火性能尚好。

6.3.2.1　防火与防排烟设备

防火分区或防烟分区与空调系统应尽可能统一起来，并且不使空调系统（风道）穿越分区，这是最理想的。 但实际上设置风道时，却常需多处穿过防火分区或防烟分区。

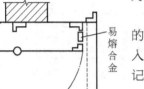

图 6-30　防火阀的结构

为此在系统上要设置防火防烟阀。

（1）防火阀（FD）　防火阀安装在通风、空调系统的送回风管上，平时处于开启状态，火灾发生时，火焰侵入风道，高温（如 70℃）使阀门上的易熔合金熔解，或使记忆合金产生形变而使阀门自动关闭，它被用于风道与防火分区贯通的场合。 如图 6-30 所示为防火阀的结构。

防火阀门与一般阀门结合使用时，可兼起风量调节的作用，称为防火调节阀。 平时可手动改变阀门叶片的开启角度，使叶片在 0°～90°方向上调节。 火灾发生时因易熔合金的熔断而自动关闭，起到防火作用。 同时可以增加电信号装置，一旦阀门关闭就发出信号，使联锁的风机同时关闭。

《高层民用建筑设计防火规范》规定：通风、空气调节系统的送风、回风总管，在穿越机房和重要的或火灾危险性较大的房间的隔墙、楼板处以及垂直风管与每层水平风管交接处的水平支管上均应设防火阀。 穿越防火墙处装有防火阀的风道，一般要用 1.5mm 厚的钢板制作，这样它受热时不会变形；防火阀应设有单独支吊架，以防止风管变形而影响关闭；当风管须穿越变形缝时，应在变形缝两侧均设防火阀。

（2）防烟阀（SD）　防烟阀是与传感器联锁的阀门，即通过能够探知火灾初期产生的烟气的烟感器来关闭阀门，以防止其他防火分区的烟气侵入本区。 这种阀门如图 6-31 所示，是由电动机或电磁机构驱动的自动风阀，它比防火阀的价格高。 如果在这种阀门上加上易熔合金，则可使其兼起防火的作用，故称防烟防火阀门（SFD）。

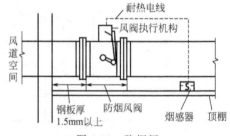

图 6-31　防烟阀

国内现有生产把防火、防烟和风量调节三者结为一体的风阀，称防火防烟调节阀。 它既与烟感器通过电信号联动，又受温度熔断器控制，也可通过手动使阀门瞬时严密关闭。 温度熔断器更换后，可手动复位。

如图 6-32 所示为在空调系统上设置防火阀和防烟风门实例。

（3）防排烟风机　用于防排烟系统的风机，既可采用普通钢制离心通风机，也可采用防排烟专用风机。 防排烟风机选用时，其工作点对应的风机风量应等于烟风系统中的最大烟风流量，这是防排烟系统对风机的基本要求。 此外，风机的轴功率、风机所需的风压等都有特定要求。

6.3.2.2　防火阀的设置

防火阀在空调系统中的作用极其重要，为确保其正确设置，应从设计和施工两个方面予以保证。

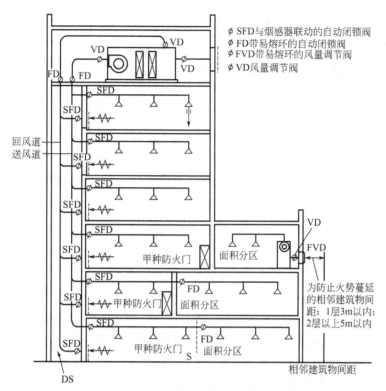

φ SFD与烟感器联动的自动闭锁阀
φ FD带易熔环的自动闭锁阀
φ FVD带易熔环的风量调节阀
φ VD风量调节阀

回风道
送风道

甲种防火门　面积分区

甲种防火门　面积分区

甲种防火门　面积分区

为防止火势蔓延的相邻建筑物间距：1层3m以内；2层以上5m以内

相邻建筑物间距

图 6-32　在空调系统上设置防火阀和防烟风门实例

设计时，在如下部位应考虑设置防火阀：风管穿越防火分区隔墙（图 6-33）；风管穿越变形缝两侧（图 6-34）；风管穿越设有气体灭火系统的房间隔墙和楼板处；多层和高层建筑中垂直风管与每层水平风管交接处的水平管段上；风管穿越通风、空调机房及重要的或火灾危险性较大的房间隔墙和楼板处等。此外，在厨房、浴室、厕所等的垂直排风管道上，应采取防止回流的措施或在支管上设置防火阀。

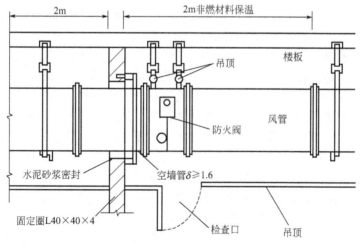

2m　　2m非燃材料保温

楼板
吊顶
风管
防火阀
水泥砂浆密封
空墙管δ≥1.6
固定圈L40×40×4
检查口
吊顶

图 6-33　风管穿越防火分区隔墙的防火阀（单位：mm）

失控、失灵等情况，对防火阀的安装技术要求和工艺要求较高。防火阀的安装方向与位置应正确；防火阀应单独吊装；设置防火阀时，从防火墙至防火阀的风管应采用

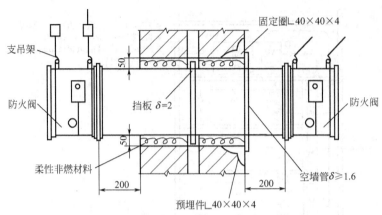

图 6-34　风管穿越变形缝两侧的防火阀（单位：mm）

1.5mm 以上厚度的钢板制作；对远距离控制的自动开启装置，控制缆绳的总长度一般不超过 6m，弯曲处不应超过 3 处，弯曲半径 $R > 300mm$，缆绳采用 $DN20mm$ 的套管保护，套管不应出现急转弯头、环形弯头、"U" 形弯头和连续弯头等。

6.3.2.3　其他防火措施

为防止火灾沿着通风空调系统的风管和管道的保温材料、消声材料蔓延，上述保温、消声材料及其黏结剂，应采用非燃烧材料。 在非燃烧材料使用有困难时，才允许采用难燃材料，易燃材料是绝对禁用的。 常用的非燃保温材料有超细玻璃棉、岩棉、矿渣棉等。 难燃材料有自熄性聚氨酯泡沫塑料、自熄性聚苯乙烯泡沫塑料等。

为防止通风机已停止运行但电加热器仍继续工作而引起火灾，电加热器开关与通风机的启闭必须联锁，做到风机停止运行时，电加热器电源相应切断。 此外，在电加热器前后各 800mm 范围内的风管，应采用非燃烧材料进行保温。

空气中含有易碎、易爆物质的房间，其送排风系统的通风机应采用防爆风机。

6.3.2.4　高层民用建筑的防排烟

高层民用建筑火灾的教训是，在高层民用建筑设计中不仅需要妥善考虑防火方面的种种问题，而且必须认真研究和处理防排烟问题，使着火建筑中的人员能沿着安全的通道顺利地疏散到室外，避免被烟气熏倒和迷失方向。

防排烟的目的是及时驱赶或排除火灾产生的烟气，防止烟气向防烟分区以外扩散，以确保建筑物内人员的疏散和扑救工作的顺利进行。 进行防排烟设计时，应先了解清楚建筑物的防火分区的位置、尺寸大小并选择合适的防排烟风机。 应尽可能地将通风系统和排烟系统综合考虑，做到一个系统多种功能，以节省投资、简化系统，节约占用空间。通常的防排烟方式有自然排烟、机械排烟和机械加压送风的防排烟三种。

（1）自然排烟　它是利用火灾产生的高温烟气的浮力作用，通过建筑物的对外开口（如门、窗、阳台等）或排烟竖井，将室内烟气排至室外，图 6-35 示出自然排烟两种方式。 自然排烟不需电源和风机等设备，可兼作平时通风用，避免设备的闲置；但当开口部位在迎风面时，不仅降低排烟效果，有时还可能使烟气流向其他房间。

除建筑高度超过 50m 的一类公共建筑和建筑高度超过 100m 居住建筑外，靠外墙的防烟楼梯间及其前室，消防电梯间前室和合用前室，以及净空高度小于 12m 的中庭，均宜用自然排烟方式。 但各部位采用的自然排烟的开窗面积应符合规范的规定，如下所示。

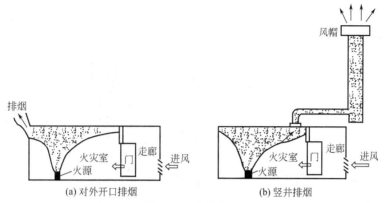

图 6-35　自然排烟

① 前室不应小于 2m²，合用前室不应小于 3m²，楼梯每五层可开启外窗不应小于 2m²。

② 内走道的可开启外窗面积，应大于走道面积的 2%；室内可开启外窗面积，不应小于房间面积的 2%；中庭可开启天窗（或高窗）面积，不小于中庭面积的 5%。

自然排烟的排烟量，可按自然通风（热压作用）的原理进行计算确定。

（2）机械排烟　此方式是按照通风气流组织的理论，将火灾产生的烟气通过排烟风机排到室外，其优点是能有效地保证疏散通路，使烟气不向其他区域扩散，但是必须向排烟房间补风。　根据补风形式的不同，机械排烟可分为两种方式，即自然进风和机械进风，如图 6-36 所示。

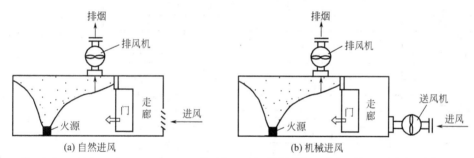

图 6-36　机械排烟

① 机械排烟的部位　按规范规定，机械排烟的部位如下。

a. 无可开启外窗而长度大于 20m 的内走道，或有可开启外窗而长度超过 60m 的内走道。

b. 各房间总面积超过 200m²；一个房间面积超过 50m²，且经常有人停留；可燃物较多的地下室；面积超过 100m²，且经常有人停留；可燃物较多的地上无窗或有固定窗的房间。

c. 不具备自然排烟条件或净高超过 12m 的中庭。

② 机械排烟量的确定　关于排烟风量的计算，规范有如下规定。

a. 采用机械排烟的防烟楼梯前室、消防电梯前室和合用前室，其排烟量不宜小于 14400m³/h（合用前室不宜小于 21600m³/h）。

b. 走道或房间采用机械排烟时，排烟量的计算应符合下列要求。

① 担负一个防烟分区排烟时（包括不划防烟分区的单个大空间房间），应按该防烟分区面积每平方米不小于 60m³/h 计算，风机的最小排烟量不应小于 7200m³/h。

ⓑ 担负两个或两个以上防烟分区排烟时,应按最大防烟分区面积每平方米不小于 120m³/h 计算,风机的最大排烟量不应大于 60000m³/h。 图 6-37 中排烟系统各管段的风量计算见表 6-2。

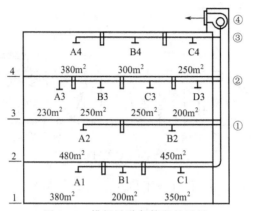

图 6-37 排烟风道各管段的风量

表 6-2 排烟风道各管段的风量计算

管段	负担防烟区段	通过风量/(m³/h)	备注
A1-B1	A1	$q_{V_{A1}} \times 60 = 22800$	
B1-C1	A1、B1	$q_{V_{A1}} \times 120 = 45600$	一层最大 $q_{V_{A1}} \times 120$
C1-①	A1~C1	$q_{V_{A1}} \times 120 = 45600$	
A2-B2	A2	$q_{V_{A2}} \times 60 = 28800$	二层最大 $q_{V_{A2}} \times 120$
B2-①	A2、B2	$q_{V_{A2}} \times 120 = 57600$	一、二层最大 $q_{V_{A2}} \times 120$
①-②	A1~C1、A2、B2	$q_{V_{A2}} \times 120 = 57600$	
A3-B3	A3	$q_{V_{A3}} \times 60 = 13800$	
B3-C3	A3、B3	$q_{V_{B3}} \times 120 = 30000$	三层最大 $q_{V_{B3}} \times 120$
C3-D3	A3~C3	$q_{V_{B3}} \times 120 = 30000$	一、二、三层最大
D3-②	A3~D3	$q_{V_{B3}} \times 120 = 30000$	$q_{V_{A2}} \times 120$
②-③	A1~C1、A2、B2、A3~D3	$q_{V_{A3}} \times 120 = 57600$	
A4-B4	A4	$q_{V_{A4}} \times 60 = 22800$	
B4-C4	A4、B4	$q_{V_{A4}} \times 120 = 45600$	四层最大 $q_{V_{A4}} \times 120$
C4-③	A4~C4	$q_{V_{A4}} \times 120 = 45600$	全系统最大 $q_{V_{A4}} \times 120$
③-④	A1~C1、A2、B2、A3~D3、A4~C4	$q_{V_{A4}} \times 120 = 57600$	

排烟风机应保证在 280℃时能连续工作 30min,可选用普通钢制离心式通风机,或采用防火排烟专用风机。 选择排烟风机时,应考虑排烟风道不小于 20% 的漏风量。 排烟系统管道阻力,应按系统的最不利条件考虑,即按离风机最远的两个排烟口同时开启时的工况计算。

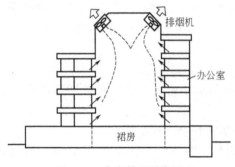

图 6-38 中庭排烟示意图

③ 中庭机械排烟系统 通过二层或多层楼且顶部是封闭的筒体空间称为中庭。 中庭与相近的所有楼层是相通的,一般没有采光窗。 在中庭上部设置排烟风饥,把中庭作为着火楼层的一个大排烟道并使着火楼层保持负压,就能有效地控制烟气和火灾,如图 6-38 所示。

中庭机械排烟量按其容积的换气次数确

定，按表 6-3 选取。 中庭机械排烟口应设在中庭的顶棚上或设在紧靠中庭顶棚的集烟区。 排烟口的最低标高，应设在中庭最高部分门洞的上端。 当中庭较低部位靠自然进风有困难时，可采用机械补风，补风量按不小于排风量的 50％确定。 当高度超过 6 层的中庭或第二层以上与居住场所相通时，宜从上层导入新鲜空气。

表 6-3　中庭机械排烟量

室内中庭容积/m³	排烟量标准(每小时的换气次数)/(次/h)
≤17000	61
>17000	41(且不小于 68000m³/h)

④ 机械排烟系统设计注意事项

a. 排烟风机应在风机入口总管及排烟支管上安装 280℃时能自动关闭的防火阀。

b. 机械排烟系统宜单独设置，有条件时可与平时的通风排气系统合用。

c. 机械防排烟系统的风管、风口、阀门及通风机等必须采用非燃材料制作，安装在吊顶内的排烟管道应以非燃材料作保温层，并应与可燃物保持不小于 15cm 的距离。 排烟管道的钢板厚度不应小于 1.0mm。

d. 机械防排烟系统的允许最大风速按表 6-4 采用。

表 6-4　机械防排烟系统的允许最大风速

风道风口类别	允许最大风速/(m/s)
金属风道	≤20
内表光滑的混凝土风道	≤15
排烟口	≤10
送风口	≤7

（3）机械加压送风的防排烟　向作为疏散通路的前室或防烟楼梯间及消防电梯井加压送风，用造成两室间的空气压差的方式，以防止烟气侵入安全疏散通路。 所谓疏散通路，是指从房间、经走廊、到前室、再进入防烟楼梯间的消防（疏散）通路。 其应用基础是保证防烟楼梯间及消防电梯井，在建筑物一旦发生火灾时，能维持一定的正压值。如图 6-39 所示是加压送风的防排烟原理图。

① 加压送风系统的方式　防烟楼梯间及消防电梯间加压送风方式见表 6-5。

表 6-5　防烟楼梯间及消防电梯间加压送风系统方式

序号	加压送风系统方式	图示
1	仅对防烟楼梯间加压送风时(前室不加压)	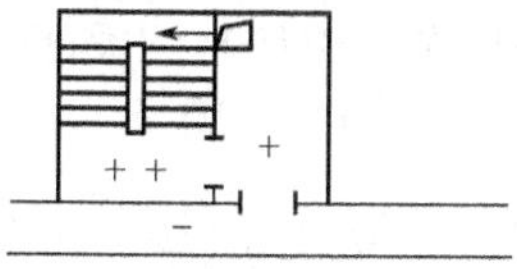
2	对防烟楼梯间及其前室分别加压	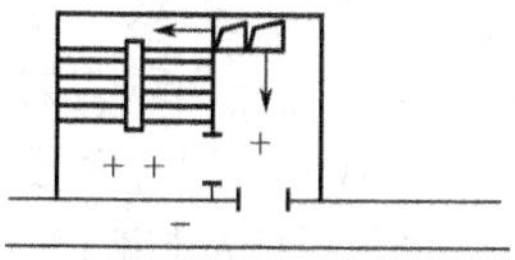
3	对防烟楼梯间及有消防电梯的合用前室分别加压	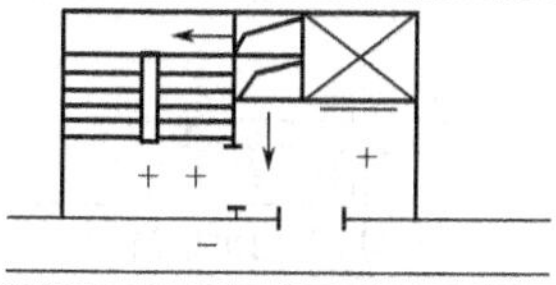

序号	加压送风系统方式	图示
4	仅对消防电梯的前室加压	
5	当防烟楼梯间具有自然排烟条件时,仅对前室及合用前室加压	

注:图中"＋＋"、"＋"、"－"表示各部位静压力的大小。

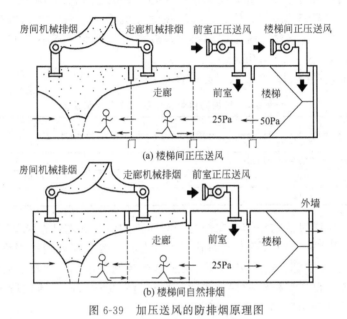

图 6-39　加压送风的防排烟原理图

② 加压送风量的确定　目前,加压送风量的计算尚未有一种相对固定的方法,世界各国的设计规范所采用的方法也各有不同。现介绍最常用的两种方法。

a. 压差法　采用机械加压送风的防烟楼梯间及其前室、消防电梯前室及合用前室,其加压送风量按当门关闭时保持一定正压值计算,送风量 q_V（m³/h）为

$$q_V = 0.827 A \Delta p^{\frac{1}{b}} \times 3600 \times 1.25 \qquad (6-1)$$

式中　　Δp——门、窗两侧的压差值,根据加压方式和部位不同取 25～50Pa;

b——指数,对于门缝及较大漏风面积取 2,对于窗缝取 1.6;

0.827, 1.25——计算常数和不严密处附加系数;

A——门、窗缝隙的计算漏风总面积,m²。

四种类型标准门的漏风面积见表 6-6。

表 6-6　四种类型标准门的漏风面积

门的类型	高×宽/m	缝隙长/m	漏风面积/m²
开向正压间的单扇门	2×0.8	5.6	0.01

门的类型	高×宽/m	缝隙长/m	漏风面积/m²
从正压间向外开启的单扇门	2×0.8	5.6	0.02
双扇门	2×1.6	9.2	0.03
电梯门	2×2.0	8	0.06

注：对于大于表中尺寸的门，漏风面积按实际计算。

门缝宽度：疏散门 0.002～0.004m，电梯门 0.005～0.006m。

如防烟楼梯间有外窗，仍采用正压送风时，其单位长度可开启窗缝的最大漏风量（$\Delta p = 50 \text{Pa}$），据窗户类型直接确定。

单层木窗：15.3m³/（m·h）。

双层木窗：10.3m³/（m·h）。

单层钢窗：10.9m³/（m·h）。

双层钢窗：7.6m³/（m·h）。

b. 风速法　采用机械加压送风的防烟楼梯间及其前室、消防电梯前室及合用前室，当门开启时，保持门洞处一定风速所需的风量 q_V（m³/h）为

$$q_V = \frac{nAv \, (1+b)}{a} \times 3600 \qquad (6-2)$$

式中　A——每个门的开启面积，m²；

v——开启门洞处的平均风速，取 0.6～1.0m/s；

b——漏风附加率，取 0.1～0.2；

a——背压系数，根据加压间密封程度取 0.6～1.0；

n——同时开启门的计算数量，当建筑物为 20 层以下时取 2，当建筑物为 20 层及以上时取 3。

以上按压差法和风速法分别算出的风量，取其中大值作为系统计算加压送风量。 如计算结果均小于表 6-7 中所列控制风量，则应按表 6-7 取其风量的下限。

表 6-7　加压送风控制风量

序号	机械加压送风部位		系统负担层数小于 20 层		系统负担层数为 20～32 层	
			风量/（m³/h）	风道断面/m²	风量/（m³/h）	风道断面/m²
1	仅对防烟楼梯间加压（前室不送风）		25000～30000	0.46～0.55	35000～40000	0.65～0.74
2	对防烟楼梯间及其前室分别加压	楼梯间	14000～18000	0.26～0.33	18000～24000	0.33～0.44
		前室	10000～14000	0.19～0.26	14000～20000	0.26～0.38
3	对防烟楼梯间及其合用前室分别加压	楼梯间	16000～20000	0.30～0.38	20000～25000	0.38～0.46
		合用前室	12000～16000	0.23～0.30	18000～22000	0.33～0.41
4	仅对消防电梯前室加压		15000～20000	0.27～0.38	22000～27000	0.41～0.50
5	仅对前室及合用前室加压（楼梯间自然排烟）		22000～27000	0.41～0.50	28000～32000	0.52～0.60
6	对全封闭的避难层（间）加压		按避难层间净面积每平方米不小于 30m³/h 确定			

注：表中序号 1～5 按每个加压间为一樘双扇门计，当为单扇门时，表中风量乘以 0.75；当有两樘双扇门时，风量乘以 1.50～1.75。建筑层数超过 32 层时，宜分段设置加压送风系统。

③ 加压送风防烟系统的组成

a. 送风机　可以选用普通中低压离心式风机或高压头轴流风机。 其风量由上述计算

结果再附加风道漏风系数确定；其压头除了需克服风道内空气流动阻力（按最不利条件计算）外，还需考虑防烟区域的正压值 25～50Pa。送风机放置在天面或地下室或中间设备层均可。置于地下室或中间设备层时，需保证其新鲜空气源；置于天面时，要注意和天面排烟出口的距离，不得使排出的烟气短路进入加压送风系统。

b. 送风口 防烟楼梯间的加压送风口宜每隔 2～3 层设一个，风口应采用自垂式百叶风口或常开式百叶风口。当采用常开式百叶风口时，应在加压风机的压出管上设置止回阀。

前室的送风口应每层都设置。每个风口的有效面积按 1/3 系统总风量确定，常用常闭型多叶送风口。风口应设手动和自动开启装置，每一风口均与加压送风机的启动装置以及该层的上下两层送风口联锁，并将信号输出至消防中心。手动开启装置宜设在距楼板面 0.8～1.5m 处。当某层着火时，手动或自动开启该层送风口，则上下层的送风口同时开启并启动加压送风机，消防中心得到信息。280℃高温时，送风口自动关闭，加压送风机同时停机。

c. 送风管道 一般采用镀锌钢板风管或混凝土风管。当采用混凝土风管时，应注意管壁及风管与送风口衔接处的密实性，不得漏风。

此外，为了保证防烟楼梯间及其前室、消防电梯前室及合用前室的正压值，防止正压值过大而导致门难以推开，应在防烟楼梯间与前室、前室与走道之间设置余压阀，控制其正压值不超过 50Pa。

（4）防排烟方式的选择 凡能利用外窗（或排烟口）实现自然排烟的部位，应尽可能采用自然排烟方式。如靠外墙的防烟楼梯间前室、消防电梯前室和合用前室，可在外墙上每层开设外窗（排烟）。当防烟楼梯间前室、消防电梯前室和合用前室靠阳台或凹廊时，则利用阳台或凹廊进行自然排烟。

机械排烟和加压送风方式的设计条件，可按表 6-8 选定。对于特定的建筑物防排烟方式，并不是单一的，应根据具体情况，因地制宜地采用多种方式相结合。

表 6-8 机械排烟和加压送风部位及设计条件

序号	部位	设计机械防排烟的限定条件	防排烟方式
1	防烟楼梯间	(1)无直接采光窗或仅设固定窗时 (2)每 5 层可开启外窗有效面积小于 2m² 时	加压送风
2	防烟楼梯间前室或消防电梯前室	(1)无直接采光窗或仅设固定窗时 (2)开启外窗有效面积小于 2m² 时	加压送风 （或排烟）
3	防烟楼梯间与消防电梯的合用前室	(1)无直接采光窗或仅设固定窗时 (2)开启外窗有效面积小于 3m² 时	加压送风 （或排烟）
4	走道和地上房间	(1)内走道长度超过 20m，且无直接采光窗或设固定窗时 (2)内走道有直接采光窗，但长度超过 60m 时 (3)面积超过 100m² 的无窗或设固定窗的房间，且经常有人停留，或可燃物较多时	排烟
5	地下室房间	总面积超过 200m²，或一个房间面积超过 50m² 且经常有人停留，或可燃物较多时	排烟
6	室内中庭	净高超过 12m 时	排烟
7	避难层	为全封闭式避难层时	加压送风

注：高度超过 50m 的一类公共建筑的防烟楼梯间及其前室、消防电梯前室和合用前室，不论有无可开启的外窗，均应设计机械防排烟系统。

第 **7** 章

中央空调设计实例

7.1 中央空调设计中存在的问题与分析

7.1.1 空调方面存在的问题与分析

空调方面存在的问题与分析见表 7-1。

表 7-1 空调方面存在的问题与分析

序号	常见问题	错误示例	改进措施
1	空调系统电加热器的联锁与保护问题	空调系统设置电加热器,但没有与风机联锁,没设无风断电,超温断电保护 ①电加热器安装在风管上 ②电加热器安装在空调器内	根据《采暖通风与空气调节设计规范》规定,联锁及断电保护要求如下 ①电加热器安装在风管上 ②电加热器安装在空调器内
2	空调设备与散热器共用一个水系统控制问题	空调设备与散热器阻力相差较大,没有阻力平衡措施 ①散热器采暖系统与空调系统在热力入口处没有分开设置 ②在热力入口处分开设置管路,但没有阻力平衡措施	根据《采暖通风与空气调节设计规范》规定,散热器采暖系统的供回水管道应在热力入口处与空调系统分开设置环路,同时有调节控制措施

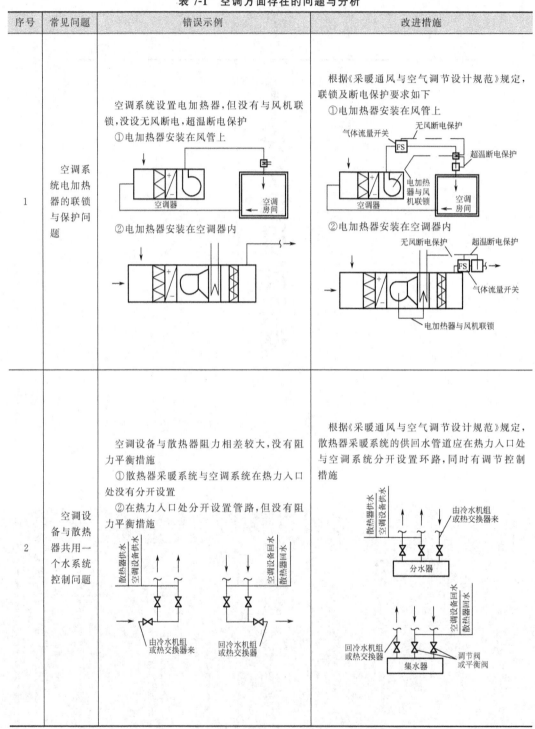

序号	常见问题	错误示例	改进措施
3	大型商场冬季室温问题	空调系统未分区或分区不合理造成冬季室温过高	大型商场进深较大,内外区负荷相差大,尤其是冬季或过渡季,外区需送热,内区过热需送冷。此时,空调系统应分风外区,内区可大量用室外空气或设人工冷源消除内区余热。水系统可按内外区空调系统设置分区两管制水系统
4	风机盘管凝结水排除问题	①风机盘管凝结水盘与干管高差小 ②干管太长,坡度小于0.003 ③水平干管与立管连接不合理	①当凝结水量大时,末端风机盘管凝水不能及时排走造成水患。凝结水管尽量贴吊顶安装,提高凝结水盘与干管高度差 ②增设排水立管,缩短干管长度,增大坡度,当坡度小于0.003时,要适当放大干管管径 ③建议连接方法如下
5	新风系统加湿问题	北方冬季室内有湿度要求时,新风系统没有采取加湿措施	当室内有湿度要求而室内没有大的发湿量时,新风系统应采用加湿措施(高湿环境除外)。加湿方法有蒸汽加湿、湿膜加湿和高压喷雾加湿等

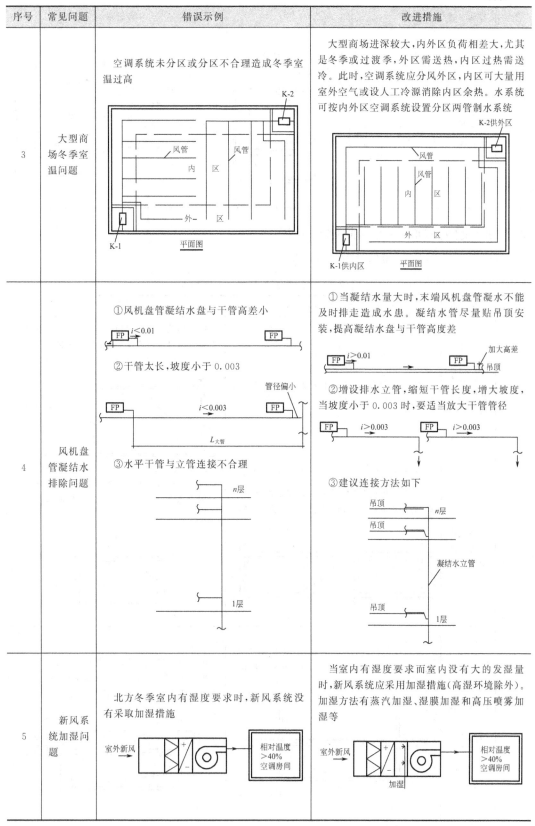

序号	常见问题	错误示例	改进措施
6	风机盘管送回风口位置设置问题	同一房间内有两套及以上风机盘管时,送回风口位置不当,造成气流短路 	为了避免气流短路,应调整送回风口位置

7.1.2 通风方面存在的问题与分析

通风方面存在的问题与分析见表 7-2。

表 7-2 通风方面存在的问题与分析

序号	常见问题	错误示例	改进措施
1	厨房事故排风问题	燃气地下厨房和没有直接通向室外门窗的内厨房未设事故排风	地下厨房及内厨房应设事故排风机(防爆型),且风量不应小于每小时 12 次换气。排风机可设于厨房内或室外
2	燃气表间的通风问题	没有自然通风条件的燃气表间未设机械通风;有时设有机械通风,但通风机不是防爆型 	没有自然通风条件的燃气表间应设机械通风兼事故排风,事故排风量不应小于每小时 12 次换气
3	燃气锅炉间的通风问题	设在建筑物内(指地下室、半地下室、设备层)的燃气锅炉间,未设机械通风及事故排风,仅靠泄爆窗进行自然通风 	由于泄爆窗自然通风效果不好,应设防爆型机械通风(排风及送风)及事故排风。事故排风量不应小于每小时 12 次换气

序号	常见问题	错误示例	改进措施
4	厨房的局部排风问题	厨房所设局部排风量不足 	厨房内的热加工间所设局部排风量不应小于计算总排风量的65%
5	机械送风系统室外进风口的位置问题	①进风口与排风口相距很近,且设在同一高度 ②进风口距室外地坪高度;室外有绿化时小于1.0m;无绿化时小于2.0m 	①进风口与排风口的距离尽量大于10m或布置于不同朝向;进风口低于排风口 ②室外有绿化时进风口距室外地坪不宜小于1.0m,室外无绿化时进风口距室外地坪不宜小于2.0m。另外,进风口不宜布置在卫生间外窗上
6	全面排风吸风口安装高度问题	设计中不太重视全面排风吸风口安装高度	①位于房间上部区域的吸风口,用于排除余热、余湿和有害气体时(含氢气时除外),吸风口上缘至顶棚平面或屋顶的距离不大于0.4m ②用于排除氢与空气混合物时,吸风口上缘至顶棚平面或屋顶的距离不大于0.1m

序号	常见问题	错误示例	改进措施
6	全面排风吸风口安装高度问题	设计中不太重视全面排风吸风口安装高度	③位于房间下部区域的吸风口,其下缘至地板间距不大于0.3m ④因建筑结构造成有爆炸危险气体(指氢气)排出的死角处,应设置导流设施
7	卫生间的竖向通风道设置问题	无外窗卫生间竖向通风道为普通风道,没有防止回流的功能 	无外窗卫生间竖向通风道应具有防回流功能,并预留机械排风的位置及条件,设计时应选用有防回流功能的风道

7.1.3 采暖方面存在的问题与分析

采暖方面存在的问题与分析见表7-3。

表 7-3　采暖方面存在的问题与分析

序号	常见问题	错误示例	改进措施
1	楼梯间隔墙和户门的保温问题	采暖期室外平均温度为−6.0～−0.1℃的地区,居住建筑楼梯间不采暖时,楼梯间隔墙和户门没有采取保温措施 	根据规定,在寒冷地区居住建筑楼梯间不采暖时,楼梯间隔墙和户门应采取保温措施
2	住宅热水集中采暖系统问题	住宅热水集中采暖系统在各户的入口上未设分户热计量及室温控制装置 	根据规定,应设分户热计量及室温控制装置。室温控制装置可选用高阻手动调节或自力式恒温阀

序号	常见问题	错误示例	改进措施
3	楼梯间散热器立、支管未单独配置问题	①有冻结危险的楼梯间与相邻房间共用立管 楼梯间　相邻房间 ②楼梯间立管散热器进出口支管上设置调节阀 楼梯间 这样,由于楼梯间难以保证密闭性,一旦供暖发生故障,可能影响邻室的供暖效果,甚至冻裂散热器	①有冻结危险的楼梯间与相邻房间应分设立管 楼梯间　相邻房间 ②楼梯间立管散热器进出口支管上不得设置调节阀 楼梯间
4	采暖管道热膨胀及补偿器设置问题	①没有计算其热膨胀 ②没有设补偿器 ③设了补偿器,但没标注补偿量 ④方形补偿器没标注尺寸($a \times b$) ⑤方形补偿器位置不正确	①计算其热膨胀后决定采用补偿器或自然补偿 ΔX ②加设补偿器 ΔX ③标注补偿量 ΔX ④标注尺寸($a \times b$) a　b ⑤方形补偿器宜在两个固定支架中间 L　L

序号	常见问题	错误示例	改进措施
4	采暖管道热膨胀及补偿器设置问题	⑥自然补偿固定支位置不正确 太靠近弯头 	⑥根据长臂补偿量确定短臂最小长度 长臂补偿量　$\Delta L = 0.012\Delta tL\,(\mathrm{mm})$ 短臂长度　$l = \sqrt{\dfrac{\Delta Ld}{300}} \times 1.1\,(\mathrm{m})$ 式中　L——长臂,m; 　　　d——管道外径,mm; 　　　Δt——管道所受温度差,℃
5	住宅厨房采暖问题	住宅厨房未设采暖装置 厨房	厨房内应设采暖装置,室内采暖计算温度不应低于15℃,采暖装置可采用散热器或其他保证室内温度的措施 散热器　厨房
6	集中采暖系统中入户装置位置问题	共用立管及入户装置高于套内,必须入户进行日常调节维修 共用立管及入户装置 厕所　厨房	共用立管及入户装置应高于户外公共位置,如楼梯间、公共走廊及其他公共场所,避免入户维修调节收费等 共用立管及入户装置 厕所　厨房
7	居住建筑热力入口装置问题	居住建筑中热力入口装置仅设关断阀,未设温度计、压力表、热量表、除污器或水过滤器、差压控制装置或流量调节装置等 	热力入口应设置热量表对整个建筑物用热量进行计量。对于户内系统为单管跨越式安装流量调节装置,户内系统为双管系统安装差压控制装置 负荷侧　热源侧

序号	常见问题	错误示例	改进措施
8	膨胀水箱膨胀管设置问题	膨胀管上设阀门 	膨胀水箱与水系统的连接管上不应装设阀门。一旦操作失误,导致膨胀水箱失效,将危及系统安全
9	变配电室采暖散热型及管道、阀门设置问题	变配电室采暖散热器选用片式铸铁散热器,管道采用螺纹连接并在散热器支管上装设阀门 	散热器宜采用钢管焊接,管道连接采用焊接,散热器支管上不得设阀门。阀门应装在变配电所之外。变配电室无温度要求时,可不设采暖
10	采暖立管始末端调节阀、泄水阀设置问题	①未设调节阀及泄水装置 ②设置调节阀,但未设泄水装置 ③设置调节阀及泄水装置,但两者位置不合理 	采暖立管始末端应设调节阀及泄水装置。只设调节阀不设泄水装置不利天立管检修时泄水,调节阀、泄水装置位置应合理,立管检修时泄水装置应起泄水作用

7.1.4 防火、防排烟方面存在的问题与分析

防火、防排烟方面存在的问题与分析见表 7-4。

表 7-4 防火、防排烟方面存在的问题与分析

序号	常见问题	错误示例	改进措施
1	自然排烟问题	防烟楼梯间前室、消防电梯前室可开启外窗面积小于 2m²，合用前室可开启外窗面积小于 3m²	防烟楼梯间前室、消防电梯前室可开启外窗面积不应小于 2m²，合用前室可开启外窗面积不应小于 3m²，否则应设机械防烟
		长度不超过 60m 的内走道，当有可开启外窗时，外窗可开启面积小于走道面积的 2%	当走道有可开启外窗时，外窗可开启面积大于走道面积的 2%

序号	常见问题	错误示例	改进措施
1	自然排烟问题	长度超过60m的内走道采用自然排烟	在超过60m内走道多处位置开通直接对外的可开启外窗,可开启外窗面积满足了分段走道面积的2%,同时中间可开启外窗至任一可开启外窗沿走道中心线的距离小于60m。这一方案应报消防部门审批并得以认可方可实施
2	加压送风问题	加压送风机风压选用过高或过低	风机压头过高造成楼梯间及前室余压偏高,疏散门开启困难甚至不能开启。风压过低,造成楼梯间及前室余压偏低,不足以阻止烟气进入前室。原因是没有进行系统阻力计算,而是采用估算值或经验值。设计时应对系统进行阻力计算。为防止超压,可有两种控制余压的方法 ①设泄压阀,并在泄压阀后加设防火阀 ②在加压风机进风管和出风管间加旁通管及电动风阀,并在楼梯间及前室分别设压力传感器,用压力传感器设定余压值控制旁通电动风阀开启及开度

序号	常见问题	错误示例	改进措施
2	加压送风问题	加压送风新风入口距排烟系统排烟出口太近，或新风入口与排烟出口没有高度差 JY　加压送风竖风管　屋顶　PY　排烟竖风管　女儿墙	新风入口与排烟出口水平距离不宜小于10m，或两者垂直距离不宜小于3m，且新风入口低于排烟出口。另外，新风入口不应贴近外墙（女儿墙） 新风入口　JY　JY-加压送风系统　PY-排烟系统　屋顶　PY　女儿墙　排烟出口向上并加防雨罩
3	封闭楼梯间防烟设置问题	高层建筑裙房和建筑高度不超过32m的二类建筑（单元式和通廊式住宅除外）所设的封闭楼梯间，当没有自然通风条件时未按防烟楼梯间规定设置机械防烟系统 高层　裙房　封闭楼梯间 封闭楼梯间　不超过32m的二类建筑　封闭楼梯间	该楼梯间必须设置前室并设加压送风系统；当前室为合用前室时也应设加压送风系统 高层　裙房　前室　加压送风系统 加压送风系统　前室　不超过32m的二类建筑　前室　加压送风系统
4	内走道机械排烟问题	一类高层建筑和建筑高度超过32m的二类高层建筑内，无直接自然通风长度超过20m的内走道，未设机械排烟系统 >20m　内走道	无直接自然通风但长度超过20m的内走道，应设置机械排烟系统 排烟口　<30m　<30m　内走道

序号	常见问题	错误示例	改进措施
4	内走道机械排烟问题	一类高层建筑和建筑高度超过32m的二类高层建筑内,有直接自然通风但长度超过60m的内走道,没有设计机械排烟系统 *图: 外窗 >60m 内走道 外窗*	有直接自然通风但长度超过60m的内走道,应设计机械排烟系统 *图: 排烟口 外窗 <30m <60m <30m 内走道 外窗*
		一类高层建筑和建筑高度超过32m的二类高层建筑内,有直接自然通风但长度不超过60m的内走道,当直接自然通风口在走道的一端,另一端封时,未设机械排烟系统 *图: 30m<L<60m 外窗*	当直接自然通风口在走道的一端,另一端封闭时,自然通风口距最远点已超过30m,宜设机械排烟系统,排烟量应按走道总面积计算,并取得消防部门认可 *图: 排烟口 ≤30m 外窗*
		建筑高度不超过24m的地下娱乐场所及商店,有直接自然通风长度不超过40m的内走道,当直接自然通风口在走道的一端,另一端封时,未设机械排烟系统 *图: 30m<L<40m 外窗*	当直接自然通风口在走道的一端,另一端封闭时,自然通风口距最远点已超过30m,宜设机械排烟系统,排烟量应按走道总面积计算,并取得消防部门认可 *图: 排烟口 ≤30m 外窗*
		建筑高度不超过24m的地下娱乐场所及商店,疏散内走道超过20m,且无自然排烟,未设机械排烟系统 *图: >20m 内走道*	长度超过20m且无自然排烟,应设机械排烟系统 *图: 排烟口 <30m <30m 内走道*

序号	常见问题	错误示例	改进措施
4	内走道机械排烟问题	建筑高度不超过 24m 的地下娱乐场所及商店，有直接自然通风，但长度超过 40m 的疏散内走道，未设机械排烟系统 	有直接自然通风但长度超过 40m 的疏散内走道，应设机械排烟系统，且排烟口距离最远点不应超过 30m
5	机械排烟口设置距离问题	在高层建筑内走道及汽车库的排烟设计中，常将排烟口距该防烟分区最远点的水平距离大于 30m 	高层民用建筑内走道排烟口距该防烟分区最远点的水平距离大于 30m，其原因多为排烟竖井所在位置及内走道吊顶内管道太多造成的；汽车库排烟口距该防烟分区最远点的水平距离大于 30m，其原因多为设计时考虑不周。要保证水平距离小于 30m 有如下做法 ①把排烟竖风道改为两根排烟竖风道 ②当排烟竖风道只能设置一根时
		设在顶棚上或靠近顶棚的墙面上的排烟口，与附近安全出口沿走道方向相邻边缘之间的最小水平距离小于 1.5m 	排烟口与附近安全出口沿走道方向相邻边缘之间的最小水平距离不应小于 1.5m；烟气流动方向应与人员疏散方向相反。有如下两种做法 ①把排烟口移至安全出口大于 1.5m 处

序号	常见问题	错误示例	改进措施
5	机械排烟口设置距离问题		②当排烟竖风道不能远离安全出口时,可以将竖风道连接水平风道再设排烟口
6	地上面积超过100m²机械排烟问题	高层建筑中,面积超过100m²,且经常有人停留或可燃物较多的地上无窗房间或设固定窗房间,未设机械排烟 	面积超过100m²,且经常有人停留或可燃物较多的地上无窗房间或设固定窗房间,应设机械排烟。设计中常把固定窗误认为可开启外窗
7	加压送风风管穿防火分区处、机房、共用竖井问题	加压送风风管穿越防火分区处,未采取防烟防火措施,穿越通风空调机房、两层及两层以上共用竖井,未设防火阀	加压送风风管穿防火分区处、机房及共用竖井时,应采取防火措施,如提高穿越防火分区的风管耐火极限,建议风管耐火极限不小于1h,并应取得消防部门同意。加压风机设于屋顶时,加压风机至竖井处不需设防火阀

序号	常见问题	错误示例	改进措施
8	未设防火阀问题	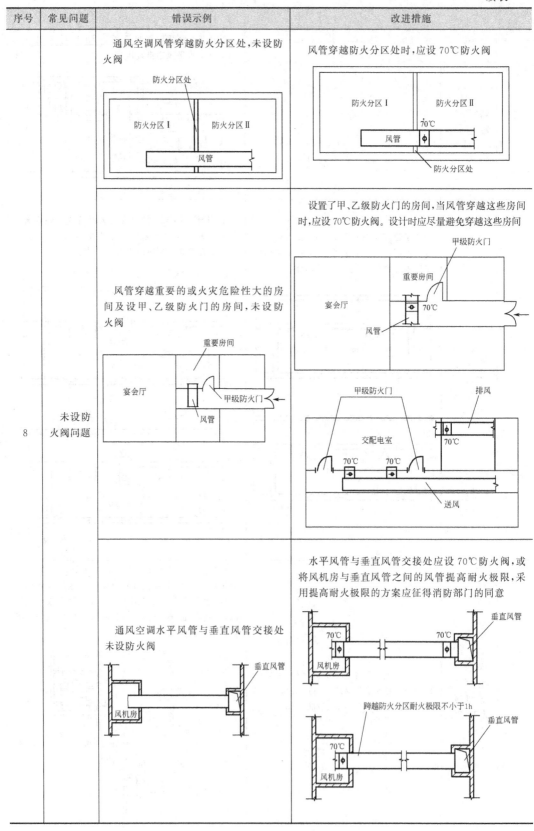	

序号	常见问题	错误示例	改进措施
8	未设防火阀问题	排烟水平风管与垂直风管交接处未设防火阀 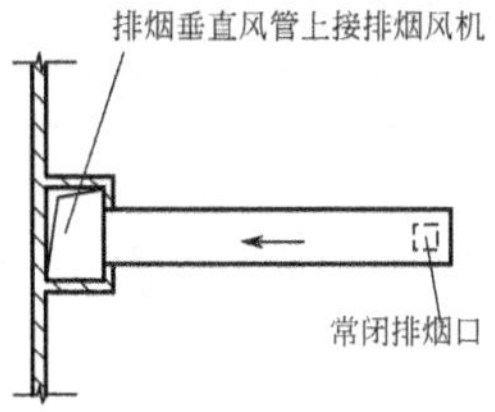 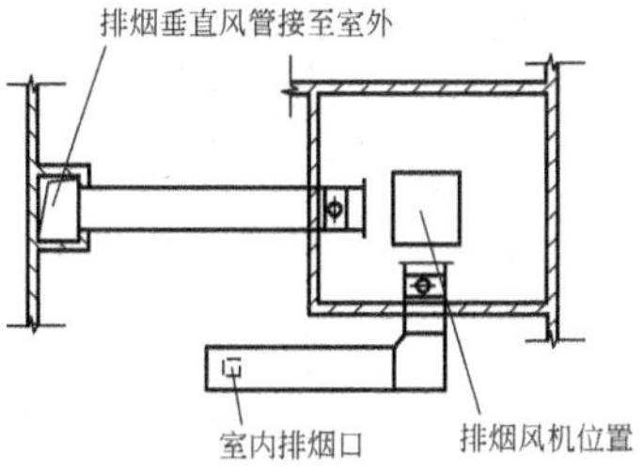 排烟垂直风管上接排烟风机 常闭排烟口 排烟垂直风管接至室外 室内排烟口 排烟风机位置	排烟水平风管与垂直风管交接处应设 280℃防火阀,或将排烟口至垂直风管水平段,排烟机风管出口至垂直风管段的耐火极限提高至 2h,当采用提高耐火极限的方法时,应征得消防部门的同意 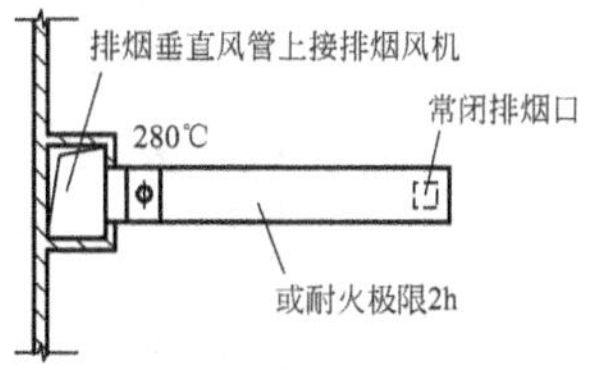 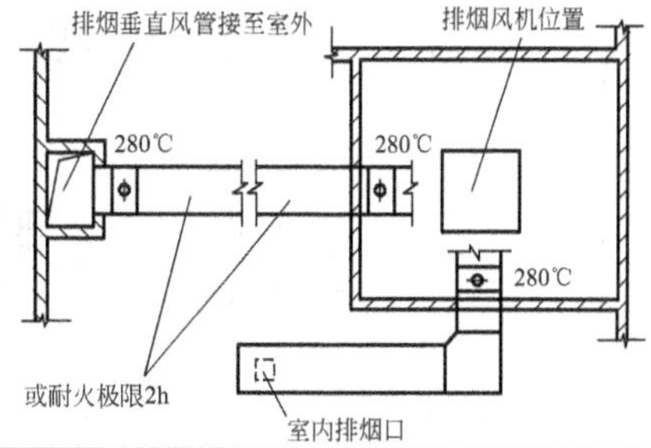 排烟垂直风管上接排烟风机 280℃ 常闭排烟口 或耐火极限2h 排烟垂直风管接至室外 排烟风机位置 280℃ 280℃ 或耐火极限2h 室内排烟口
		排烟风管穿越防火分区未设 280℃防火阀 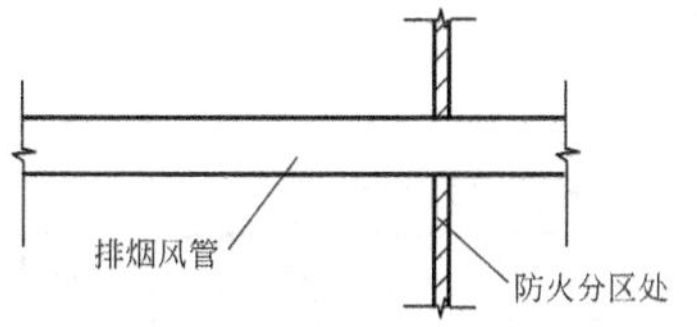 排烟风管 防火分区处	排烟风管是通风系统的一种,穿越防火分区处应设防火阀,因为是排烟系统,防火阀动作温度宜为 280℃ 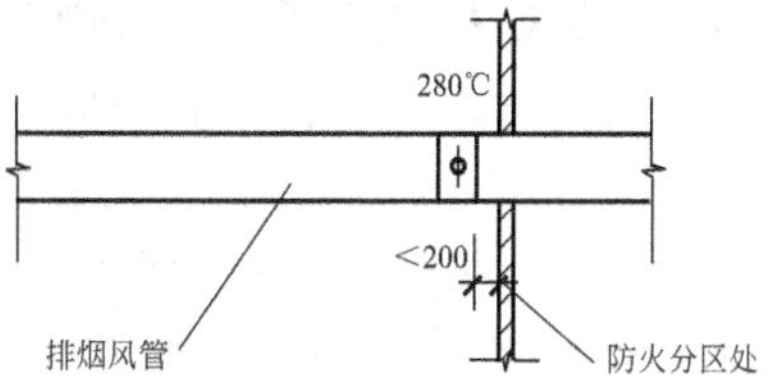 280℃ <200 排烟风管 防火分区处
9	垂直排风管道防火问题	高层建筑的厨房、浴室、厕所等的垂直排风管道,没有采取防止回流措施或在支管上设置防火阀 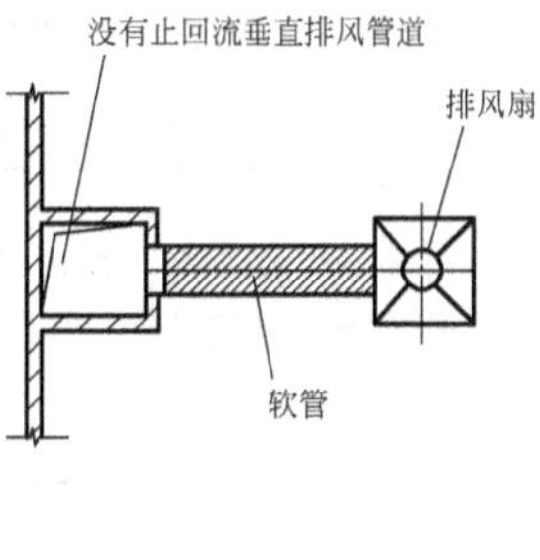 没有止回流垂直排风管道 排风扇 软管	应采用防止回流措施或在支管上设置防火阀 ①应在建筑图纸说明或在图中标明所采用的防止回流措施的标准图号,各地区根据工程所在地采用该地区编制的防止回流的通用图 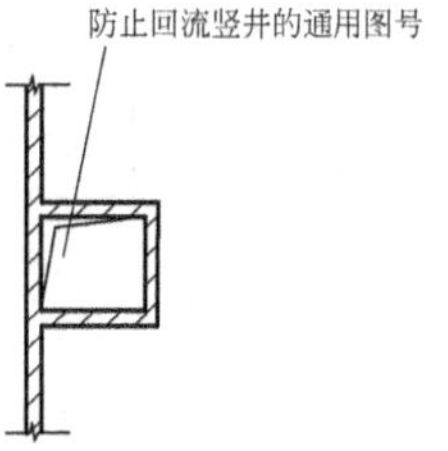 防止回流竖井的通用图号 ②也可在排风支管上设置 70℃防火阀 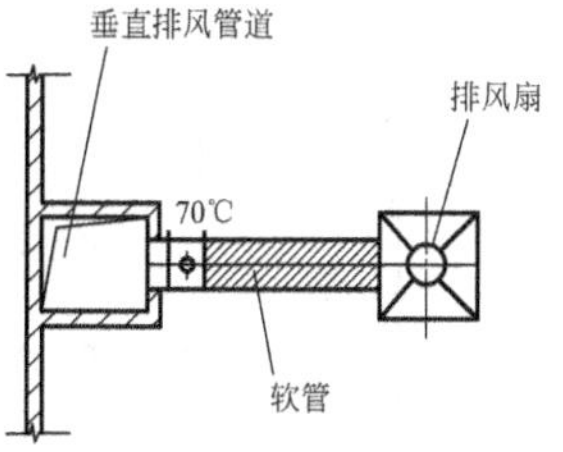 垂直排风管道 排风扇 70℃ 软管

序号	常见问题	错误示例	改进措施
10	防火阀位置问题	进出机房风管上的防火阀离机房隔墙太远,风管上的防火阀距防火分区防火楼板、竖井太远 	防火阀距风机房墙表面、楼板机、防火墙表面、竖井墙表面尽量近,不应大于200mm,最大限度地发挥防火阀的防火功能。当防火阀距离防火分隔物表面小于200mm有困难时,可将防火阀与防火分隔物之间的风管采用耐火级限大于20h的防火板包覆

7.1.5 动力方面存在的问题与分析

动力方面存在的问题与分析见表 7-5。

表 7-5　动力方面存在的问题与分析

序号	常见问题	错误示例	改进措施
1	防火间距问题	独立锅炉房与高层建筑间的防火间距 	锅炉房属于丁类厂房,当其建筑耐火等级一、二级时,其高层建筑的防火间距,一类高层建筑不得小于15m,裙房不得小于10m;二类高层建筑不得小于13m,裙房不得小于10m 注:括号内数值适用于二类高层建筑
		独立锅炉房与多层建筑间的防火间距 	当锅炉房和多层民用建筑的耐火等级均为一、二级时不得小于10m

序号	常见问题	错误示例	改进措施
2	锅炉房安全问题	贴邻锅炉间布置公共浴室,锅炉房上部为商店 **公共浴室 | 锅炉间** 锅炉房上部为商店	锅炉房不应直接设在聚焦人多的房间,如公共浴室、教室、观众厅、商店、餐厅、候车室等,或在其上面、下面、贴邻或主要疏散口的两旁 **锅炉房** 注:1. 男女公共浴室搬出锅炉房,上部商店改为库房等 2. 另建锅炉房
		设置在地面下的独立锅炉房,有通向主楼楼梯间的通道,但未设置直接对外的安全出口;锅炉房内各房间的门开启方向不正确 地下独立锅炉房一侧贴邻主楼 锅炉间 / 窗井 / 泵房 / 值班 通向主楼楼梯间	锅炉房应布置在首层或地下一层靠外墙部位,并应设直接对外的安全出口;锅炉房通向室外的门应向外开启,锅炉房内的工作间或生活间直通锅炉房的门应向锅炉房内开启;加楼梯间或在窗井内加钢梯作为安全出口 加楼梯 / 也可在此处加钢梯 / 门开向楼梯间 / 锅炉间 / 门开向锅炉间 / 门开向窗井 / 泵房 / 值班 / 窗井 / 通向主楼
		锅炉房安全出口的数量设置错误 值班室 / 油箱间 / 锅炉间 / 水泵间 / 卫生间 地上单层锅炉房面积为320m²	锅炉房每层至少应有两个出口,分别设在两侧。锅炉前端的总宽度不超过12m,且面积不超过200m²的单层锅炉房,可以只开一个出口 值班室 / 油箱间 / 锅炉间 / 此处应增加门 / 水泵间 / 卫生间

序号	常见问题	错误示例	改进措施
2	锅炉房安全问题	设置在建筑物内部的锅炉房与其他房间的隔墙、楼板采用普通砖墙 普通砖墙　地下室或首层锅炉房 办公　锅炉房 地下一层锅炉房泄压窗井泄压面积不够10%；锅炉房与辅助间没有分开，使所要泄压面积增加 窗井泄压面积不够 锅炉房　主体建筑 地下一层锅炉房	建筑物的地下室、半地下室、首层设置的锅炉房，其锅炉房的建筑结构应有相应的抗爆措施 抗爆结构 办公　锅炉房 锅炉间的外墙或屋顶至少应有相当于锅炉间占地面积10%的泄压面积（如玻璃窗、天窗、薄弱墙等） 窗井　加隔墙分开锅炉间与辅助间 锅炉间　锅炉房　铺助间　主体建筑 地下一层锅炉房 注：锅炉间与辅助间用墙隔开，使窗井的泄压面积符合规定。
3	中间油罐的设置问题	中间油罐设在锅炉间内 值班室　水处理　中间油罐 锅炉间 卫生　库房　化验	中间油罐的容积不应大于1.00m³，并应设在耐火等级不低于二级的单独房间内，该房间的门应采用甲级防火门 值班室　水处理 锅炉间　甲级防火门 卫生　库房　油罐间　中间油罐

序号	常见问题	错误示例	改进措施
4	调压间的设置问题	调压间属于甲类生产车间,锅炉房专用调压的门开向锅炉间,隔墙采用普通砖墙,不符合防爆要求;调压间的泄压面积小于0.05m²/m³ 	有爆炸危险的甲、乙类厂房内不应设置办公室、休息室。如必须贴邻本厂房时,应采用一、二级耐火建筑,并应用耐火极限不低于3h的非燃烧体防护墙隔开和设置直通室外或疏散楼梯的安全出口。泄压面积与厂房体积的比值(m²/m³)宜采用0.05~0.22 注:1.调压间与锅炉间、值班室的隔墙改为防护墙 　　2.调压间对外直接开门,取消开向锅炉间的门
5	管道和附件的设置问题	循环水泵进、出水母管间止回阀和安全阀的设置 	热水系统的循环水泵应在其进、出口母管之间装设带有止回阀的旁通管,以防突然停泵发生水击,并在进口母管上装设安全阀 注:旁通管止回阀前后不宜设置关闭阀门,回水母管上应设置安全阀。
		热水锅炉循环水管止回阀的设置 	每台热水锅炉与热水供、回水母管连接时,在锅炉的进水管和出水管上均应设置切断阀,在进水管的切断阀前宜装设止回阀,否则锅炉出水管易发生倒流现象

序号	常见问题	错误示例	改进措施
5	管道和附件的设置问题	分(集)水器上压力表、温度计及排水阀的设置	一般分(集)水器上应设置压力表、温度计和泄水阀,以利于进行调节和清扫
		高层建筑补水泵的设置	高区循环系统应由高区补水泵补水,低区循环系统应由低区补水泵补水,不能一组补水泵补高低区两个系统
		锅炉排污管的设置	当几台锅炉合用排污母管时,在每台锅炉接至排污母管的干管上必须装设切断阀,在切断阀前宜装设止回阀 注:以下两种情况可不设止回阀。 (1)锅筒内不能进人的小型锅炉。 (2)管理上严格规定,不得两台或两台以上锅炉同时排污时。

序号	常见问题	错误示例	改进措施
5	管道和附件的设置问题	小型热水锅炉安全阀的设置 ①小于1.4MW的锅炉 锅炉未带安全阀接口 ②大于1.4MW的锅炉 	①额定热功率小于或等于1.4MW的锅炉,至少应装设一下安全阀 注:未带安全阀接口的锅炉,应在锅炉与出水管阀门之间的管道上设置安全阀 ②额定热功率大于1.4MW的锅炉,至少应装设两个安全阀 注:热水锅炉的安全阀,宜采用微启式
		热水锅炉出水管最高处集气装置的设置 	锅炉的出水管一般应设在锅炉最高处,在出水阀前出水管的最高处应装设集气装置
		可燃性管道穿过防火墙 	输送可燃气体和甲、乙、丙类液体管道严禁穿过防火墙

7.1.6 环境保护方面存在的问题与分析

环境保护方面存在的问题与分析见表 7-6。

表 7-6 环境保护方面存在的问题与分析

序号	常见问题	错误示例	改进措施
1	空压机房的消声与隔振	空压机振动大,吸入口噪声高 吸气口过滤器 空压机	在空气压缩机组、管道及其建筑物上,应采取隔声、消声和吸声等降低噪声的措施;空气压缩机的基础应根据环境要求采取隔振或减振措施 消声器 空压机 隔声罩 过滤器 隔振器
2	烟囱高度	燃气、燃油锅炉房的烟囱高度,要根据批准的环境影响报告书确定 6m	烟囱高度按环境影响报告书确定,但不得低于8m。如有地方标准的省市,按当地规定执行 >8m

7.1.7 设计图纸方面存在的问题

(1)设计说明内容不完整 《设计深度规定》对暖通空调设计说明应包括的内容作了明确规定。 设计说明应有室内外设计参数;热源、冷源情况;热媒、冷媒参数;供暖热负荷及耗热量指标,系统总阻力;散热器型号;空调冷、热负荷;系统形式和控制方法;消声、隔振、防火、防腐、保温;风管、管道材料选择、安装要求;系统试压要求等。 然而,有些工程的设计说明内容很不完整。

(2)平面图深度不够,有些应该绘制的内容遗漏 《设计深度规定》对暖通空调平面图要表示的内容作了详尽的规定。 然而,相当多的工程设计未完全按规定绘制,存在的主要问题是,供暖平面图,有些未标注水平干管管径及定位尺寸;有的立管未编号;有的虽标注了立管号,但却将立管漏画;有的二层至顶层合画一张平面图,散热器数量也分层进行了标注,但却未注明相应层次;有的仅画有首层供暖平面,而未画二层至顶层供暖平面。 通风空调平面图,有些未注明各种设备编号及定位尺寸;有的未说明冷冻水管道管径及定位尺寸。 还有的公共建筑设计,将厨房部分的供暖、通风、空调等内容留给厨房设备生产厂家去做,这是很不合适的。

（3）系统图深度不够 《设计深度规定》对暖通空调系统图绘制有明确要求。 但有些工程设计未按规定执行。 存在的主要问题是,供暖系统图,有的立管无编号,而以建筑轴线号代替;有的管道号注了坡度、坡向,但未注明管道起始端或终末端标高;有的管道变化处（转向处）标高漏注;有的甚至未画供暖系统图或立管图。 空调通风设计,有些工程未画空调冷冻水系统图和风系统图（如果平面图完全交代清楚,可以不画系统图,但对于一些较为复杂的通风空调设计,单靠平面图是难以表达清楚的）。

（4）锅炉房设计过于简化 《设计深度规定》对锅炉房施工图设计作了详尽的规定。然而,有的锅炉房设计,仅画了一个平面图,无任何剖面图和系统图,许多应该交代的内容未交代,距设计深度要求相差甚远。

（5）计算书内容不全甚至全部空白 《设计深度规定》对暖通空调设计计算书应包括的内容作了详细的规定。 然而,相当一部分工程设计没有暖通空调设计计算书。 有些供暖空调设计虽有计算书,但内容残缺不全。 有的供暖设计,仅有耗热量计算,而无水力平衡计算和散热器选择计算;有的高层建筑集中空调和防排烟设计,仅有夏季冷负荷计算,而无空调风系统及水系统水力计算,无制冷空调设备选择计算,无防排烟计算。有的空调设计,不管房间大小、朝向、层次、所处位置（中间或端头）均按同一指标来估算夏季空调冷负荷与冬季空调热负荷,并以此来配置空调设备,这是不妥当的。

（6）暖通空调设备未编号列表表示,图画繁杂不清 《制图标准》规定,供暖、通风空调的设备、部件、零件宜编号列表表示,其型号、性能应在表内填写齐全、清楚,图样中只注明其编号。 然而,有的暖通空调设计未按此规定执行,而是将各种设备、部件的名称、型号甚至性能均写在图面上,图面上文字繁杂,既费功夫,又注写不全、不清。

（7）平面图、剖面图、系统图不一致 暖通空调设计中,平、剖面图与系统图中相应部分的设备、尺寸等内容应完全一致,否则将给施工安装、使用管理带来麻烦。 但有的供暖设计,散热器数量、平面图与系统图不一致;供、回水干管管径,平面图与系统图不一致;管道连接,平面图与系统图不一致。 有的空调通风设计,风管尺寸,平面图与系统图不一致;设备、部件位置尺寸,平面图与剖面图不一致;设备编号、数量,图纸与设备表不一致;还有的空调设计选用的空调制冷设备型号,平面图、系统图与设备表注写不一,让人无所适从。

（8）设计图纸与计算书不一致 暖通空调设计,所有设备、管道、部件的选择均是通过计算确定的,从某种意义上讲,设计图纸即是计算书的体现,所以设计图纸与计算书应完全一致。 但有的供暖设计,散热器数量、立干管管径等设计图纸与计算书不一致,甚至差别相当大,计算书没有的,图纸上出现了,计算书小的,图纸上放大了,计算书大的,图纸上缩小了。 计算完毕,绘制图纸时发现不合理之处,允许调整,但应有调整计算书或调整说明,使设计图纸与计算书最后统一起来。

针对以上问题,应查找原因和克服方法,建议做好以下三点。

① 对现行设计规范、规定、标准学习不够,贯彻执行不够,因此应加强对现行设计规范、规定、标准的学习,提高贯彻执行设计规范的自觉性。

② 设计过程中缺乏多方案技术经济比较,随意性较大。 应像建筑方案设计一样,进行多方案比较,做出合理的设计。

③ 图纸审查不严甚至流于形式。 应坚持三审（自审、审核、审定）制,确保设计（含图纸、计算书）质量,杜绝出现差错。

7.2 空调系统设备选型实例

7.2.1 机组的选型

7.2.1.1 机组选型步骤

① 估算或计算冷负荷 估算总冷负荷，或通过有关的负荷计算法进行计算。

② 估算或计算热负荷 估算总热负荷，或通过有关的负荷计算法进行计算。

③ 初定机组型号 根据总冷负荷，初次选定机组型号及台数。

④ 确定机组型号 根据总热负荷，校核初定的机组型号及台数，并确定机组型号。

7.2.1.2 机组选型实例

北京市某办公楼建筑面积为 11000m²，空调面积为 10000m²，其中大会议室面积为 500m²，小会议室面积为 1500m²，办公楼建筑面积为 8000m²（要求含有新风）。

（1）计算冷负荷

① 按空调冷负荷法估算

a. 大会议室　$500 \times 358 = 179000$（W）$= 179$（kW）。

b. 小会议室　$1500 \times 235 = 352500$（W）$= 352.5$（kW）。

c. 办公区　$7000 \times 151 = 1057000$（W）$= 1057$（kW）。

d. 合计　$179 + 352.5 + 1057$（kW）$= 1588.5$（kW）。

e. 选主机时负荷　1588.5×0.70（kW）$= 1112$（kW）。

② 按建筑面积法估算　$11000 \times 98 = 1078000$（W）$= 1078$（kW）。

由①、②计算结果，冷负荷按 1112kW 计算。

（2）计算热负荷　按空调热负荷法计算 $11000 \times 60 = 660000$（W）$= 660$（kW）。

（3）初选定机组型号及台数

① 若方案采用水源热泵

a. 初定机组型号 总冷负荷为 1112kW，两台 GSHP580 型水源热泵机组机组在水温为 16～18℃、供回水温度为 7～17℃时制冷量为 1152kW。略大于冷负荷，符合要求。

总热负荷为 660kW，一台 GSHP580 型水源热泵机组在水温为 16～18℃、供回水温度为 55～45℃时制热量为 665kW，略大于热负荷，符合要求。

b. 确定机组型号 最后确定为两台 GSHP580 型水源机组。其中，夏季制冷时，采用两台机组，冬季制热时，采用一台机组即可（在室外温度较低时采用两台机组进行制热）。

② 若方案采用风冷热泵中央空调机组

a. 初定机组型号 根据以上计算，总冷负荷为 1112kW，两台 LSBLGRF560M 模块热泵系列风冷（热）泵机组供回水温度为 7～17℃时，制冷量为 1120kW。略大于冷负荷，符合要求。

总热负荷为 660kW，一台 LSBLGRF560M 型机组，供回水温度为 55～45℃时制热量为 588kW。略小于热负荷，符合要求。

b. 确定机组型号 最后确定为两台 LSBLGRF560M 型模块热泵系列风冷（热）泵机组。其中，夏季制冷时，采用两台机组，冬季制热时，采用一台机组即可（在室外温度较低时采用两台机组进行制热）。

③ 若采用水冷中央空调组机

a. 初定机组型号 根据以上计算，总冷负荷为 1112kW，两台 LSBLG640Z 型水冷中央空调机组供回水温度为 7～17℃时，制冷量为 1278kW。略大于冷负荷，符合要求。

b. 确定机组型号　最后确定为两台 LSBLG640Z 型水冷中央空调机组。其中，夏季制冷时，采用两台机组。

7.2.2　辅助设备的选型

（1）水泵

① 水泵流量的确定　一般按照产品样本提供数值选取，或按照如下公式进行计算。

$$G = \frac{QA \times 1.3}{1.163 \times \Delta T}$$

式中　Q——制冷主机冷负荷；

　　　A——使用系数；

　　　G——水流量；

　　　ΔT——空调水系统供回水温差。

冷负荷 $Q = 1112\text{kW}$；空调系统水环路带走的热量在此基础上乘以 1.3，同时使用系数取 0.7，则水流量为 G。

$$G = \frac{1112 \times 0.7 \times 1.3}{1.163 \times 10} = 87\text{m}^3/\text{h}$$

即泵的流量为 $87\text{m}^3/\text{h}$。

② 阻力计算　管径约为 300mm，比摩阻选 200Pa/m，则 $H_1 = 300 \times 200\text{Pa} = 6\text{mH}_2\text{O}$。

局部阻力取 0.5，则 $H_2 = 0.5 \times 6 = 3$（mH_2O）。

制动控制阀 $H_3 = 5\text{mH}_2\text{O}$。

机组压降 $H_4 = 50\text{kPa} = 5\text{mH}_2\text{O}$。

换热器压降 $H_5 = 4\text{mH}_2\text{O}$。

总扬程 $h = 1.2H = 1.2 \times (6+3+5+5+4) = 27.6$（$\text{mH}_2\text{O}$）。

故选择循环泵 $G = 87\text{m}^3/\text{h}$，$H = 32\text{mH}_2\text{O}$，$N = 17.5\text{kW}$，$n = 1450\text{r/min}$。

（2）冷却塔　冷却塔冷却水量可以按下式计算。

$$W = \frac{Q}{c(t_{w_1} - t_{w_2})}$$

式中　Q——冷却塔排走热量，kW，压缩式制冷机，取制冷机负荷 1.3 倍左右，吸收式制冷机，取制冷机负荷的 2.5 倍左右。

　　　c——水的比热容，kJ/（kg·℃），常温时 $c = 4.1868\text{kJ}/$（kg·℃）；

$t_{w_1} - t_{w_2}$——冷却塔的进出水温差，℃，压缩式制冷机，取 4～5℃，吸收式制冷机，取6～9℃。

7.3　中央空调工程设计实例

7.3.1　中央空调工程设计方法

一项空调工程成功与否，牵涉到多方面的因素，正确的设计与计算是最重要、最关键的一环。因此，空调设计是一项严肃认真的正作。对于设计者而言，除要求具有一定的理论基础外，还需对空调工程设计前的准备、空调工程设计的内容及步骤和有关设计文件有较详尽的了解。

7.3.1.1　空调工程设计前的准备

（1）熟悉国家标准和有关规范

《采暖通风与空气调节设计规范》（GB 50019—2003）。

《民用建筑供暖通风与空气调节设计规范》（GB 50736—2012）。

《采暖通风与空气调节制图标准》(GB/T 50114—2001)。

《建筑设计防火规范》(GB 50016—2014)。

《民用建筑节能设计标准》(JGJ 26—2010)。

《暖通空调制图标准》(GB/T 50114—2001)。

《通风与空调工程施工质量验收规范》(GB 50243—2002)。

《制冷设备、空气分离设备安装工程施工及验收规范》(GB 50274—2010)。

《人民防空工程设计防火规范》(GB 50098—2009)。

除了国家颁布的标准和规范外,还有一些地方性的法规和规定。

一切设计方法和内容均应遵循上述国家标准和规范的规定。 即便在不能套用标准和规范的特殊情况下,也应尽量与其接近。

(2)熟悉工程情况和土建资料

① 弄清该建筑物的性质、规模和功能划分。 这是恰当选择空调系统和分区的依据,也是选择空调设备类型的依据之一。

② 弄清该建筑物在总图中的位置、四邻建筑物及其周围管线敷设情况,以作为计算负荷时考虑风力、日照等因素及决定冷却塔安装位置、管道外网设置方式的参考。

③ 弄清建筑物内的人员数量、使用时间等,以作为计算负荷及划分系统的依据。

④ 知晓建筑物层数、层高及建筑物的总高度,看其是否属于高层建筑。 按现行的规范规定:十层及十层以上的住宅、建筑高度超过 24m 的其他民用建筑,应遵守高层民用建筑设计防火规范的条款。

⑤ 明确各类功能房间、走廊、厅堂的空调面积,各朝向的外墙、外窗及屋面面积;明确外墙、屋面的材质结构,外窗框与玻璃的种类和热工性能;了解掌握室内照度和电动机、电子设备及其他发热设备的发热量,为计算负荷做准备。

⑥ 明确各层空间的实际尺寸、梁的布置和高度及吊顶高度要求,以及剪力墙的位置,为规划设备和管道布置做准备。

⑦ 明确防火分区的划分、防烟分区的划分及防火墙的位置,以及火灾疏散路线,便于设计防烟排烟系统及决定防火阀的安装位置。

⑧ 明确其他工种如配电、室内给排水、消防、装修等的要求及初步设计方案,便于与其他工种协调,减少今后施工中的矛盾。

⑨ 对建筑物周围环境也应有所了解。

a. 是开敞的还是被楼群包围的,周围环境的背景噪声水平,被楼群包围时计算负荷要考虑阴影区。

b. 有无水面、沙地、停车场及比该建筑低的建筑物屋顶。 这些都能反射太阳辐射热给高层建筑,增加太阳辐射热量。

c. 周围有无工厂、锅炉房、厨房,这可能对设计室外进风口有一定影响。

⑩ 了解可能提供的中央机房、空调机房位置、冷却塔位置和设备层的安排,了解电源供给情况和热力点等。

⑪ 了解甲方(业主)对空调的具体要求,考虑其合理性并提出修改参考意见。

7.3.1.2 空调工程设计内容与设计步骤

空调工程设计的内容与步骤大致如下。

① 选择空调系统并合理分区。

空调系统的选择和分区,应根据建筑物的性质、规模、结构特点、内部功能划分、空调负荷特性、设计参数要求、同期使用情况、设备管道选择布置安装和调节控制的难易等因素综合考虑，经过技术经济比较后来确定。 在满足使用要求的前提下，尽量做到一次投资省、系统运行经济并减少能耗。

特别应注意避免把负荷特性（指热湿负荷大小及变化情况等）不同的空调房间划分为同一系统，否则会导致能耗的增加和系统调节的困难，甚至不能满足要求。

负荷特性一致的空调房间，规模过大时宜划分为若干个子系统，分区设置空调系统，这样将会减少设备选择和管道布置安装及调节控制等方面的困难。

② 明确室内外空气设计参数要求。

这是空调负荷计算、管路系统设计计算、设备选择的依据。

③ 计算空调负荷。

空调负荷是设备选择计算的主要依据。 严格地说，空调负荷应按冷负荷系数法或谐波反应法进行计算。 在只需作粗略估算时，可按选择夏季空调设备用的冷负荷指标（属经验数据）进行概算。

④ 确定空气处理方案和选择空气处理设备。

要使空调房间达到和保持设计要求的温度与湿度，必须将新风、回风或新风、回风按一定比例混合得到的混合空气，经过某几种空气处理过程，达到一定的送风状态才能得以实现。

某几种空气处理过程的组合（包括处理设备及连接顺序）就是空气处理方案。 在湿空气的 $h\text{-}d$（即 $i\text{-}d$）图上，将代表各个分过程的过程线按先后顺序连接起来，就构成了空气处理方案图。 这种图可用于查取设计计算和选择设备所需的各种空气状态参数。

⑤ 空调水系统设计。

夏季空调水系统包括供空调末端装置换热盘管作冷媒用的、在冷水机组蒸发器中生产冷水的冷水系统，供冷却冷水机冷凝器的冷却水系统，以及排放空调末端装置换热器盘管上凝结水的冷凝水系统。

水系统设计包括管路系统形式选择、分区布置方案、管材管件选择、管径确定、阻力计算与平衡、水量调节控制、管道保温及安装要求、水泵和冷却塔等设备的选择等。

⑥ 空调风道系统与气流组织设计。

包括集中式系统的送风、回风和排风设计，风机盘管加新风系统的新风送风管道和房间送风、回风及排风设计，各种风机和各类风口的选择，风管的消声、安装及冷风管的保温要求等。 空调风道系统应基本为阻力平衡的系统，并应便于调节控制和适应建筑物的防火排烟要求。 气流组织设计应使空调房间的气流组织合理，温度、湿度分布稳定均匀，令房间工作区的温度、湿度和风速达到设计要求。

⑦ 选择冷水机组和进行空调机房设计。

根据整个系统所需的冷负荷可以确定冷水机组的型号，根据冷水机组、水泵的尺寸及管道等各种附件的尺寸等对机房整体布局进行设计，在追求美观的同时，还应便于维修。

⑧ 确定空调系统的电气控制要求。

⑨ 制备空调工程设计文件。

7.3.1.3　空调工程设计文件

空调工程设计文件是设计者思想及计算结果的图文表现形式，施工者将依照此文件来组织实施施工安装，同时它也是工程概预算以及工程完工验收的依据。 它还是其他工种（如给排水、消防、建筑电气、装修等）设计施工时进行协调配合的依据。 成套文件完成后，须留档备查。

一项工程的设计，按照其设计深度的不同，可分为方案设计、初步设计和施工图设计三个阶段。 每一阶段的设计文件内容均有不同，但都必须符合国家统一规定，即《建筑工程设计文件编制深度的规定》。

（1）方案设计　方案设计阶段主要是建筑设计方案优选、暖通空调专业进行配合设计。

① 主机房位置。

在建筑方案设计过程中，暖通专业根据建设项目内容和规模，初步考虑冷、热源方案，粗略估算冷、热负荷和冷热水机组数量，计算冷水机房和热水机房及其辅助设备布置所需要的面积，冷却塔布置所需面积，配合建筑专业确定冷水机组房、热水机组房、冷却塔的位置和建筑面积。

② 确定管井位置。

根据建筑布置和使用功能，初步考虑系统划分，委托建筑设计专业在适合位置设计管道井（包括有冷水、冷却水、凝结水、新风井等），并确定管井大小。

③ 防、排烟风井位置。

根据建筑专业平面布置，确定需要设置防排烟的位置，要求建筑在合适的地方留出机械加压送风和机械排烟的竖风道或风道井。

④ 确定烟囱位置。

⑤ 估算本工程暖通专业总耗电功率、耗水量，并提供给相关专业，以便进行设计工作。

（2）初步设计

① 根据建筑专业提供的建筑平面图、剖面图和文字资料以及其他专业提出的设计任务资料，详细了解房间使用功能、使用特点和对暖通专业设计所提出的要求。

② 冷、热负荷计算以空调房间为单元，确定空调室内空气设计参数，计算房间空调冷、热负荷，内容包括建筑传热量、人体散热量、照明散热量、设备散热量及新风负荷。

③ 水系统设计。

a. 根据建筑总高度和设备的承压能力确定水系统是否需要进行竖向分区，对水系统进行水压分布分析，确定膨胀水箱设置位置，冷水泵是压入式还是吸入式。

b. 根据房间的功能、空调使用时间、使用性质及特点，确定水系统供水区域的划分。

c. 确定水系统形式，如双管或四管、水平式或垂直式、同程式或异程式。

d. 确定供、回水温度。

e. 确定供水方式，变流量或定流量；一级泵或二级泵系统；水系统控制方式。

④ 新风系统设计。

a. 按标准和要求确定新风量、新风处理终状态参数。

b. 新风系统的划分和组成。

c. 新风系统风量、阻力计算，选择新风机组。

⑤ 排风系统设计。

⑥ 空气处理设备的计算和选择。

a. 根据空调房间特点和使用要求及安装条件确定空气处理类型，如风机盘管、风柜、组合式空调器。

b. 根据房间的热、湿负荷及系统的组成，选择空气处理设备的规格、型号。

⑦ 空调冷源系统。

a. 计算出建筑最大小时冷负荷（考虑同期使用系数，安全系数），考虑到负荷特点调节性能，经过技术经济比较，确定冷水机组类型、数量及规格型号。

b. 计算冷水量、水系统阻力、运行特点、选择水泵的机型、规格、型号及数量。

c. 计算冷却水量、冷却水系统阻力、运行特点，选择冷却水泵的机型、规格、型号及数量。

d. 计算、选择附属设备。

⑧ 冷却塔计算、选择。

根据冷却水量、冷却水系统计算阻力、冷却水温度及进出水温差、环境噪声要求，计算、选择冷却塔的类型、规格、型号及数量。

⑨ 空调热源系统。

a. 计算出建筑最大小时热负荷（考虑同期使用参数，安全系数），考虑到负荷特点及调节性能，经过技术经济比较，选择热源设备（蒸汽锅炉、无压热水锅炉、真空热水锅炉等）的类型、数量及规格型号。

b. 附属设备的计算和选择。

⑩ 防、排烟系统设计方案及设备选型。

a. 根据高层民用建筑防火设计规范要求，确定建筑防、排烟设计部位。

b. 计算防、排烟风量及风道阻力，选择机械加压送风机和排烟风机。

c. 选择送风口、排烟口及防火阀等部件。

d. 防、排烟系统的控制方法。

设计计算和设备选择完毕后，需要向有关专业提出设计要求。

ⓐ 土建专业　冷水机站、热水机站、冷却塔、大型空调设备安装位置和占用建筑面积、水管井和竖向风道井等。

ⓑ 电力　暖通专业总耗电量。

ⓒ 水道　暖通专业总耗水量。

ⓓ 弱电　防、排烟系统控制要求。

⑪ 绘制图纸。

a. 冷水机站平（剖）面图、工艺流程图。

b. 热水机站平（剖）面图、工艺流程图。

c. 主要楼层空调平面图。

d. 防、排烟系统平面图以及系统图。

⑫ 编制设备表。

⑬ 编制概算书。

最后，编制初步设计说明书。

（3）施工图设计

① 根据初步设计审批意见，建筑专业提供的平、剖面图和文字资料以及其他专业提出的设计要求，对初步设计计算和设备选择进行详细计算，如设计条件改变，则根据变更条件，修正设计方案和设备选择。

② 绘制暖通空调平面图、剖面图。

③ 向有关专业提出设计要求。

a. 土建专业　核实初步设计阶段所提出的资料，设备基础（包括基础外形尺寸、预埋件位置、设备重量等），墙和板上留洞等。

b. 电力专业　以设备为单位提出耗电量和供电位置。

c. 水专业　供水点、供水量、供水压力。

d. 弱电专业　防、排烟系统的控制要求。

④ 绘制暖通空调剖面图、水系统图、安装图等施工图纸。

⑤ 编制设备表、材料表。

⑥ 编制工程预算。

⑦ 施工图设计完成后，提交各级审核。

⑧ 施工图会审。 参加设计的有关专业会审图纸，会审内容一般为互相委托的设计要求是否完成，各专业设计内容是否协调，如相互碰撞等，然后进行汇签。

⑨ 资料加工、归档。

7.3.2 中央空调工程设计实例

7.3.2.1 某医院中央空调设计

（1）工程概况 该医院是将临床治疗、预防、研究等功能综合为一体的医疗研究中心，项目总建筑面积约 70598m²，设计床位 448 床。 此医疗中心包括门诊、急诊、医技、体检、手术、产科、病房等功能区。 设备机房、中心供应、药房设于地下一层；医技、门诊、急诊、手术区设在裙房，裙房共四层，建筑高度约 19m；病房楼共 15 层，建筑高度约为 63m。

（2）设计参数及空调负荷

① 室内设计参数 见表 7-7。

表 7-7 室内设计参数

房间	夏季		冬季		新风量 /[m³/(h·人)]	室内噪声（A） /dB
	干球温度/℃	相对湿度/%	干球温度/℃	相对湿度/%		
门厅、走道	26	≤65	20	≥40	20	≤50
药房	24	≤50	22	≥40	30	≤50
候诊	26	≤60	20	≥40	25	≤50
诊室	26	≤60	22	≥40	50	≤45
普通病房	25	≤55	20	≥50	50	≤45
ICU	25	≤60	20	≥50	50	≤45
产科病房	26	≤55	22	≥50	60	≤45
示教室	26	≤60	20	≥50	50	≤45
办公室	26	≤55	20	≥50	25	≤45

② 冷热负荷 根据计算，本工程空调总冷负荷为 6831kW，建筑面积冷负荷为 97W/m²；空调总热负荷为 6120kW，建筑面积冷负荷为 87W/m²。 空调冷热源相关设备均设于地下一层机房内。

（3）冷热源、蒸汽源和供给系统

① 空调冷源 本工程根据业主要求并结合当地能源政策，设计选用蒸汽双效溴化锂吸收式冷水机组。 单台冷量为 3489kW，共两台，工作压力为 1.0MPa，冷冻水供水温度为 7℃，回水温度为 12℃，配有三台冷冻水泵，两用一备；冷却水供水温度为 32℃，回水温度为 38℃，配有三台冷却水泵（两用一备），四台冷却塔（置于病房楼屋顶），两台冷却塔组成一组，并对应一台冷水机组，同组之间的两台冷却塔之间用连通管连通。

② 空调热源 设计选用板式换热机组作为冬季空调热源。 单台换热量为 2040kW，共三台，工作压力为 1.0MPa，供水温度为 60℃，回水温度为 50℃；每台板式换热机组配有两台热水一次泵（一用一备）。

③ 蒸汽源 本工程采用市政蒸汽热网作为空调冷热源。 市政蒸汽经过减压阀减至 0.6MPa 后接至分气缸。 分气缸接出一支管减压至 0.4MPa 后接至板式换热机组；接出一支管稳压至 0.6MPa 后接至蒸汽双效溴化锂吸收式冷水机组；接出一支管减压至 0.1MPa 后接至各空调箱及新风机组末端，作为空调冬季加湿湿源。

④ 其他冷热源 手术中心及 ICU 除采用集中冷热源提供冷热水外，还采用风冷热泵机组作为冬季及过渡季节的冷源，并能够在大系统不开或故障时达到备用的目的。 四层

产科及产科病房除采用集中冷热源提供冷热水外，还采用风冷热泵机组作为早期采暖的热源。 另外这两台热泵通过阀门控制，达到互为备用的作用。 放射科、安保监控中心、计算机中心、电梯机房采用 VRV 系统，便于控制及管理。

⑤ 供回水管道系统　本工程空调水系统采用二次泵闭式二管制，垂直异程、水平同程机械循环系统。 根据建筑分隔及空调使用特点，水系统划分为五个部分：体检、病房楼区域；急诊、放射、肠道、病理、输液、内窥等医技区域；发热门诊、儿科、内科、外科、骨科、五官科等门诊区域及大堂多功能厅等公共区域；四层产科、产科病房、NICU 区域；三层手术及三层 ICU 区域。 这五个区域各设置两台变频二次泵，将冷热水从分水器送至末端。

本工程采用低位定压膨胀罐作为整个空调水系统的定压及补水装置，膨胀管接至集水器。 空调水系统管路的最大工作压力为 1.0MPa。 空调机房原理如图 7-1 所示。

（4）空调系统

① 大厅、大候诊区、药房区等大空间区域采用低速风道全空气系统，气流组织为上送下回，空调箱配置初、中效过滤器。

② 各科诊室、功能检查科室、中心实验室和办公室等小空间用房采用风机盘管加新风系统，新风机配置初、中效过滤器。

③ 四层以上病房层采用风机盘管加新风系统，新风机配置初、中效过滤器。 病房间的新风支管上均安装定风量阀，确保新风能有效送入房间。

④ MRI 及其设备用房采取恒温、恒湿空调系统；CT、DR、DSA 等场所采用独立的 VRV 系统。

⑤ 三层 ICU 设计采用全空气洁净空调系统，空调箱采用初、中、低阻亚高效三级过滤器，回风口采用中效过滤器，与邻室的最小静压差不小于 5Pa。

⑥ 四层产科手术室采用全新风洁净空调系统，空调箱采用初、中、低阻亚高效三级过滤器，与邻室的最小静压差不小于 5Pa。

⑦ 所有空调箱及新风机内均设有二次蒸汽加湿装置，对冬季室内空气进行加湿。

⑧ 净化空调区域的送风、回风、排风管上的消声器均采用微孔金属板净化专用消声器。

（5）通风系统

① 普通设备用房设集中机械送排风系统，换气次数 6 次/h。

② 变配电间以满足排除室内散热量为依据设置送排风系统。

③ 卫生间设机械排风，换气次数 10 次/h。

④ 部分实验室/科室根据工艺要求设独立排风系统，排风经处理后高空排放。

⑤ 根据医疗工艺要求对某些区域进行相应的压力控制。

（6）消防系统

① 地下一层走道和中心供应区域设置机械排烟系统，排烟量按 60m³/（h·m²）计算，无法进行走道自然补风的区域，由平时的送风风机补给，补风风量不小于排烟量的 50%。

② 地上有可开启外窗的房间（大于 100m²）或走道（长度不大于 60m）时采用自然排烟系统，可开启外窗面积不小于建筑面积的 2%。

③ 地上无可开启外窗的房间（大于 100m²）及走道（长度大于 60m）时采用机械排烟系统，排烟量按不小于 60m³/（h·m²）计算。

④ 中庭根据建筑的实际情况设置自然排烟系统或机械排烟系统，自然排烟系统中其开窗面积不小于建筑面积的 5%，机械排烟系统中排烟量按不小于 6 次/h 计算。

⑤ 消防楼梯间合用前室设置正压送风系统，前室每层设一个常闭风口，着火时开启着火层及与其相邻的上下层。

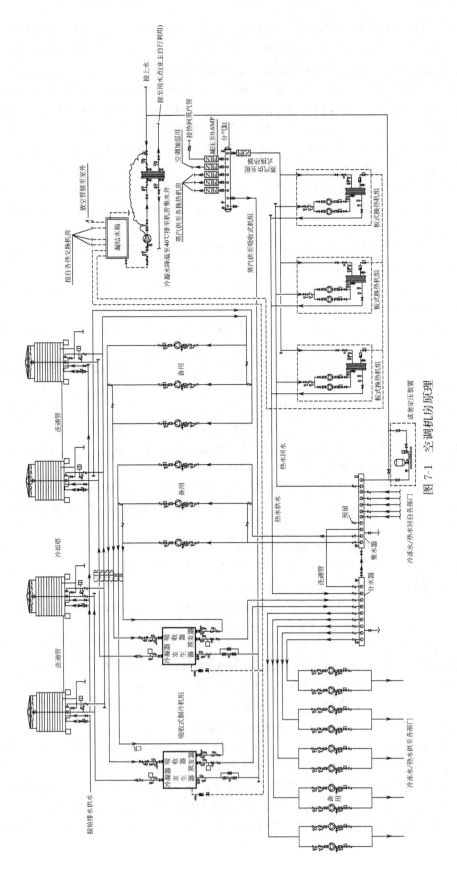

图 7-1 空调机房原理

⑥ 病房楼消防楼梯间设置正压送风系统。 楼梯间地上部分和地下部分分别设置独立的送风系统，地上部分送风量为 30000～40000m³/h，地下部风送风量为 25000m³/h。

⑦ 医技门诊裙楼无外窗楼梯间设计时采用正压送风系统，风机置于屋顶，送风量为 30000m³/h。

⑧ 医技门诊裙楼有外窗楼的楼梯间时每五层内可开启外窗面积不小于 2m²，且顶层不小于 0.8m²。

⑨ 工程内设有消防控制中心，用于火灾时做出反应及控制。

⑩ 控制系统。

a. 所有排烟风机均与其排烟总管上 280℃熔断的排烟防火阀联锁，当该防火阀自动关闭时，排烟风机停止运行。

b. 排烟口平时关闭，能自动和手动开启，与其相应的排烟风机能自动运行。

c. 火灾时，消防控制中心自动停止空调设备和与消防无关的通风机的运行，并根据火灾信号控制各类防排烟风机、补风设备等设施的启用。

d. 与通风、空气调节系统合用的机械排烟系统，当火灾被确认后，能开启排烟区域的排烟口和排烟风机，并在 15s 内自动关闭与排烟无关的通风。 空调系统中各空调通风系统主管道上的防火阀与该系统的风机联锁，当防火阀自动关闭时，该风机断电。

（7）环保

① 所有空调、通风设备均选用高效率、低噪声产品，采用隔振基座（减振吊架）软管连接，并设置消声器、消声弯头、消声静压箱等消声设备。

② 所有空调机房围护结构内侧都贴吸声材料。 冷冻机房控制室采用隔声门和隔音玻璃窗。 机房开向公共区域的门应采用防火隔声门。

③ 部分实验室/科室根据工艺要求设独立排风系统，配置异味吸附器或高效过滤器，需高空排放。

④ 空调冷凝水间接排放。

⑤ 排风机原则上设在管路末端，使整个管路为负压。

⑥ 采用超低噪声冷却塔，冷却塔置于屋顶，可减少对周围环境的影响。 冷却塔风机选用变频电机。

⑦ 所有对外风口及设备视情况根据周围环境的要求进行适当的隔声处理，采用消声、隔声等措施。

7.3.2.2 某高层建筑中央空调设计

（1）工程概况 该工程主要包括 1 幢超高层塔楼、1 幢裙房建筑及地下室。 用地面积为 14672m²，总建筑面积为 173079m²。 塔楼地上共 55 层，塔冠高度为 260m（其中建筑主体高度 240m，塔冠高 20m），主要功能为办公、服务式公寓；裙房地上 4 层，女儿墙高度为 23.9m，主要功能为商业零售及餐饮；地下总计 5 层，主要功能为车库、商业及设备机房。

（2）室内设计参数 见表 7-8。

表 7-8 室内设计参数

房间	夏季		冬季		新风量 /[m³/(h·人)]
	干球温度/℃	相对湿度/%	干球温度/℃	相对湿度/%	
办公室	24	50	20	40	30
会议室	24	50	20	40	25
大堂	25	50	18	40	10
走廊	24	50	18	40	—

房间	夏季		冬季		新风量
	干球温度/℃	相对湿度/%	干球温度/℃	相对湿度/%	/[m³/(h·人)]
零售用房	24	50	18	40	20
商场	24	55	18	40	20
超市	24	55	18	40	20
餐厅	24	55	20	40	20

（3）冷热源设计　热源来自市政热力集中供热，市政热力提供的一次热源为130℃／70℃的热水。在该建筑地下2层设置换热机房，换热机房内分区域设置空调热水换热系统和地板辐射供暖热水换热系统。经过换热机房换热的二次空调热水供回水温度为65℃／50℃，地板供暖热水供回水温度为50℃／40℃。塔楼（办公）空调热水系统竖向分为高区（29～41层）和低区（28层及以下），供暖系统和空调系统的二级泵均采用变频控制。换热机房内的空调热水及供暖热水各支路上均设置静态平衡阀。

该工程塔楼办公区及裙房区采用集中的水冷电制冷方式，制冷机房位于地下5层，内设3台2989kW及1台1934kW的水冷电制冷离心式冷水机组。冷水采用二级泵变流量系统，在地下3层设置配套的水泵房，6台一级冷水泵（四用两备），6台冷却水泵（四用两备）。经与业主的沟通，为了便于运行管理，按塔楼高区、塔楼低区和裙房分别设置二级泵系统；塔楼以风机盘管为主，裙房以空调机组为主，裙房空调水系统与塔楼空调水系统管路特性曲线并不一致，尤其是部分负荷时差别明显，分区域设置二级泵有利于在部分负荷流量调节时降低能耗。二级泵共设置9台，均为两用一备。一级泵定流量运行，二级泵根据负荷变化由供回水压差控制变频运行。空调冷水系统在各环路二级泵总供回水管道上装设压差旁通控制阀，当水泵频率变化到最小限定值时动作以控制供回水压差。冷源系统原理如图7-2所示。

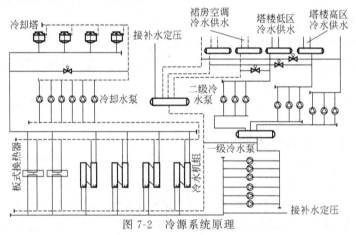

图7-2　冷源系统原理

塔楼公寓部分采用水冷多联机空调系统，夏季用冷却水来自塔楼屋顶的闭式冷却塔，冬季热水来自换热机房（或空气源热泵）。

（4）空调系统设计

① 塔楼办公区　塔楼办公区域采用四管制风机盘管加新风空调方式。新风机组集中处理，采用转轮式排风热回收机组，放置于设备层。考虑到在冬季及过渡季外区供暖、内区供冷时可送入不同温度的新风，以降低能耗，办公区内区和外区新风分别设置，标准层分设外区新风环管及内区新风环管，以距幕墙4m左右为分区界线。办公区标准

层空调风管平面图如图 7-3 所示。

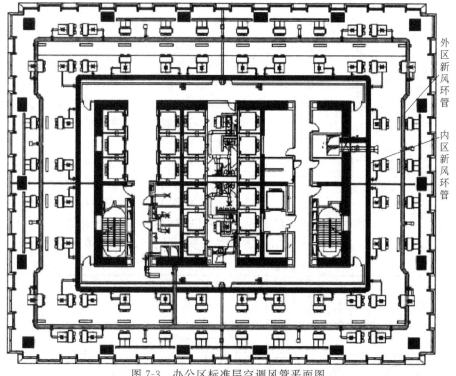

图 7-3　办公区标准层空调风管平面图

标准层除了设置新风环管之外，风机盘管的水管也呈环状布置。 环管的平衡性优于枝状管，便于初调试；对于水系统来说，当流量变化时系统的平衡能力比枝状管网更好；环管的阻力略低于枝状管网（环管未变径）；此外，接新风口或末端设备也更加灵活，对于办公区域出租后二次精装非常有利。 环管的水力计算与枝状管略有差别，设计时采用试算的方法，首先假定流量分配，据此计算每层供回水干管两侧的阻力，校核至零流量点处阻力是否基本一致，如不一致，调整假定的流量分配，重新进行阻力计算，直至两侧阻力基本一致为止。

为了降低制冷机设备及低楼层空调末端设备的承压，对水系统进行了竖向分区。 为了能充分利用低温冷水，同时将制冷机蒸发器承压控制在 1.6MPa 之内，空调冷水泵设置在制冷机的出水口，定压点设置在水泵入口，将高低区分界线画在 28 层与 29 层间，即高区为 29～41 层，低区为 28 层及以下。 这样制冷机蒸发器承压可满足 1.6MPa 的要求，水泵及附件承压小于 2.0MPa。 低区空调冷水供回水温度为 5.5℃／11℃，高区为 7℃／12.5℃。 空调热水分区与冷水相同，低区热水供回水温度为 65℃／50℃，高区为 60℃／45℃。

高区冷水和热水在 14 层（避难／设备层）进行换热。 高、低区水系统均为变流量水系统，竖向异程。 办公区 2～41 层空调冷、热水在本层呈环形水管布置，每层出竖井的水平支干管上设置静态平衡阀。 空调冷水系统分区示意图如图 7-4 所示。

② 塔楼公寓　该项目 44 层以上为高级公寓。 按照甲方的要求，此部分空调独立设置。在设计时，考虑了水冷冷水机组（设置在地下室机房）、风冷冷水机组、风冷式多联空调系统和水冷式多联空调系统 4 种方案。 甲方和设计单位通过对物业管理、初投资和运行费、舒适度、LEED 评级、占用机房面积等方面的分析，最终选择了水冷式多联空调系统。

多联空调系统主机按户设置，因业主要求在过渡季满足住户对冷热的不同需求，水冷多联空调系统为四管制，冷、热水管并联接入多联主机，为此特意要求中标厂家增加用户在室内可

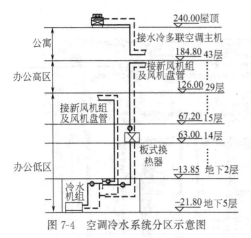

图 7-4 空调冷水系统分区示意图

对冷热水支管上的电动阀进行切换控制的功能。新风由设置在屋顶机房内的新风机组进行集中预处理（包括过滤和预热），再由竖井内的新风立管送至各层的多联式新风机组，每层设置 1 台多联式新风机组，分别送至本层公寓各户。 夏季多联空调系统的冷却水来自塔楼屋顶的 2 台闭式冷却塔，冬季热水来自换热机房。 夏季冷却水设计供回水温度为 32℃/37℃，冬季热水供回水温度为 40℃/35℃。

此外，公寓设置了地板辐射供暖系统，该系统承担冬季热负荷，可满足室内 20℃ 的需求，水冷多联空调系统仅作为特殊住户的补充供暖方式。 此外，按照甲方要求，在市政热力未供暖的初寒期和末寒期，由设置在屋顶的 2 台空气源热泵供暖。 公寓部分水冷多联空调系统及空气源热泵供暖如图 7-5 所示。

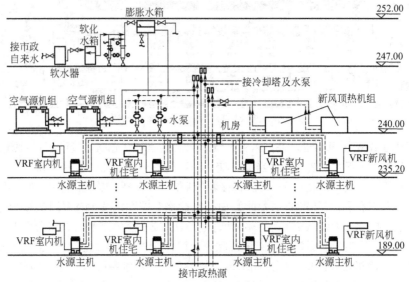

图 7-5 公寓部分水冷多联空调系统及空气源热泵供暖

③ 裙房 裙房采用常规空调系统，1~4 层的精品店及餐厅采用四管制风机盘管加新风空调方式；公共区采用全空气空调方式。 裙房地下 2 层超市、餐厅及公共区均采用全空气空调方式，地下 1 层管理用房采用四管制风机盘管加新风空调方式。

（5）排烟系统 地下室、大堂、裙房等常规排烟系统不再赘述。 由于北方地区超高层热压作用明显，该项目塔楼部分的外围护结构未设置可开启窗。 按照规范要求，地上面积大于 $100m^2$ 的房间设置了机械排烟系统。

同办公区域的新风管一样，办公标准层的排烟管道也为环形设置，每个防烟分区设置排烟口，排烟口距该防烟分区不超过 30m。 水平排烟管通过竖井设置的 4 个排烟立管连至设备层排放。 每个系统的排烟量为 $60000m^3/h$，标准层水平排烟管道每段排烟量均不超过 $15000m^3/h$，排烟管道尺寸也不会太大。

同样，塔楼上部公寓面积大于 $100m^2$ 的房间都设置机械排烟口，每户设置一个机械补风口，补风井及补风立管与厨房排油烟补风管共用，减少竖井占地面积。

附

录

附表 1　部分水冷式表面冷凝器的传热系数和阻力试验公式

型号	排数	作为冷却用的传热系数 K /[W/(m²·℃)]	干冷时空气阻力 ΔH_g 和湿冷时空气阻力 ΔH_s/Pa
B 或 U-Ⅱ	2	$K=\left(\dfrac{1}{34.3V_y^{0.781}\xi^{1.03}}+\dfrac{1}{207w^{0.8}}\right)^{-1}$	$\Delta H_s=20.97V_y^{1.39}$
B 或 U-Ⅱ	6	$K=\left(\dfrac{1}{31.4V_y^{0.857}\xi^{0.87}}+\dfrac{1}{281.7w^{0.8}}\right)^{-1}$	$\Delta H_g=29.75V_y^{1.98}$ $\Delta H_s=38.93V_y^{1.84}$
GL 或 GL-Ⅱ	6	$K=\left(\dfrac{1}{21.1V_y^{0.845}\xi^{1.15}}+\dfrac{1}{216.6w^{0.8}}\right)^{-1}$	$\Delta H_g=19.99V_y^{1.862}$ $\Delta H_s=32.05V_y^{1.635}$
W	2	$K=\left(\dfrac{1}{42.1V_y^{0.52}\xi^{1.03}}+\dfrac{1}{332.6w^{0.8}}\right)^{-1}$	$\Delta H_g=5.68V_y^{1.89}$ $\Delta H_s=25.28V_y^{0.895}$
JW	4	$K=\left(\dfrac{1}{39.7V_y^{0.52}\xi^{1.03}}+\dfrac{1}{332.6w^{0.8}}\right)^{-1}$	$\Delta H_g=11.96V_y^{1.72}$ $\Delta H_s=42.8V_y^{0.992}$
JW	6	$K=\left(\dfrac{1}{41.5V_y^{0.52}\xi^{1.02}}+\dfrac{1}{325.6w^{0.8}}\right)^{-1}$	$\Delta H_g=16.66V_y^{1.75}$ $\Delta H_s=62.23V_y^{1.1}$
JW	8	$K=\left(\dfrac{1}{35.5V_y^{0.58}\xi^{1.0}}+\dfrac{1}{353.6w^{0.8}}\right)^{-1}$	$\Delta H_g=23.8V_y^{1.74}$ $\Delta H_s=70.56V_y^{1.21}$
SXL-B	2	$K=\left(\dfrac{1}{27V_y^{0.423}\xi^{0.74}}+\dfrac{1}{157w^{0.8}}\right)^{-1}$	$\Delta H_g=17.35V_y^{1.54}$ $\Delta H_s=35.28V_y^{1.4}\zeta^{0.183}$
KL-1	4	$K=\left(\dfrac{1}{32.6V_y^{0.57}\xi^{0.987}}+\dfrac{1}{350.1w^{0.8}}\right)^{-1}$	$\Delta H_g=24.21V_y^{1.828}$ $\Delta H_s=24.01V_y^{1.913}$
KL-2	4	$K=\left(\dfrac{1}{29V_y^{0.622}\xi^{0.758}}+\dfrac{1}{385w^{0.8}}\right)^{-1}$	$\Delta H_g=27V_y^{1.43}$ $\Delta H_s=42.2V_y^{1.2}\zeta^{0.18}$
KL-3	6	$K=\left(\dfrac{1}{27.5V_y^{0.778}\xi^{0.843}}+\dfrac{1}{460.5w^{0.8}}\right)^{-1}$	$\Delta H_g=26.3V_y^{1.75}$ $\Delta H_s=63.3V_y^{1.2}\zeta^{0.15}$

型号	排数	水阻力 /kPa	作为热水加热用之传热系数 K /[W/(m²·℃)]	试验时用的型号
B 或 U-Ⅱ	2	—	—	B-2B-6-27
B 或 U-Ⅱ	6	$\Delta h=64.68w^{1.854}$	—	R-6R-8-24
GL 或 GL-Ⅱ	6	$\Delta h=64.68w^{1.854}$	—	GL-6R-8-24
W	2	$\Delta h=8.18w^{1.93}$	$K=34.77V_y^{0.4}w^{0.079}$	小型试验样品
JW	4	$\Delta h=12.54w^{1.93}$	$K=31.87V_y^{0.48}w^{0.08}$	小型试验样品
JW	6	$\Delta h=14.5w^{1.93}$	$K=30.7V_y^{0.485}w^{0.08}$	小型试验样品
JW	8	$\Delta h=20.19w^{1.93}$	$K=27.3V_y^{0.58}w^{0.075}$	小型试验样品
SXL-B	2	$\Delta h=15.48w^{1.97}$	$K=\left(\dfrac{1}{21.5V_y^{0.526}}+\dfrac{1}{319.8w^{0.8}}\right)^{-1}$	—
KL-1	4	$\Delta h=18.03w^{2.1}$	$K=\left(\dfrac{1}{28.6V_y^{0.656}}+\dfrac{1}{286.1w^{0.8}}\right)^{-1}$	—
KL-2	4	$\Delta h=22.5w^{1.3}$	$K=11.16V_y+15.54w^{0.276}$	KL-2-4-10/600
KL-3	6	$\Delta h=27.9w^{1.81}$	$K=12.97V_y+15.08w^{0.13}$	KL-3-6-10/600

冷却器型号	排数	迎面风速 v_y/(m/s)			
		1.5	2.0	2.5	3.0
B 或 U-Ⅱ GL 或 GL-Ⅱ	2	0.543	0.518	0.499	0.484
	4	0.791	0.767	0.748	0.733
	6	0.905	0.887	0.875	0.863
	8	0.957	0.946	0.937	0.930
JW	2*	0.590	0.545	0.515	0.490
	4*	0.841	0.797	0.768	0.740
	6*	0.940	0.911	0.888	0.872
	8*	0.977	0.964	0.954	0.945
SXL-B	2	0.826	0.440	0.423	0.408
	4*	0.97	0.686	0.665	0.649
	6	0.995	0.800	0.806	0.792
	8	0.999	0.824	0.887	0.877
KL-1	2	0.446	0.440	0.423	0.408
	4*	0.715	0.686	0.665	0.649
	6	0.848	0.800	0.806	0.792
	8	0.917	0.824	0.887	0.877
KL-2	2	0.553	0.530	0.511	0.493
	4*	0.800	0.780	0.762	0.743
	6	0.909	0.896	0.886	0.870
KL-3	2	0.450	0.439	0.429	0.416
	4	0.700	0.685	0.672	0.660
	6*	0.834	0.823	0.813	0.802

注：表中有 * 号的为试验数据，无 * 号的是根据理论公式计算出来的。

附表 3　JW 型表面冷却器技术数据

型号	风量 L /(m³/h)	每排散热面积 F_d /m²	迎风面积 F_y /m²	通水断面积 f_w /m²	备注
JW10-4	5000～8350	12.15	0.944	0.00407	共有 4 排、6 排、8 排、10 排 4 种产品
JW20-4	8350～16700	24.05	1.87	0.00407	
JW30-4	16700～25000	33.40	2.57	0.00553	
JW40-4	25000～33400	44.50	3.43	0.00553	

加热器型号		传热系数 K/[W/(m²·℃)]		空气阻力 ΔH/Pa	热水阻力/kPa
		蒸汽	热水		
SRZ 型	5D,6D,10D	13.6(v_p)0.49	—	1.76(v_p)1.998	D 型:15.2w1.96 Z、X 型:19.3w1.83
	5Z,6Z,10Z	13.6(v_p)0.49	—	1.47(v_p)1.98	
	5X,6X,10X	14.5(v_p)0.532	—	0.88(v_p)1.22	
	7D	14.3(v_p)0.51	—	2.06(v_p)1.97	
	7Z	14.3(v_p)0.51	—	2.94(v_p)1.52	
	7X	15.1(v_p)0.571	—	1.37(v_p)1.917	
SRL 型	B×A/2	15.2(v_p)0.48	16.5(v_p)0.24	1.71(v_p)1.67	
	B×A/3	15.1(v_p)0.43	14.5(v_p)0.29	3.03(v_p)1.62	
SYA 型	D	15.4(v_p)0.297	16.6(v_p)0.36w0.226	0.86(v_p)1.96	—
	Z	15.4(v_p)0.297	16.6(v_p)0.36w0.226	0.82(v_p)1.94	
	X	15.4(v_p)0.297	16.6(v_p)0.36w0.226	0.78(v_p)1.87	
I 型	2C	25.7(v_p)0.375	—	0.80(v_p)1.985	
	1C	26.3(v_p)0.423	—	0.40(v_p)1.985	
GL 型或 GL-II 型		19.8(v_p)0.608	31.9(v_p)0.46w0.5	0.84(v_p)1.862×N	10.8w1.854×N
B、U 型或 U-II 型		19.8(v_p)0.608	25.5(v_p)0.556w0.0115	0.84(v_p)1.862×N	10.8w1.854×N

注：v_p 表示空气质量流速，kg/(m²·s)；w 表示水流速，m/s，用 130℃ 过热水，$w=0.023\sim0.037$m/s；N 表示排数。

附表 5　一些铸铁散热器的规格及其传热系数 K

型号	每片散热面积/m²	每片水容量/L	每片质量/kg	工作压力/MPa	传热系数计算公式 K/[W/(m²·℃)]
TC0.28/5-4,长翼型(大 60)	1.16	8	28	0.4	$K=1.743\Delta t$0.28
TZ2-5-5(M-132 型)	0.24	1.32	7	0.5	$K=2.426\Delta t$0.286
TZ4-6-5(4 柱 760 型)	0.235	1.16	6.6	0.5	$K=2.503\Delta t$0.293
TZ4-5-5(4 柱 640 型)	0.20	1.03	5.7	0.5	$K=3.663\Delta t$0.16
TZ2-5-5(2 柱 700 型,带腿)	0.24	1.35	6	0.5	$K=2.02\Delta t$0.271
4 柱 813 型(带腿)	0.28	1.4	8	0.5	$K=2.237\Delta t$0.302
圆翼型: 单排 双排 三排	1.8	4.42	38.2	0.5	—

型号	热水热媒,当 $\Delta t=64.5$℃ 时的 K/[W/(m²·℃)]	不同蒸汽表压力下的 K/[W/(m²·℃)]		
		0.03	0.07	≥0.1
TC0.28/5-4,长翼型(大 60)	5.59	6.12	6.27	6.36
TZ2-5-5(M-132 型)	7.99	8.75	8.97	9.10
TZ4-6-5(4 柱 760 型)	8.49	9.31	9.55	9.69
TZ4-5-5(4 柱 640 型)	7.13	7.51	7.61	7.67
TZ2-5-5(2 柱 700 型,带腿)	6.25	6.81	6.97	7.07
4 柱 813 型(带腿)	7.87	8.66	8.89	9.03

型号	热水热媒，当 $\Delta t=64.5℃$ 时的 $K/[W/(m^2 \cdot ℃)]$	不同蒸汽表压力下的 $K/[W/(m^2 \cdot ℃)]$		
		0.03	0.07	≥0.1
圆翼型：				
单排	5.81	6.97	6.97	7.79
双排	5.08	5.81	5.81	6.51
三排	4.65	5.23	5.23	5.81

注：1. 本表前四项由原哈尔滨建筑工程学院 ISO 散热器试验台测试，其余柱型由清华大学 ISO 散热器试验台测试。

2. 散热器表面喷银粉漆、明装、同侧连接上进下出。

3. 圆翼型散热器因无试验公式，暂按以前一些手册数据采用。

4. 此为密闭实验台测试数据。在实际情况下，散热器的 K 和 Q 值比表中数值约增大 10%。

附表 6　一些钢制散热器规格及其传热系数 K

型号	每片散热面积 /m^2	每片水容量 /L	每片质量 /kg	工作压力 /MPa
钢制柱式散热器　600×120	0.15	1	2.2	0.8
钢制板式散热器　600×1000	2.75	4.6	18.4	0.8
钢制扁管散热器				
单板　　　　520×1000	1.51	4.71	15.1	0.6
单板带对流片　624×1000	5.55	5.49	27.4	0.6
闭式钢串片散热器	/(m^2/m)	/(L/m)	/(kg/m)	
150×80	3.15	1.05	10.5	1.0
240×100	5.72	1.47	17.4	1.0
500×90	7.44	2.50	30.5	1.0

型号	传热系数 K /$[W/(m^2 \cdot ℃)]$	热水热媒，当 $\Delta t=64.5℃$ 时的 K /$[W/(m^2 \cdot ℃)]$	备　注
钢制柱式散热器　　600×120	$K=2.489\Delta t^{0.3069}$	8.94	钢板厚 1.5mm，表面涂调合漆
钢制板式散热器　　600×1000	$K=2.5\Delta t^{0.239}$	6.76	钢板厚 1.5mm，表面涂调合漆
钢制扁管散热器			
单板　　520×1000	$K=3.53\Delta t^{0.235}$	9.4	钢板厚 1.5mm，表面涂调合漆
单板带对流片 624×1000	$K=1.23\Delta t^{0.246}$	3.4	钢板厚 1.5mm，表面涂调合漆
闭式钢串片散热器			
150×80	$K=2.07\Delta t^{0.14}$	3.71	对应流量 $G=50kg/h$ 时的工况
240×100	$K=1.30\Delta t^{0.18}$	2.75	对应流量 $G=150kg/h$ 时的工况
500×90	$K=1.88\Delta t^{0.11}$	2.97	对应流量 $G=250kg/h$ 时的工况

附表 7　散热器组装片数修正系数 β_1

每组片数/片	<6	6~10	11~12	>20
β_1	0.95	1.00	1.05	1.10

注：本表仅适用于各种柱型散热器。长翼型和圆翼型不修正。其他散热器需要修正时，可参见产品说明。

附表 8　散热器连接形式修正系数 β_2

连接形式	同侧上进下出	异侧上进下出	异侧下进下出	异侧下进上出	同侧下进上出
4 柱 813 型	1.0	1.004	1.239	1.422	1.426

连接形式	同侧上进下出	异侧上进下出	异侧下进下出	异侧下进上出	同侧下进上出
M-132 型	1.0	1.009	1.251	1.386	1.396
长翼型(大 60)	1.0	1.009	1.225	1.331	1.369

注：1. 本表数值由原哈尔滨建筑工程学院提供。数值是在标准状态下测定的。

2. 其他散热器可近似套用本表数据。

附表 9　散热器安装形式修正系数 β_3

序号	安装示意	安装说明	修正系数 β_3
1	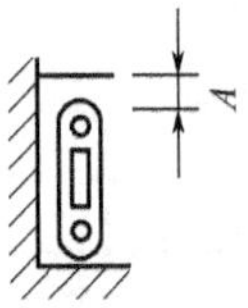	散热器安装在墙面上加盖板	当 $A=40\text{mm}$, $\beta_3=1.05$ 当 $A=80\text{mm}$, $\beta_3=1.03$ 当 $A=100\text{mm}$, $\beta_3=1.02$
2	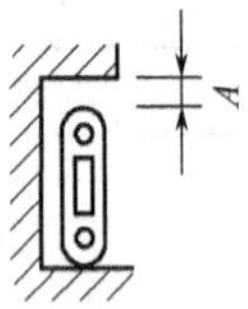	散热器装在墙龛内	当 $A=40\text{mm}$, $\beta_3=1.11$ 当 $A=80\text{mm}$, $\beta_3=1.07$ 当 $A=100\text{mm}$, $\beta_3=1.06$
3	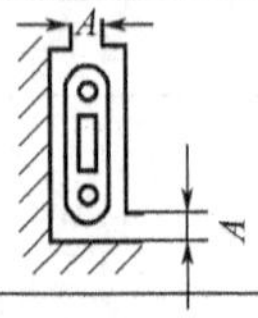	散热器安装在墙面,外面有罩。罩上面及前面的下端有空气流通孔	当 $A=260\text{mm}$, $\beta_3=1.12$ 当 $A=220\text{mm}$, $\beta_3=1.13$ 当 $A=180\text{mm}$, $\beta_3=1.19$ 当 $A=150\text{mm}$, $\beta_3=1.25$
4	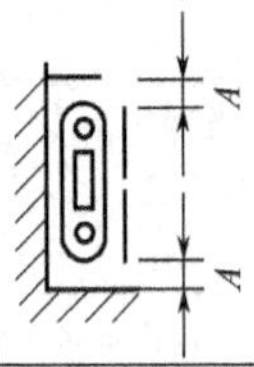	散热器安装形式同前,但空气流通孔开在罩前面上下两端	当 $A=130\text{mm}$ 时 孔口敞开:$\beta_3=1.2$ 孔口有格栅式网状物盖着:$\beta_3=1.4$
5	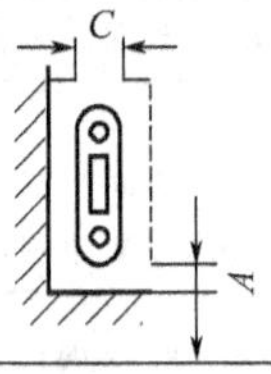	安装形式同前,但罩上面空气流通孔宽度 C 不小于散热器的宽度,罩前面下端的孔口高度不小于 100mm,其他部分为格栅	当 $A=100\text{mm}$ 时,$\beta_3=1.15$
6	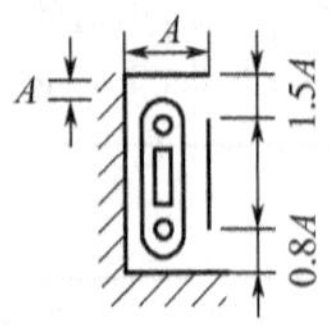	安装形式同前,空气流通孔开在罩前面上下端,其宽度如左图	$\beta_3=1.0$
7	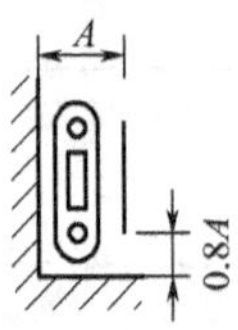	散热器用挡板挡住,挡板下端留有空气流通孔,其高度为 $0.8A$	$\beta_3=0.9$

附表10 我国主要城市的室外空气气象参数

城市	纬度(北)	海拔/m	大气压力/kPa		冬季室外计算干球温度/℃	冬季室外计算相对湿度/%	夏季室外计算干球温度/℃	夏季室外计算湿球温度/℃	夏季日平均干球温度/℃	夏季平均日较差/℃	室外平均风速/(m/s)	
			冬季	夏季							冬季	夏季
北京	39°48′	31.2	102.04	99.86	−12	45	33.2	26.4	28.6	8.8	2.8	1.9
天津	39°06′	3.3	102.66	100.48	−11	53	33.4	26.9	29.2	8.1	3.1	2.6
石家庄	38°02′	80.5	101.69	99.56	−11	52	35.1	26.6	29.7	10.4	1.8	1.5
太原	37°47′	777.9	93.29	91.92	−15	51	31.2	23.4	26.1	9.8	2.6	2.1
呼和浩特	40°49′	1063.0	90.09	88.94	−22	56	29.9	20.8	25.0	9.4	1.6	1.5
沈阳	41°46′	41.6	102.08	100.07	−22	64	31.4	25.4	27.2	8.1	3.1	2.9
大连	38°54′	92.8	101.38	99.47	−14	58	28.4	25.0	25.5	5.6	5.8	4.3
长春	43°54′	236.8	99.40	97.79	−26	68	30.5	24.2	25.9	8.8	4.2	3.5
哈尔滨	45°41′	171.7	100.15	98.51	−29	74	30.3	23.4	26.0	8.8	3.8	3.5
上海	31°10′	4.5	102.51	100.53	−4	75	34.0	28.2	30.4	6.9	3.1	3.2
南京	32°00′	8.9	102.52	100.40	−6	73	35.0	28.3	31.4	6.9	2.6	2.6
杭州	30°14′	41.7	102.09	100.05	−4	77	35.7	28.5	31.5	8.3	2.3	2.2
合肥	31°52′	29.8	102.23	100.09	−7	75	35.0	28.2	31.7	6.3	2.5	2.6
福州	26°15′	84.0	101.26	99.64	4	74	35.2	28.0	30.4	9.2	2.7	2.9
厦门	24°27′	63.2	101.38	99.91	6	73	33.4	27.6	29.9	6.7	3.5	3.0
南昌	28°36′	46.7	101.88	99.91	−3	74	35.6	27.9	32.1	6.7	3.8	2.7
济南	36°41′	51.6	102.02	99.85	−10	54	34.8	26.7	31.3	6.7	3.2	2.8
青岛	36°04′	76.0	101.69	99.72	−9	64	29.0	26.0	27.2	3.5	5.7	4.9
郑州	34°43′	110.4	101.28	99.17	−7	60	35.6	27.4	30.8	9.2	3.4	2.6
洛阳	34°40′	154.5	100.88	98.76	−7	57	35.9	27.5	30.9	9.6	2.5	2.1

城市	纬度（北）	海拔/m	大气压力/kPa 冬季	大气压力/kPa 夏季	冬季室外计算干球温度/℃	冬季室外计算相对湿度/%	夏季室外计算干球温度/℃	夏季室外计算湿球温度/℃	夏季日平均干球温度/℃	夏季平均日较差/℃	室外平均风速/(m/s) 冬季	室外平均风速/(m/s) 夏季
武汉	30°37′	23.3	102.33	100.17	-5	76	35.2	28.2	31.9	6.3	2.7	2.6
长沙	28°12′	44.9	101.99	99.94	-3	81	35.8	27.7	32.0	7.3	2.8	2.6
广州	23°08′	6.6	101.95	100.45	5	70	33.5	27.7	30.1	6.5	2.4	1.8
海口	20°02′	14.1	101.60	100.24	10	85	34.5	27.9	29.9	8.8	3.4	2.8
南宁	22°49′	72.2	101.14	99.60	5	75	34.2	27.5	30.3	7.5	1.8	1.6
桂林	25°20′	161.8	100.29	98.61	0	71	33.9	27.0	30.5	6.5	3.2	1.5
成都	30°40′	505.9	96.32	94.77	1	80	31.6	26.7	28.0	6.9	0.9	1.1
重庆	29°35′	259.1	99.12	97.32	2	82	36.5	27.3	32.5	2.7	1.2	1.4
贵阳	26°35′	1071.2	89.75	88.79	-4	78	30.0	23.0	26.3	7.1	2.2	2.0
昆明	25°01′	1891.4	81.15	80.80	1	68	25.8	19.9	22.2	6.9	2.5	1.8
拉萨	29°40′	3658.0	65.00	65.23	-8	28	22.8	13.5	18.1	9.0	2.2	1.8
西安	34°18′	396.6	97.87	95.92	-8	67	35.2	26.0	30.7	8.7	1.8	2.2
兰州	36°07′	1517.2	85.14	84.31	-13	58	30.5	20.2	25.8	9.0	0.5	1.3
西宁	36°37′	2261.2	77.51	77.35	-15	48	25.9	16.4	20.7	10.0	1.7	1.9
银川	38°29′	1111.5	89.57	88.35	-18	58	30.6	22.0	25.9	9.0	1.7	1.7
乌鲁木齐	43°47′	917.9	91.99	90.67	-27	80	34.1	18.5	29.0	9.8	1.7	3.1
台北	25°02′	9.0	101.97	100.53	9	82	33.6	27.3	30.5	6.9	3.7	2.8
香港	22°18′	32.0	101.95	100.56	8	71	32.4	27.3	30.0	4.6	6.5	5.3
汕头	23°24′	1.2	101.98	100.55	6	79	32.8	27.7	29.8	5.8	2.9	2.5

附表 11 室外温度逐时变化系数 β

时刻	1	2	3	4	5	6	7	8	9	10	11	12
β	−0.35	−0.38	−0.42	−0.45	−0.47	−0.41	−0.28	−0.12	0.03	0.16	0.29	0.40
时刻	13	14	15	16	17	18	19	20	21	22	23	24
β	0.48	0.52	0.51	0.43	0.39	0.28	0.14	0	−0.1	−0.17	−0.23	−0.26

附表 12 舒适性空调室内设计温、湿度及风速

季节	温度/℃	相对湿度/%	风速/(m/s)
夏季	22～28	40～65	≤0.3
冬季	18～24	30～60	≤0.2

附表 13 餐厅、宴会厅、多功能厅空调设计参数表

房间类型		夏季			冬季			空气中含尘浓度/(mg/m³)
		空气温度/℃	相对湿度/%	风速/(m/s)	空气温度/℃	相对湿度/%	风速/(m/s)	
餐厅、宴会厅、多功能厅	一级	23	≤65	≤0.25	23	≥40	≤0.15	≤0.15
	二级	24	≤65	≤0.25	22	≥40	≤0.15	
	三级	25	≤65	≤0.25	21	≥40	≤0.15	
	四级	26	—	—	20	—	—	

附表 14 餐厅、饮食厅空调设计参数表

房间类型	夏季			冬季采暖房间室内设计温度/℃
	空气温度/℃	相对湿度/%	风速/(m/s)	
一级餐厅、饮食厅	24～26	≤65	≤0.25	18～20
二级餐厅	25～28	≤65	≤0.25	18～20

附表 15 康乐中心空调设计参数表

房间类型	夏季			冬季			空气中含尘浓度/(mg/m³)
	空气温度/℃	相对湿度/%	风速/(m/s)	空气温度/℃	相对湿度/%	风速/(m/s)	
美容美发室	24	≤60	≤0.15	23	≥50	≤0.15	≤0.25
康乐设施	24	≤60	≤0.15	20	≥40	≤0.25	≤0.15

附表 16 门厅(大堂)、四季厅空调设计参数

房间类型		夏季			冬季			空气中含尘浓度/(mg/m³)
		空气温度/℃	相对湿度/%	风速/(m/s)	空气温度/℃	相对湿度/%	风速/(m/s)	
门厅(大堂)、四季厅	一级	24	≤65	≤0.30	23	≥30	≤0.30	≤0.25
	二级	25	≤65	≤0.30	21	≥30	≤0.30	
	三级	26	≤65	≤0.30	20	—	≤0.30	
	四级	—	—	—	—	—	—	

附表 17　KTV 厅、歌厅、舞厅的空调设计参数表

房间类型	夏季			冬季			空气中含尘浓度 /(mg/m³)
	空气温度 /℃	相对湿度 /%	风速 /(m/s)	空气温度 /℃	相对湿度 /%	风速 /(m/s)	
KTV 厅	26	65	0.25	20	40	0.15	
歌厅	26	65	0.25	20	40	0.15	0.15
舞厅	25	60	0.35	20	40	0.25	

附表 18　办公用房的空调设计参数表

房间类型	夏季			冬季		
	空气温度 /℃	相对湿度 /%	气流平均速度 /(m/s)	空气温度 /℃	相对湿度 /%	气流平均速度 /(m/s)
一般办公室	26~28	<65	≤0.30	18~20	—	≤0.20
高级办公室	24~27	<60	≤0.30	20~22	≥35	≤0.20
会议室接待室	25~27	<65	≤0.30	16~18	—	≤0.20
电话总机房	25~27	<65	≤0.30	16~18	—	≤0.20
计算机房	24~28	≤60	≤0.30	18~20	—	≤0.20
复印机房	24~28	≤55		18~20		

注：大型电话总机房、计算机房应按设备要求设计。

附表 19　旅馆建筑的办公室的空调设计参数表

房间类型	夏季			冬季		
	空气温度 /℃	相对湿度 /%	风速 /(m/s)	空气温度 /℃	相对湿度 /%	风速 /(m/s)
一级	24	≤65	0.25	23	≥40	≤0.15
二级	25	≤65	0.25	22	≥40	≤0.15
三级	26	≤65	0.25	21	≥40	≤0.15
四级	27	—	—	20	—	—

附表 20　一般商场的室内温湿度参数表

夏季				冬季				空气中含尘浓度 /(mg/m³)
较高标准		一般标准		较高标准		一般标准		
温度 /℃	相对湿度 /%	温度 /℃	相对湿度 /%	温度 /℃	相对湿度 /%	温度 /℃	相对湿度 /%	
26~28	55~65	27~29	55~65	18~20	40~50	15~18	30~40	0.3~0.4

附表 21　旅游建筑内的商场空调设计参数表

旅馆登记分类	夏季			冬季			空气中含尘浓度 /(mg/m³)
	空气温度 /℃	相对湿度 /%	风速 /(m/s)	空气温度 /℃	相对湿度 /%	风速 /(m/s)	
一级	24			23			
二级	25	65	0.25	21	40	0.15	—
三级	26			20			
四级	27			20			

附表 22　商店建筑的空调设计参数表

参数名称	夏季		冬季
	人工冷源	天然冷源	
干球温度/℃	26～28	28～30	16～18
相对湿度/%	55～65	65～80	30～50
气流平均速度/(m/s)	0.2～0.5	>0.5	0.1～0.3

附表 23　电影院空调设计参数表

参数名称	夏季	冬季
干球温度/℃	26～29	14～18
相对湿度/%	55～70	≥30
气流平均速度/(m/s)	0.3～0.7	0.2～0.3

附表 24　剧场空调设计参数表

参数名称	夏季	冬季
干球温度/℃	25～28	20～16
相对湿度/%	50～70	≥30
气流平均速度/(m/s)	0.2～0.5	0.2～0.3

附表 25　剧场局部空调设计参数表

房间类型	夏季			冬季		
	空气温度/℃	相对湿度/%	风速/(m/s)	空气温度/℃	相对湿度/%	风速/(m/s)
观众厅	26～28	≤65	≤0.3	16～18	≥35	≤0.2
舞台	25～27	≤65	≤0.3	16～20	≥35	≤0.2
化妆间	25～27	≤60	≤0.3	18～22	≥35	≤0.2
休息厅	28～30	≤65	≤0.5	16～18	—	≤0.3

附表 26　体育馆空调设计参数表

房间类型	夏季			冬季		
	空气温度/℃	相对湿度/%	风速/(m/s)	空气温度/℃	相对湿度/%	风速/(m/s)
观众席	26～28	≤65	0.15～0.3 0.2～0.5	16～18	35～50	≤0.2
比赛大厅	26～28	≤65	0.15～0.2(羽毛球、乒乓球、冰球) 0.5(其他球类)	16～18	—	≤0.2
练习厅	26～28	≤65	0.15～0.2(羽毛球、乒乓球、冰球) 0.5(其他球类)	16～18	—	≤0.2
游泳池大厅	26～29	≥75	0.15～0.3	26～28	≥75	≤0.2
休息厅	28～30	≤65	<0.5	16～18	—	≤0.2

附表 27　医院空调设计参数表

房间类型	夏季		冬季	
	空气温度/℃	相对湿度/%	空气温度/℃	相对湿度/%
病房	26～27	45～50	22～23	40～45

房间类型	夏季		冬季	
	空气温度/℃	相对湿度/%	空气温度/℃	相对湿度/%
诊室	26～27	45～50	21～22	40～45
候诊室	26～27	45～50	20～21	40～45
急救手术室	23～26	55～60	24～26	55～60
手术室	23～26	55～60	24～26	55～60
ICU特别监护室	23～26	55～60	24～26	50～55
恢复室	24～26	55～60	23～24	50～55
分娩室	24～26	55～60	23～24	50～55
婴儿室	25～27	55～60	25～27	55～60
供应中心	26～27		21～22	
各类实验室	26～27	45～50	21～22	45～50
红外线分光器室	25	35	25	35
X射线、放射线室	26～27	45～50	23～24	40～45
动物室	25～27	45～50	25～27	30～40
药房	26～27	45～50	21～22	40～45
药品储存	16	≤60	16	≤60
管理室	26～27	45～50	21～22	45～50

附表28 电视、广播中心空调设计参数表

房间类型	夏季			冬季		
	空气温度/℃	相对湿度/%	风速/(m/s)	空气温度/℃	相对湿度/%	风速/(m/s)
播音室、演播室	25～27	40～60	≤0.3	18～20	40～50	≤0.2
控制室	24～26	40～60	≤0.3	20～22	40～55	≤0.2
机房	25～27	40～60	≤0.3	16～18	40～55	≤0.2
节目制作室、录音室	25～27	40～60	≤0.3	18～20	40～50	≤0.2

附表29 图书馆、美术馆、博物馆、档案室等场所空调设计参数表

房间类型	夏季			冬季		
	空气温度/℃	相对湿度/%	风速/(m/s)	空气温度/℃	相对湿度/%	风速/(m/s)
阅览室	26～28	45～65	≤0.5	16～18	—	≤0.2
展览厅	26～28	45～60	≤0.5	16～18	40～50	≤0.2
善本、舆图、珍藏、档案室和书库	22～24	45～60	≤0.3	12～16	45～60	≤0.2
细微胶片库	20～22	30～50	≤0.3	12～16	30～50	≤0.2

附表30 学校建筑的空调设计参数表

房间类型	夏季			冬季		
	空气温度/℃	相对湿度/%	风速/(m/s)	空气温度/℃	相对湿度/%	风速/(m/s)
教室	26～28	≤65	≤0.3	16～18	—	≤0.2
礼堂	26～28	≤65	≤0.3	16～18	—	≤0.2
实验室	25～27	≤65	≤0.3	16～20	—	≤0.2

房间类型	夏季			冬季		
	空气温度 /℃	相对湿度 /%	风速 /(m/s)	空气温度 /℃	相对湿度 /%	风速 /(m/s)
候机厅	24～26	50～70	≤0.2	21～23	20～30	≤0.2
办票安检厅	24～26	50～70	≤0.2			
到达通道	25～27	50～70	≤0.2			
行李提取厅	24～26	50～70				
公众厅	25～27	50～70				
办公室	24～26	50～70				
餐厅	24～26	50～70				
商场	25～27	50～70				
贵宾厅	23～25	50～70	0.15			
头等舱	23～25	50～70	0.15			
其他娱乐	24～26	50～70				

附表 32　计算机机房的空调设计参数表

项目	A 级		B 级
	夏季	冬季	全年
温度/℃	23±2	20±2	18～28
相对湿度/%	45～65		40～70
温度变化率	<5℃/h,不得结露		<10℃/h,不得结露
适用房间	主机房		
	基本工作间(根据设备要求采用 A 级或 B 级)		

注：辅助房间按工艺要求确定。

附表 33　外墙的构造类型

序号	构造	壁厚 δ/mm	导热热阻 /[(m²·K)/W]	传热系数 /[W/(m²·K)]	单位面积质量 /(kg/m²)	热容量 /[kJ/(m²·K)]	类型
1	外　内 ①砖墙 ②白灰粉刷	240	0.32	2.05	464	406	Ⅲ
		370	0.48	1.55	698	612	Ⅱ
		490	0.63	1.26	914	804	Ⅰ
2	外　内 ①水泥砂浆 ②砖墙 ③白灰粉刷	240	0.34	1.97	500	436	Ⅲ
		370	0.50	1.50	734	645	Ⅱ
		490	0.65	1.22	950	834	Ⅰ

序号	构造	壁厚 δ/mm	导热热阻 /[(m²·K)/W]	传热系数 /[W/(m²·K)]	单位面积质量 /(kg/m²)	热容量 /[kJ/(m²·K)]	类型
3	①砖墙 ②泡沫混凝土 ③木丝板 ④白灰粉刷	240	0.95	0.90	534	478	II
		370	1.11	0.78	768	683	I
		490	1.26	0.70	984	876	0
4	①水泥砂浆 ②砖墙 ③木丝板	240	0.47	1.57	478	432	III
		370	0.63	1.26	712	608	II

注：类型栏内标 0 者，按稳定传热计算，也即以日平均综合温度作为室外计算温度。

附表 34　屋顶的构造类型

序号	构造	壁厚 δ /mm	保温层 材料	保温层 厚度 l/mm	导热热阻 /[(m²·K)/W]	传热系数 /[W/(m²·K)]	单位面积质量 /(kg/m²)	热容量 /[kJ/(m²·K)]	类型
1	①预制细石混凝土板25mm，表面喷白色水泥浆 ②通风层≥200mm ③卷材防水层 ④水泥砂浆找平层20mm ⑤保温层 ⑥隔汽层 ⑦找平层20mm ⑧预制钢筋混凝土板 ⑨内粉刷	35	水泥膨胀珍珠岩	25	0.77	1.07	292	247	IV
				50	0.98	0.87	301	251	IV
				75	1.20	0.73	310	260	III
				100	1.41	0.64	318	264	III
				125	1.63	0.56	327	272	III
				150	1.84	0.50	336	277	III
				175	2.06	0.45	345	281	II
				200	2.27	0.41	353	289	II
			沥青膨胀珍珠岩	25	0.82	1.01	292	247	IV
				50	1.09	0.79	301	251	IV
				75	1.36	0.65	310	260	III
				100	1.63	0.56	318	264	III
				125	1.89	0.49	327	272	III
				150	2.17	0.43	336	277	III
				175	2.43	0.38	345	281	II
				200	2.70	0.35	353	289	II
			加气混凝土 泡沫混凝土	25	0.67	1.20	298	256	IV
				50	0.79	1.05	313	268	IV
				75	0.90	0.93	328	281	III
				100	1.02	0.84	343	293	III
				125	1.14	0.76	358	306	III
				150	1.26	0.70	373	318	III
				175	1.38	0.64	388	331	III
				200	1.50	0.59	403	344	II

序号	构造	壁厚δ /mm	保温层 材料	保温层 厚度 l/mm	导热热阻 /[(m²·K)/W]	传热系数 /[W/(m²·K)]	单位面积质量 /(kg/m²)	热容量 /[kJ/(m²·K)]	类型
2	①预制细石混凝土板25mm，表面喷白色水泥浆 ②通风层≥200mm ③卷材防水层 ④水泥砂浆找平层20mm ⑤保温层 ⑥隔汽层 ⑦预制钢筋混凝土板 ⑧内粉刷	70	水泥膨胀珍珠岩	25	0.78	1.05	376	318	Ⅲ
				50	1.00	0.86	385	323	Ⅲ
				75	1.21	0.72	394	331	Ⅲ
				100	1.43	0.63	402	335	Ⅱ
				125	1.64	0.55	411	339	Ⅱ
				150	1.86	0.49	420	348	Ⅱ
				175	2.07	0.44	429	352	Ⅱ
				200	2.29	0.41	437	360	Ⅰ
			沥青膨胀珍珠岩	25	0.83	1.00	376	318	Ⅲ
				50	1.11	0.78	385	323	Ⅲ
				75	1.38	0.65	394	331	Ⅲ
				100	1.64	0.55	402	335	Ⅱ
				125	1.91	0.48	411	339	Ⅱ
				150	2.18	0.43	420	348	Ⅱ
				175	2.45	0.38	429	352	Ⅱ
				200	2.72	0.35	437	360	Ⅰ
			加气混凝土 泡沫混凝土	25	0.69	1.16	382	323	Ⅲ
				50	0.81	1.02	397	335	Ⅲ
				75	0.93	0.91	412	348	Ⅲ
				100	1.05	0.83	427	360	Ⅱ
				125	1.17	0.74	442	373	Ⅱ
				150	1.29	0.69	457	385	Ⅰ
				175	1.41	0.64	472	398	Ⅰ
				200	1.53	0.59	487	411	Ⅰ

附表35　以北京地区的气象条件为依据的外墙逐时负荷计算温度 t_{wlb}　　单位：℃

时间 朝向	Ⅰ型外墙				Ⅱ型外墙			
	S	W	N	E	S	W	N	E
0	34.7	36.6	32.2	37.5	36.1	38.5	33.1	38.5
1	34.9	36.9	32.3	37.6	36.2	38.9	33.2	38.4
2	35.1	37.2	32.4	37.7	36.2	39.1	33.2	38.2
3	35.2	37.4	32.5	37.7	36.1	39.2	33.2	38.0
4	35.3	37.6	32.6	37.7	35.9	39.1	33.1	37.6
5	35.3	37.8	32.6	37.6	35.6	38.9	33.0	37.3
6	35.3	37.9	32.7	37.5	35.3	38.6	32.8	36.9
7	35.3	37.9	32.6	37.4	35.0	38.2	32.6	36.4
8	35.2	37.9	32.6	37.3	34.6	37.8	32.3	36.0
9	35.1	37.8	32.5	37.1	34.2	37.3	32.1	35.5
10	34.9	37.7	32.5	36.8	33.9	36.8	31.8	35.2
11	34.8	37.5	32.4	36.6	33.5	36.3	31.6	35.0
12	34.6	37.3	32.2	36.4	33.2	35.9	31.4	35.0

时间 \ 朝向	Ⅰ型外墙				Ⅱ型外墙			
	S	W	N	E	S	W	N	E
13	34.4	37.1	32.1	36.2	32.9	35.5	31.3	35.2
14	34.2	36.9	32.0	36.1	32.8	35.2	31.2	35.6
15	34.0	36.6	31.9	36.1	32.9	34.9	31.2	36.1
16	33.9	36.4	31.8	36.2	33.1	34.8	31.3	36.6
17	33.8	36.2	31.8	36.3	33.4	34.8	31.4	37.1
18	33.8	36.1	31.8	36.4	33.9	34.9	31.6	37.5
19	33.9	36.0	31.8	36.6	34.4	35.3	31.8	37.9
20	34.0	35.9	31.8	36.8	34.9	35.8	32.1	38.2
21	34.1	36.0	31.9	37.0	35.3	36.5	32.4	38.4
22	34.3	36.1	32.0	37.2	35.7	37.3	32.6	38.5
23	34.5	36.3	32.1	37.3	36.0	38.0	32.9	38.6
最大值	35.3	37.9	32.7	37.7	36.2	39.2	33.2	38.6
最小值	33.8	35.9	31.8	36.1	32.8	34.8	31.2	35.0

附表 36　以北京地区的气象条件为依据的屋顶逐时负荷计算温度 $t_{w_{lb}}$　　　　单位：℃

时间 \ 屋面类型	Ⅰ	Ⅱ	Ⅲ	Ⅳ	Ⅴ	Ⅵ
0	43.7	47.2	47.7	46.1	41.6	38.1
1	44.3	46.4	46.0	43.7	39.0	35.5
2	44.8	45.4	44.2	41.4	36.7	33.2
3	45.0	44.3	42.4	39.3	34.6	31.4
4	45.0	43.1	40.6	37.3	32.8	29.8
5	44.9	41.8	38.8	35.5	31.2	28.4
6	44.5	40.6	37.1	33.9	29.8	27.2
7	44.0	39.3	35.5	32.4	28.7	26.5
8	43.4	38.1	34.1	31.2	28.4	26.8
9	42.7	37.0	33.1	30.7	29.2	28.6
10	41.9	36.1	32.7	31.0	31.4	32.0
11	41.1	35.6	33.0	32.3	34.7	36.7
12	40.2	35.6	34.0	34.5	38.9	42.2
13	39.5	36.0	35.8	37.5	43.4	47.8
14	38.9	37.0	38.1	41.0	47.9	52.9
15	38.5	38.4	40.7	44.6	51.9	57.1
16	38.3	40.1	43.5	47.9	54.9	59.8
17	38.4	41.9	46.1	50.7	56.8	60.9
18	38.8	43.7	48.3	52.7	57.2	60.2
19	39.4	45.4	49.9	53.7	56.3	57.8
20	40.2	46.7	50.8	53.6	54.0	54.0
21	41.1	47.5	50.9	52.5	51.0	49.5
22	42.0	47.8	50.3	50.7	47.7	45.1
23	42.9	47.7	49.2	48.4	44.5	41.3
最大值	45.0	47.8	50.9	53.7	57.2	60.9
最小值	38.3	35.6	32.7	30.7	28.4	26.5

编号	城市	S	SW	W	NW	N	NE	E	SE	水平
1	北京	0.0	0.0	0.0	0.0	0.0	0.0	0.0	0.0	0.0
2	天津	−0.4	−0.3	−0.1	−0.1	−0.2	−0.3	−0.1	−0.3	−0.5
3	沈阳	−1.4	−1.7	−1.9	−1.9	−1.6	−2.0	−1.9	−1.7	−2.7
4	哈尔滨	−2.2	−2.8	−3.4	−3.7	−3.4	−3.8	−3.4	−2.8	−4.1
5	上海	−0.8	−0.2	0.5	1.2	1.2	1.0	0.5	−0.2	0.1
6	南京	1.0	1.5	2.1	2.7	2.7	2.5	2.1	1.5	2.0
7	武汉	0.4	1.0	1.7	2.4	2.2	2.3	1.7	1.0	1.3
8	广州	−1.9	−1.2	0.0	1.3	1.7	1.2	0.0	−1.2	−0.5
9	昆明	−8.5	−7.8	−6.7	−5.5	−5.2	−5.7	−6.7	−7.8	−7.2
10	西安	0.5	0.5	0.9	1.5	1.8	1.4	0.9	0.5	0.4
11	兰州	−4.8	−4.4	−4.0	−3.8	−3.9	−4.0	−4.0	−4.4	−0.4
12	呼和浩特	0.7	0.5	0.2	−0.3	−0.4	−0.4	0.2	0.5	0.1
13	重庆	0.4	1.1	2.0	2.7	2.8	2.6	2.0	1.1	1.7

附表 38　围护结构外表面换热系数 α_w 和外表面放热修正系数 k_α

室外平均风速/(m/s)	1.0	1.5	2.0	2.5	3.0	3.5	4.0	4.5
$\alpha_w/[W/(m^2 \cdot ℃)]$	14.2	16.3	18.6	20.9	23.3	25.6	27.9	30.2
$k_\alpha/℃$	1.06	1.03	1.0	0.98	0.97	0.95	0.94	0.93

附表 39　外表面吸收修正系数 k_ρ

颜色	类型	
	外墙	屋面
浅色	0.94	0.88
中色	0.97	0.94

附表 40　吸收系数 ρ 值

面层类别		表面状况	表面颜色	吸收系数 ρ 值
粉刷	拉毛水泥墙面	粗糙、旧	米黄	0.65
	石灰粉刷	光滑、新	白色	0.48
	水刷石	粗糙、旧	浅灰	0.68
	水泥粉刷墙面	光滑、新	浅蓝色	0.56
	砂石粉刷		深色	0.57
金属	镀锌薄钢板	光滑、旧	灰黑	0.89
墙	红砖墙	旧	红色	0.7～0.77
	硅酸盐砖墙	不光滑	青灰色	0.45
	混凝土砌块		灰	0.65
	混凝土墙	平滑	暗灰	0.73

面层类别		表面状况	表面颜色	吸收系数 ρ 值
屋面	红褐陶瓦屋面	旧	红褐	0.65～0.74
	灰瓦屋面	旧	浅灰	0.52
	水泥屋面	旧	素灰	0.74
	石板瓦	旧	银灰色	0.75
	水泥瓦屋面		暗灰	0.69
	绿豆砂保护屋面		浅黑	0.65
	白石子屋面	粗糙		0.62
	浅色油毛毡屋面	不光滑、新	浅黑色	0.72
	黑色油毛毡屋面	不光滑、新	黑色	0.86

附表 41 温度的差值 Δt_{ls}

邻室散热量/(W/m²)	Δt_{ls}/℃
很少(如办公室、走廊)	0～2
<23	3
23～116	5
>116	7

附表 42 玻璃窗的传热系数的修正值 C_w

窗框类型	单层窗	双层窗
全部玻璃	1.00	1.00
木窗框,80%玻璃	0.90	0.95
木窗框,60%玻璃	0.80	0.85
金属窗框,80%玻璃	1.00	1.20

附表 43 单层窗玻璃的传热系数 K_w 值 单位:W/(m² · K)

α_w \ α_n	5.8	6.4	7.0	7.6	8.1	8.7	9.3	9.9	10.5	11
11.6	3.87	4.13	4.36	4.58	4.79	4.99	5.16	5.34	5.51	5.66
12.8	4.00	4.27	4.51	4.76	4.98	5.19	5.38	5.57	5.76	5.93
14.0	4.11	4.38	4.65	4.91	5.14	5.37	5.58	5.79	5.81	6.16
15.1	4.20	4.49	4.78	5.04	5.29	5.54	5.76	5.98	6.19	6.38
16.3	4.28	4.60	4.88	5.16	5.43	5.68	5.92	6.15	6.37	6.58
17.5	4.37	4.68	4.99	5.27	5.55	5.82	6.07	6.32	6.55	6.77
18.6	4.43	4.76	5.07	5.61	5.66	5.94	6.20	6.45	6.70	6.93
19.8	4.49	4.84	5.15	5.47	5.77	6.05	6.33	6.59	6.34	7.08
20.9	4.55	4.90	5.23	5.59	5.86	6.15	6.44	6.71	6.98	7.23
22.1	4.61	4.97	5.30	5.63	5.95	6.26	6.55	6.83	7.11	7.36

α_w \ α_n	5.8	6.4	7.0	7.6	8.1	8.7	9.3	9.9	10.5	11
23.3	4.65	5.01	5.37	5.71	6.04	6.34	6.64	6.93	7.22	7.49
24.4	4.70	5.07	5.43	5.77	6.11	6.43	6.73	7.04	7.33	7.61
25.6	4.73	5.12	5.48	5.84	6.18	6.50	6.83	7.13	7.43	7.69
26.7	4.78	5.16	5.54	5.90	6.25	6.58	6.91	7.22	7.52	7.82
27.9	4.81	5.20	5.58	5.94	6.30	6.64	6.98	7.30	7.62	7.92
29.1	4.85	5.25	5.63	6.00	6.36	6.71	7.05	7.37	7.70	8.00

附表 44　双层窗玻璃的传热系数 K_w 值　　　　　单位：W/(m²·K)

α_w \ α_n	5.8	6.4	7.0	7.6	8.1	8.7	9.3	9.9	10.5	11
11.6	2.37	2.47	2.55	2.62	2.69	2.74	2.80	2.85	2.90	2.73
12.8	2.42	2.51	2.59	2.67	2.74	2.80	2.86	2.92	2.97	3.01
14.0	2.45	2.56	2.64	2.72	2.79	2.86	2.92	2.98	3.02	3.07
15.1	2.49	2.59	2.69	2.77	2.84	2.91	2.97	3.02	3.08	3.13
16.3	2.52	2.63	2.72	2.80	2.87	2.94	3.01	3.07	3.12	3.17
17.5	2.55	2.65	2.74	2.84	2.91	2.98	3.05	3.11	3.16	3.21
18.6	2.57	2.67	2.78	2.86	2.94	3.01	3.08	3.14	3.20	3.25
19.8	2.59	2.70	2.80	2.88	2.97	3.05	3.12	3.17	3.23	3.28
20.9	2.61	2.72	2.83	2.91	2.99	3.07	3.14	3.20	3.26	3.31
22.1	2.63	2.74	2.84	2.93	3.01	3.09	3.16	3.23	3.29	3.34
23.3	2.64	2.76	2.86	2.95	3.04	3.12	3.19	3.25	3.31	3.37
24.4	2.66	2.77	2.87	2.97	3.06	3.14	3.21	3.27	3.34	3.40
25.6	2.67	2.79	2.90	2.99	3.07	3.15	3.20	3.29	3.36	3.41
26.7	2.69	2.80	2.91	3.00	3.09	3.17	3.24	3.31	3.37	3.43
27.9	2.70	2.81	2.92	3.01	3.11	3.19	3.25	3.33	3.40	3.45
29.1	2.71	2.83	2.93	3.04	3.12	3.20	3.28	3.35	3.41	3.47

附表 45　不同结构材料的玻璃的传热系数 K_w 值

玻璃		间隔层厚/mm	间隔层充气体	窗玻璃的传热系数 K_w /[W/(m²·℃)]	窗框修正系数 α							
					塑料		铝合金		PA断热桥铝合金		木框	
普通玻璃	玻璃厚度 3mm	—	—	5.8	0.72	0.79	1.07	1.13	0.84	0.90	0.72	0.82
		12	空气	3.3	0.84	0.88	1.20	1.29	1.05	1.07	0.89	0.93
	玻璃厚度 6mm	—	—	5.7	0.72	0.79	1.07	1.13	0.84	0.90	0.72	0.82
		12	空气	3.3	0.84	0.88	1.20	1.29	1.05	1.07	0.89	0.93

玻璃	间隔层厚 /mm	间隔层充气体	窗玻璃的传热系数 K_w /[W/(m²·℃)]	窗框修正系数 α							
				塑料		铝合金		PA断热桥铝合金		木框	
Low-E 玻璃	—	—	3.5	0.82	0.86	1.16	1.24	1.02	1.03	0.86	0.90
中空玻璃	6	空气	3.0	0.86	0.93	1.23	1.46	1.06	1.11		
	12		2.6	0.90	0.95	1.30	1.59	1.10	1.19		
辐射率≤0.25 Low-E 中空 玻璃(在线)	6	空气	2.8	0.87	0.94	1.24	1.49	1.06	1.13		
	9		2.2	0.95	0.97	1.36	1.73	1.14	1.27		
	12		1.9	1.03	1.04	1.45	1.91	1.19	1.38		
	6	氩气	2.4	0.92	0.96	1.32	1.63	1.11	1.22		
	9		1.8	1.01	1.02	1.49	1.98	1.21	1.42		
	12		1.7	1.02	1.05	1.53	2.06	1.24	1.47		
辐射率≤0.15 Low-E 中空玻璃(离线)	12	空气	1.8	1.01	1.02	1.49	1.98	1.21	1.42		
		氩气	1.5	1.05	1.11	1.63	2.25	1.29	1.59		
双银 Low-E 中空玻璃	12	空气	1.7	1.02	1.05	1.53	2.06	1.24	1.47		
		氩气	1.4	1.07	1.14	1.69	2.37	1.33	1.66		
窗框比(窗框面积与整窗面积之比)/%				30	40	20	30	25	40	30	45

附表 46　外玻璃窗冷负荷计算温度的逐时值 t_{w_1}　　　　单位：℃

时间/h	0	1	2	3	4	5	6	7	8	9	10	11
t_{w_1}	27.2	26.7	26.2	25.8	25.5	25.3	25.4	26.0	26.9	27.9	29.0	29.9
时间/h	12	13	14	15	16	17	18	19	20	21	22	23
t_{w_1}	30.8	31.5	31.9	32.2	32.2	32.0	31.6	30.8	29.9	29.1	28.4	27.8

附表 47　玻璃窗的地点修正值 t_{d_1}

编号	城市	t_{d_1}	编号	城市	t_{d_1}
1	北京	0	12	合肥	3
2	天津	0	13	福州	2
3	石家庄	1	14	南昌	3
4	太原	−2	15	济南	3
5	呼和浩特	−4	16	郑州	2
6	沈阳	−1	17	武汉	3
7	长春	−3	18	长沙	3
8	哈尔滨	−3	19	广州	1
9	上海	1	20	南宁	1
10	南京	3	21	成都	−1
11	杭州	3	22	贵阳	−3

编号	城市	t_{dl}	编号	城市	t_{dl}
23	昆明	-6	32	汕头	1
24	拉萨	-11	33	海口	1
25	西安	2	34	桂林	1
26	兰州	-3	35	重庆	3
27	西宁	-8	36	敦煌	-1
28	银川	-3	37	格尔木	-9
29	乌鲁木齐	1	38	和田	-1
30	台北	1	39	喀什	0
31	大连	-2	40	库车	0

附表 48 窗玻璃的遮阳系数 C_s

玻璃类型	C_s 值	玻璃类型	C_s 值
标准玻璃	1.00	6mm 厚吸热玻璃	0.83
5mm 厚普通玻璃	0.93	双层 3mm 厚普通玻璃	0.86
6mm 厚普通玻璃	0.89	双层 5mm 厚普通玻璃	0.78
3mm 厚吸热玻璃	0.96	双层 6mm 厚普通玻璃	0.74
5mm 厚吸热玻璃	0.88		

附表 49 窗内遮阳设施的遮阳系数 C_{in}

内遮阳类型	颜色	C_{in}
白布帘	浅色	0.50
浅蓝布帘	中间色	0.60
深黄、紫红、深绿布帘	深色	0.65
活动百叶帘	中间色	0.60

附表 50 夏季各纬度带的太阳辐射得热因数的最大值 D_{Jmax} 单位：W/m²

纬度带 \ 朝向	S	SE	E	NE	N	NW	W	SW	水平
20°	130	311	541	465	130	465	541	311	876
25°	146	332	509	421	134	421	509	332	834
30°	174	374	539	415	115	415	539	374	833
35°	251	436	575	430	122	430	575	436	844
40°	302	477	599	442	114	442	599	477	842
45°	368	508	598	432	109	432	598	508	811
拉萨	174	462	727	592	133	593	727	462	991

注：每一纬度带包括的宽度为 ±2°30′ 纬度。

附表 51　北区(北纬27°30′以北)无内遮阳玻璃窗冷负荷系数 C_{LQ}

时间 朝向	0	1	2	3	4	5	6	7	8	9	10	11	12	13	14	15	16	17	18	19	20	21	22	23
S	0.16	0.15	0.14	0.13	0.12	0.11	0.13	0.17	0.21	0.28	0.39	0.49	0.54	0.65	0.60	0.42	0.36	0.32	0.27	0.23	0.21	0.20	0.18	0.17
SE	0.14	0.13	0.12	0.11	0.10	0.09	0.22	0.34	0.45	0.51	0.62	0.58	0.41	0.34	0.32	0.31	0.28	0.26	0.22	0.19	0.18	0.17	0.16	0.15
E	0.12	0.11	0.10	0.09	0.09	0.08	0.29	0.41	0.49	0.60	0.56	0.37	0.29	0.29	0.28	0.26	0.24	0.22	0.19	0.17	0.16	0.15	0.14	0.13
NE	0.12	0.11	0.10	0.09	0.09	0.08	0.35	0.45	0.53	0.54	0.38	0.30	0.30	0.30	0.29	0.27	0.26	0.23	0.20	0.17	0.16	0.15	0.14	0.13
N	0.26	0.24	0.23	0.21	0.19	0.18	0.44	0.42	0.43	0.49	0.56	0.61	0.64	0.66	0.66	0.63	0.59	0.64	0.64	0.38	0.35	0.32	0.30	0.28
NW	0.17	0.15	0.14	0.13	0.12	0.12	0.13	0.15	0.17	0.18	0.20	0.21	0.22	0.22	0.28	0.39	0.50	0.56	0.59	0.31	0.22	0.21	0.19	0.18
W	0.17	0.16	0.15	0.14	0.13	0.12	0.12	0.14	0.15	0.16	0.17	0.17	0.18	0.25	0.37	0.47	0.52	0.62	0.55	0.24	0.23	0.21	0.20	0.18
SW	0.18	0.16	0.15	0.14	0.13	0.12	0.13	0.15	0.17	0.18	0.20	0.21	0.29	0.40	0.49	0.54	0.64	0.59	0.39	0.25	0.24	0.22	0.20	0.19
水平	0.20	0.18	0.17	0.16	0.15	0.14	0.16	0.22	0.31	0.39	0.47	0.53	0.57	0.69	0.68	0.55	0.49	0.41	0.33	0.28	0.26	0.25	0.23	0.21

附表 52　北区有内遮阳玻璃窗冷负荷系数 C_{LQ}

时间 朝向	0	1	2	3	4	5	6	7	8	9	10	11	12	13	14	15	16	17	18	19	20	21	22	23
S	0.07	0.07	0.06	0.06	0.06	0.05	0.11	0.18	0.26	0.40	0.58	0.72	0.84	0.80	0.62	0.45	0.32	0.24	0.16	0.10	0.09	0.09	0.08	0.08
SE	0.06	0.06	0.06	0.05	0.05	0.05	0.30	0.54	0.71	0.83	0.80	0.62	0.43	0.30	0.28	0.25	0.22	0.17	0.13	0.09	0.08	0.08	0.07	0.07
E	0.06	0.05	0.05	0.04	0.04	0.04	0.47	0.68	0.82	0.79	0.59	0.38	0.24	0.24	0.23	0.21	0.18	0.15	0.11	0.08	0.07	0.07	0.06	0.06
NE	0.06	0.05	0.05	0.04	0.04	0.04	0.54	0.79	0.79	0.60	0.38	0.29	0.29	0.29	0.27	0.25	0.21	0.16	0.12	0.08	0.07	0.07	0.06	0.06
N	0.12	0.11	0.10	0.10	0.09	0.09	0.59	0.54	0.54	0.65	0.75	0.81	0.83	0.83	0.79	0.71	0.60	0.61	0.68	0.17	0.16	0.15	0.14	0.13
NW	0.08	0.07	0.07	0.06	0.06	0.06	0.09	0.13	0.17	0.21	0.23	0.25	0.26	0.26	0.35	0.57	0.76	0.83	0.67	0.13	0.10	0.09	0.09	0.08
W	0.08	0.08	0.07	0.06	0.06	0.06	0.09	0.11	0.14	0.17	0.18	0.19	0.20	0.34	0.56	0.72	0.83	0.77	0.53	0.11	0.10	0.09	0.09	0.08
SW	0.08	0.08	0.07	0.06	0.06	0.06	0.09	0.13	0.17	0.20	0.23	0.23	0.38	0.58	0.73	0.63	0.79	0.59	0.37	0.11	0.10	0.10	0.09	0.09
水平	0.09	0.09	0.08	0.07	0.07	0.07	0.13	0.26	0.42	0.57	0.69	0.77	0.58	0.84	0.73	0.84	0.49	0.33	0.19	0.13	0.12	0.11	0.10	0.09

附表 53　南区（北纬 27°30′以北）无内遮阳玻璃窗冷负荷系数 C_{LQ}

时间\朝向	0	1	2	3	4	5	6	7	8	9	10	11	12	13	14	15	16	17	18	19	20	21	22	23
S	0.21	0.19	0.18	0.17	0.16	0.14	0.17	0.25	0.33	0.42	0.48	0.54	0.59	0.70	0.70	0.57	0.52	0.44	0.35	0.30	0.28	0.26	0.24	0.22
SE	0.14	0.13	0.12	0.11	0.11	0.10	0.20	0.36	0.47	0.52	0.61	0.54	0.39	0.37	0.36	0.35	0.32	0.28	0.23	0.20	0.19	0.18	0.16	0.15
E	0.13	0.11	0.10	0.09	0.09	0.08	0.24	0.39	0.48	0.61	0.57	0.38	0.31	0.30	0.29	0.28	0.27	0.23	0.21	0.18	0.17	0.15	0.14	0.13
NE	0.12	0.12	0.11	0.10	0.09	0.09	0.26	0.41	0.49	0.59	0.54	0.36	0.32	0.32	0.31	0.29	0.27	0.24	0.20	0.18	0.17	0.16	0.14	0.13
N	0.28	0.25	0.24	0.22	0.21	0.19	0.38	0.49	0.52	0.55	0.59	0.63	0.66	0.68	0.68	0.68	0.69	0.69	0.60	0.40	0.37	0.35	0.32	0.30
NW	0.17	0.16	0.15	0.14	0.13	0.12	0.12	0.15	0.17	0.19	0.20	0.21	0.22	0.27	0.38	0.48	0.54	0.63	0.52	0.25	0.23	0.21	0.20	0.18
W	0.17	0.16	0.15	0.14	0.13	0.12	0.12	0.14	0.16	0.17	0.18	0.19	0.20	0.28	0.40	0.50	0.54	0.61	0.50	0.24	0.23	0.21	0.20	0.18
SW	0.18	0.17	0.15	0.14	0.13	0.12	0.13	0.16	0.19	0.23	0.25	0.27	0.29	0.37	0.48	0.55	0.67	0.60	0.38	0.26	0.24	0.22	0.21	0.19
水平	0.19	0.17	0.16	0.15	0.14	0.13	0.14	0.19	0.28	0.37	0.45	0.52	0.56	0.68	0.67	0.53	0.46	0.38	0.30	0.27	0.25	0.23	0.22	0.20

附表 54　南区有内遮阳玻璃窗冷负荷系数 C_{LQ}

时间\朝向	0	1	2	3	4	5	6	7	8	9	10	11	12	13	14	15	16	17	18	19	20	21	22	23
S	0.10	0.09	0.09	0.08	0.08	0.07	0.14	0.31	0.47	0.60	0.69	0.77	0.87	0.84	0.74	0.66	0.54	0.38	0.20	0.13	0.12	0.12	0.11	0.10
SE	0.07	0.06	0.06	0.05	0.05	0.05	0.27	0.55	0.74	0.83	0.75	0.52	0.40	0.39	0.36	0.33	0.27	0.20	0.13	0.09	0.09	0.08	0.08	0.07
E	0.06	0.05	0.05	0.05	0.04	0.04	0.36	0.63	0.81	0.81	0.63	0.41	0.27	0.27	0.25	0.23	0.20	0.15	0.10	0.08	0.07	0.07	0.07	0.06
NE	0.06	0.06	0.05	0.05	0.05	0.04	0.40	0.67	0.82	0.76	0.56	0.38	0.31	0.30	0.28	0.25	0.21	0.17	0.11	0.08	0.08	0.07	0.07	0.06
N	0.13	0.12	0.12	0.11	0.10	0.10	0.47	0.67	0.70	0.72	0.77	0.82	0.85	0.84	0.81	0.78	0.77	0.75	0.56	0.18	0.17	0.16	0.15	0.14
NW	0.08	0.07	0.07	0.06	0.06	0.06	0.08	0.13	0.17	0.21	0.24	0.26	0.27	0.34	0.54	0.71	0.84	0.77	0.46	0.11	0.10	0.09	0.09	0.08
W	0.08	0.07	0.07	0.06	0.06	0.06	0.07	0.12	0.16	0.19	0.21	0.22	0.23	0.37	0.60	0.75	0.84	0.73	0.42	0.10	0.10	0.09	0.09	0.08
SW	0.08	0.08	0.07	0.07	0.06	0.06	0.09	0.16	0.22	0.28	0.32	0.35	0.36	0.50	0.69	0.84	0.83	0.61	0.34	0.11	0.10	0.10	0.09	0.09
水平	0.09	0.08	0.08	0.07	0.07	0.06	0.09	0.21	0.38	0.54	0.67	0.76	0.85	0.83	0.72	0.61	0.45	0.28	0.16	0.12	0.11	0.10	0.10	0.09

场所	影剧院	百货商店	旅店	体育馆	图书阅览室	工厂轻劳动	工厂重劳动	银行
C_r	0.89	0.89	0.93	0.92	0.96	0.90	1.0	1.0

附表 56　不同条件下的成年男子散热量和散湿量

体力活动性质		热量/W 湿量/(g/h)	室温/℃										
			20	21	22	23	24	25	26	27	28	29	30
静坐	影剧院 会堂 阅览室	显热	84	81	78	74	71	67	63	58	54	48	43
		潜热	26	27	30	34	37	41	45	50	54	60	65
		全热	110	108	108	108	108	108	108	108	108	108	108
		湿量	38	40	45	50	56	61	68	75	82	90	97
极轻 劳动	旅馆 体育馆 手表装配 电子元件	显热	90	85	79	75	70	65	61	57	51	45	41
		潜热	47	51	56	59	64	69	73	77	83	89	93
		全热	137	136	135	134	134	134	134	134	134	134	134
		湿量	69	76	83	89	96	102	109	115	123	132	139
轻度 劳动	百货商店 化学试验室 计算机房	显热	93	87	81	76	70	64	58	51	47	40	35
		潜热	90	94	100	106	112	117	123	130	135	142	147
		全热	183	181	181	182	182	181	181	181	182	182	182
		湿量	134	140	150	158	167	175	184	194	203	212	220
中等 劳动	纺织车间 印刷车间 机加工车间	显热	117	112	104	97	88	83	74	67	61	52	45
		潜热	118	123	131	138	147	152	161	168	174	183	190
		全热	235	235	235	235	235	235	235	235	235	235	235
		湿量	175	184	196	207	219	227	240	250	260	273	283
重度 劳动	炼钢车间 铸造车间 排练厅 室内运动场	显热	169	163	157	151	145	140	134	128	122	116	110
		潜热	238	244	250	256	262	267	273	279	285	291	297
		全热	407	407	407	407	407	407	407	407	407	407	407
		湿量	356	365	373	382	391	400	408	417	425	434	443

附表 57　人体显热散热冷负荷系数 C_{LQH}

在室内的 总时间/h	每个人进入室内后的时间/h											
	1	2	3	4	5	6	7	8	9	10	11	12
2	0.49	0.58	0.17	0.13	0.10	0.08	0.07	0.06	0.05	0.04	0.04	0.03
4	0.49	0.59	0.66	0.71	0.27	0.21	0.16	0.14	0.11	0.10	0.08	0.07
6	0.50	0.60	0.67	0.72	0.76	0.79	0.34	0.26	0.21	0.18	0.15	0.13
8	0.51	0.61	0.67	0.72	0.76	0.80	0.82	0.84	0.38	0.30	0.25	0.21
10	0.53	0.62	0.69	0.74	0.77	0.80	0.83	0.85	0.87	0.89	0.42	0.34
12	0.55	0.64	0.70	0.75	0.79	0.81	0.84	0.86	0.88	0.89	0.91	0.92
14	0.58	0.66	0.72	0.77	0.80	0.83	0.85	0.87	0.89	0.90	0.91	0.92
16	0.62	0.70	0.75	0.79	0.82	0.85	0.87	0.88	0.90	0.91	0.92	0.93
18	0.66	0.74	0.79	0.82	0.85	0.87	0.89	0.90	0.92	0.93	0.94	0.94

在室内的 总时间/h	每个人进入室内后的时间/h											
	13	14	15	16	17	18	19	20	21	22	23	24
2	0.03	0.02	0.02	0.02	0.02	0.01	0.01	0.01	0.01	0.01	0.01	0.01
4	0.06	0.06	0.05	0.04	0.04	0.03	0.03	0.03	0.02	0.02	0.02	0.01
6	0.11	0.10	0.08	0.07	0.06	0.06	0.05	0.04	0.04	0.03	0.03	0.03
8	0.18	0.15	0.13	0.12	0.10	0.09	0.08	0.07	0.06	0.05	0.05	0.04
10	0.28	0.23	0.20	0.17	0.15	0.13	0.11	0.10	0.09	0.08	0.07	0.06
12	0.45	0.36	0.30	0.25	0.21	0.19	0.16	0.14	0.12	0.11	0.09	0.08
14	0.93	0.94	0.47	0.38	0.31	0.26	0.23	0.20	0.17	0.15	0.13	0.11
16	0.94	0.95	0.95	0.96	0.49	0.39	0.33	0.28	0.24	0.20	0.18	0.16
18	0.95	0.96	0.96	0.97	0.97	0.97	0.50	0.40	0.33	0.28	0.24	0.21

附表 58　照明散热形成冷负荷系数 C_{LQL}

灯具 类型	空调设 备运行 时间/h	开灯 时间 /h	开灯后的时间											
			0	1	2	3	4	5	6	7	8	9	10	11
明装荧 光灯	24	13	0.37	0.67	0.71	0.74	0.76	0.79	0.81	0.83	0.84	0.86	0.87	0.89
	24	10	0.37	0.67	0.71	0.74	0.76	0.79	0.81	0.83	0.84	0.86	0.87	0.29
	24	8	0.37	0.67	0.71	0.74	0.76	0.79	0.81	0.83	0.84	0.26	0.26	0.23
	16	13	0.60	0.87	0.90	0.91	0.91	0.93	0.93	0.94	0.94	0.95	0.95	0.96
	16	10	0.60	0.82	0.83	0.84	0.84	0.84	0.85	0.85	0.86	0.88	0.90	0.32
	16	8	0.51	0.79	0.82	0.84	0.85	0.87	0.88	0.89	0.90	0.29	0.26	0.23
	12	10	0.63	0.90	0.91	0.93	0.93	0.94	0.95	0.95	0.95	0.96	0.96	0.37
暗装荧光 灯或明装 白炽灯	24	10	0.34	0.55	0.61	0.65	0.68	0.71	0.74	0.77	0.79	0.81	0.83	0.39
	16	10	0.58	0.75	0.79	0.80	0.80	0.81	0.81	0.82	0.83	0.84	0.86	0.87	0.39
	12	10	0.69	0.86	0.89	0.90	0.91	0.91	0.92	0.93	0.94	0.95	0.95	0.50

灯具 类型	空调设 备运行 时间/h	开灯 时间 /h	开灯后的时间											
			12	13	14	15	16	17	18	19	20	21	22	23
明装荧 光灯	24	13	0.90	0.92	0.29	0.26	0.23	0.20	0.19	0.17	0.15	0.14	0.12	0.11
	24	10	0.26	0.23	0.20	0.19	0.17	0.15	0.14	0.12	0.11	0.10	0.09	0.08
	24	8	0.20	0.19	0.17	0.15	0.14	0.12	0.11	0.10	0.09	0.08	0.07	0.06
	16	13	0.96	0.97	0.29	0.26								
	16	10	0.28	0.25	0.23	0.19								
	16	8	0.20	0.19	0.17	0.15								
	12	10												
暗装荧光 灯或明装 白炽灯	24	10	0.35	0.31	0.28	0.25	0.23	0.20	0.18	0.16	0.15	0.14	0.12	0.11
	16	10	0.35	0.31	0.28	0.25								
	12	10												

附表 59　有罩电动设备散热的冷负荷系数

连续使用时间/h	开始使用时间/h																							
	1	2	3	4	5	6	7	8	9	10	11	12	13	14	15	16	17	18	19	20	21	22	23	24
2	0.27	0.40	0.25	0.18	0.14	0.11	0.09	0.08	0.07	0.06	0.05	0.04	0.04	0.03	0.03	0.30	0.02	0.02	0.02	0.02	0.01	0.01	0.01	0.01
4	0.28	0.41	0.51	0.59	0.39	0.30	0.24	0.19	0.16	0.14	0.12	0.10	0.09	0.08	0.07	0.06	0.05	0.05	0.04	0.04	0.03	0.03	0.02	0.02
6	0.29	0.42	0.52	0.59	0.65	0.70	0.48	0.37	0.30	0.25	0.21	0.18	0.16	0.14	0.12	0.11	0.09	0.08	0.07	0.06	0.05	0.05	0.04	0.04
8	0.31	0.44	0.54	0.61	0.66	0.71	0.75	0.78	0.55	0.43	0.35	0.30	0.25	0.22	0.19	0.16	0.14	0.13	0.11	0.10	0.08	0.07	0.06	0.06
10	0.33	0.46	0.55	0.62	0.68	0.72	0.76	0.79	0.81	0.84	0.60	0.48	0.39	0.33	0.28	0.24	0.21	0.18	0.16	0.14	0.12	0.11	0.09	0.08
12	0.36	0.49	0.58	0.64	0.69	0.74	0.77	0.80	0.82	0.85	0.87	0.88	0.64	0.51	0.42	0.36	0.31	0.26	0.23	0.20	0.18	0.15	0.13	0.12
14	0.40	0.52	0.61	0.67	0.72	0.76	0.79	0.82	0.84	0.86	0.88	0.89	0.91	0.92	0.67	0.54	0.45	0.38	0.32	0.28	0.24	0.21	0.19	0.16
16	0.45	0.57	0.65	0.70	0.75	0.78	0.81	0.84	0.86	0.87	0.89	0.90	0.92	0.93	0.94	0.94	0.69	0.56	0.46	0.39	0.34	0.29	0.25	0.22
18	0.52	0.63	0.70	0.75	0.79	0.82	0.84	0.86	0.88	0.89	0.91	0.92	0.93	0.94	0.95	0.95	0.96	0.96	0.71	0.58	0.48	0.41	0.35	0.30

附表 60　无罩电动设备散热的冷负荷系数

连续使用时间/h	开始使用时间/h																							
	1	2	3	4	5	6	7	8	9	10	11	12	13	14	15	16	17	18	19	20	21	22	23	24
2	0.56	0.64	0.15	0.11	0.08	0.07	0.06	0.05	0.04	0.04	0.03	0.03	0.02	0.02	0.02	0.02	0.01	0.01	0.01	0.01	0.01	0.01	0.01	0.01
4	0.57	0.65	0.71	0.75	0.23	0.18	0.14	0.12	0.10	0.08	0.07	0.06	0.05	0.05	0.04	0.04	0.03	0.03	0.02	0.02	0.02	0.02	0.01	0.01
6	0.57	0.65	0.71	0.76	0.79	0.82	0.29	0.22	0.18	0.15	0.13	0.11	0.10	0.08	0.07	0.06	0.06	0.05	0.04	0.04	0.03	0.03	0.03	0.02
8	0.58	0.66	0.72	0.76	0.80	0.82	0.85	0.87	0.33	0.26	0.21	0.18	0.15	0.13	0.11	0.10	0.09	0.08	0.07	0.06	0.05	0.04	0.04	0.03
10	0.60	0.68	0.73	0.77	0.81	0.83	0.85	0.88	0.89	0.90	0.36	0.29	0.24	0.20	0.17	0.15	0.13	0.11	0.10	0.08	0.07	0.07	0.06	0.05
12	0.62	0.69	0.75	0.79	0.82	0.84	0.86	0.88	0.89	0.91	0.92	0.93	0.38	0.31	0.25	0.21	0.18	0.16	0.14	0.12	0.11	0.09	0.08	0.07
14	0.64	0.71	0.76	0.80	0.83	0.85	0.87	0.89	0.90	0.92	0.93	0.94	0.94	0.95	0.40	0.32	0.27	0.23	0.19	0.17	0.15	0.13	0.11	0.10
16	0.67	0.74	0.79	0.82	0.85	0.87	0.89	0.90	0.91	0.92	0.93	0.94	0.95	0.96	0.96	0.97	0.42	0.34	0.28	0.24	0.20	0.18	0.15	0.13
18	0.71	0.78	0.82	0.85	0.87	0.99	0.90	0.92	0.93	0.94	0.94	0.95	0.96	0.96	0.97	0.97	0.97	0.98	0.43	0.35	0.29	0.24	0.21	0.18

附表 61　家用器具及办公室器具的散热量和散湿量

家用器具类型	设备功率/W	设备散湿量/(g/h)	设备散热量/W	
			显热散热量	全热散热量
电炉	3000	2100	1450	3000
	5000	3600	2500	5000
洗衣机	3000	2100	1450	3000
	6000	4200	2900	6000
吸尘器	200	—	50	50
电冰箱	100	—	300	300
	175	—	500	500
电熨斗	500	400	230	500
电视机	175	—	175	175
电咖啡壶	500	100	180	250
	3000	500	1200	1500
电吹风	500	120	175	250
	1000	240	350	500
电子消毒柜	1000	500	175	500
电子灶	2320	—	2320	2320
烤箱(600mm×500mm×350mm)	2000	300	800	1000
双眼煤气灶	—	—	700	700
12L 煤气咖啡壶	—	500	1020	1460
计算机显示器	—	—	200	200
复印机	—	—	300	300
打印机	—	—	300	300

附表 62　水在不同温度下的扩散系数 α　单位：$kg/(m^2 \cdot h \cdot Pa)$

水温/℃	<30	40	50	60	70	80	90	100
α	0.00017	0.00021	0.00025	0.00028	0.00030	0.00035	0.00038	0.00045

附表 63　气体燃料的热值和单位散热量

燃料名称	热值(kJ/m³)	单位散湿量(kg/m³)	燃料名称	热值(kJ/m³)	单位散湿量(kg/m³)
乙炔	57.778	0.7	水煤气	10.048～10.467	0.4
氢气	12.778	0.7	干馏煤气	16.747～23.027	0.65

附表 64　不同类型房间的人均新风量

建筑类别	新风量/[m³/(h·人)]
办公建筑	30
宾馆建筑	30
商场建筑	30
医院建筑-门诊楼	30
学校建筑-教学楼	30

区域	夏季室外计算参数		冬季室外计算参数		夏季冷指标/(W/m²)	冬季热指标/(W/m²)	典型城市
	干球温度/℃	湿球温度/℃	干球温度/℃	湿球温度/℃			
一区	34.1～35.8	18.5～20.2	−23～−28	63～80	65～75 75～80	110～120 140～160	乌鲁木齐、哈密、克拉玛依
二区	29.9～31.4	20.8～25.4	−22～−29	56～74	65～75 70～80	105～125 140～160	哈尔滨、长春、沈阳、呼和浩特
三区	30.5～31.2	20.2～23.4	−13～−18	48～64	75～85 80～90	110～130 135～160	太原、兰州、银川
四区	28.4～30.7	25～26	−9～−14	58～64	85～90 90～95	95～115 120～140	青岛、烟台、大连
五区	33.2～35.6	26～27.4	−7～−12	45～67	95～100 100～110	90～110 110～130	北京、天津、石家庄、郑州、西安、济南
六区	33.9～36.5	23.2～28.5	−7～2	73～82	100～110 115～130	65～100 80～120	武汉、长沙、合肥、南京、南昌、上海、杭州、桂林、重庆
七区	25.8～31.6	19.9～26.7	−3～2	51～80	65～95 75～110	70～85 85～105	贵阳、昆明、成都
八区	32.4～35.2	27.3～28.3	4～10	70～85	100～105 110～115	40～60 50～70	福州、厦门、深圳、广州、海口、南宁、台北、香港

注：1. 表中一、二区为严寒地区，三～五区为寒冷地区，六区为冬冷夏热地区，七区为温和地区，八区为冬暖夏热地区。

2. 冷、热指标以空调面积为基准，选用空调末端设备时应考虑1.2的间歇使用系数和1.2的邻室无空调时内围护结构符合附加系数。

3. 冷、热指标上栏为标准层指标，下栏为顶层指标。

附表 66　国内部分建筑空调冷负荷设计指标的统计值

序号	建筑类型及房间名称	冷负荷指标/(W/m²)	序号	建筑类型及房间名称	冷负荷指标/(W/m²)
1	旅游旅馆：客房(标准层)	80～110	17	一般手术室	100～150
2	酒吧、咖啡	100～180	18	洁净手术室	300～500
3	西餐厅	160～200	19	X射线、CT、B超诊断	120～150
4	中餐厅、宴会厅	180～350	20	商场、百货大楼：营业室	150～250
5	商店、小卖部	100～160	21	影剧院：观众席	180～350
6	中庭、接待	90～120	22	休息厅(允许吸烟)	300～400
7	小会议室(允许少量吸烟)	200～300	23	化妆室	90～120
8	大会议室(不许吸烟)	180～280	24	体育馆：比赛馆	120～250
9	理发、美容	120～180	25	观众休息厅(允许吸烟)	300～400
10	健身房、保龄球	100～200	26	贵宾室	100～120
11	弹子房	90～120	27	展览厅、陈列室	130～200
12	室内游泳池	200～350	28	会堂、报告厅	150～200
13	舞厅(交谊舞)	200～250	29	图书阅览	75～100
14	舞厅(迪斯科)	250～350	30	科研、办公	90～140
15	办公	90～120	31	公寓、住宅	80～90
16	医院：高级病房	80～110	32	餐馆	200～350

附表67　钢板矩形通风管道计算表

速度/(m/s)	动压/Pa	风管断面宽×高(mm)　上行:风量(m³/h)　下行:单位摩擦阻力(Pa/m)								
		120	160	200	160	250	200	250	200	250
		120	120	120	160	120	160	160	200	200
1	0.6	50	67	84	90	105	113	140	141	176
		0.18	0.15	0.13	0.12	0.12	0.11	0.09	0.09	0.08
1.5	1.35	75	101	126	135	157	169	210	212	264
		0.36	0.3	0.27	0.25	0.25	0.22	0.19	0.19	0.16
2	2.4	100	134	168	180	209	225	281	282	352
		0.61	0.51	0.46	0.42	0.41	0.37	0.33	0.32	0.28
2.5	3.75	125	168	210	225	262	282	351	353	440
		0.91	0.77	0.68	0.63	0.62	0.55	0.49	0.47	0.42
3	5.4	150	201	252	270	314	338	421	423	528
		1.27	1.07	0.95	0.88	0.87	0.77	0.68	0.66	0.58
3.5	7.35	175	235	294	315	366	394	491	494	616
		1.68	1.42	1.26	1.16	1.15	1.02	0.91	0.88	0.77
4	9.6	201	268	336	359	419	450	561	565	704
		2.15	1.81	1.62	1.49	1.47	1.3	1.16	1.12	0.99
4.5	12.15	226	302	378	404	471	507	631	635	792
		2.67	2.25	2.01	1.85	1.83	1.62	1.45	1.4	1.23
5	15	251	336	421	449	523	563	702	706	880
		3.25	2.74	2.45	2.25	2.23	1.97	1.76	1.7	1.49
5.5	18.15	276	369	463	494	576	619	772	776	968
		3.88	3.27	2.92	2.69	2.66	2.36	2.1	2.03	1.79
6	21.6	301	403	505	539	628	676	842	847	1056
		4.56	3.85	3.44	3.17	3.13	2.77	2.48	2.39	2.1
6.5	25.35	326	436	547	584	681	732	912	917	1144
		5.3	4.47	4	3.68	3.64	3.22	2.88	2.78	2.44
7	29.4	351	470	589	629	733	788	982	988	1232
		6.09	5.14	4.59	4.23	4.18	3.7	3.31	3.19	2.81
7.5	33.75	376	503	631	674	785	845	1052	1059	1320
		6.94	5.86	5.23	4.82	4.77	4.22	3.77	3.64	3.2
8	38.4	401	537	673	719	838	901	1123	1129	1408
		7.84	6.62	5.91	5.44	5.39	4.77	4.26	4.11	3.61
8.5	43.35	426	571	715	764	890	957	1193	1200	1496
		8.79	7.42	6.63	6.1	6.04	5.35	4.78	4.61	4.06
9	48.6	451	604	757	809	942	1014	1263	1270	1584
		9.8	8.27	7.39	6.8	6.73	5.96	5.32	5.14	4.52

速度/(m/s)	动压/Pa	风管断面宽×高(mm) 上行:风量(m³/h)								
		下行:单位摩擦阻力(Pa/m)								
		320	250	320	400	320	500	400	320	500
		160	250	200	200	250	200	250	320	250
1	0.6	180	221	226	283	283	354	354	363	443
		0.08	0.07	0.07	0.06	0.06	0.06	0.05	0.05	0.05
1.5	1.35	270	331	339	424	424	531	531	544	665
		0.17	0.14	0.14	0.13	0.12	0.12	0.11	0.1	0.1
2	2.4	360	441	451	565	566	707	708	726	887
		0.29	0.24	0.24	0.22	0.21	0.2	0.18	0.18	0.17
2.5	3.75	450	551	564	707	707	884	885	907	1108
		0.44	0.36	0.37	0.33	0.31	0.3	0.28	0.26	0.25
3	5.4	540	662	677	848	849	1061	1063	1089	1330
		0.61	0.5	0.51	0.46	0.43	0.42	0.39	0.37	0.35
3.5	7.35	630	772	790	989	990	1238	1240	1270	1551
		0.81	0.66	0.68	0.61	0.58	0.56	0.51	0.49	0.46
4	9.6	720	882	903	1130	1132	1415	1417	1452	1773
		1.04	0.85	0.87	0.79	0.74	0.72	0.66	0.63	0.6
4.5	12.15	810	992	1016	1272	1273	1592	1594	1633	1995
		1.29	1.06	1.08	0.98	0.92	0.9	0.82	0.78	0.74
5	15	900	1103	1129	1413	1414	1769	1771	1815	2216
		1.57	1.29	1.32	1.19	1.12	1.09	1	0.95	0.9
5.5	18.15	990	1213	1242	1554	1556	1945	1948	1996	2438
		1.88	1.54	1.57	1.42	1.33	1.31	1.19	1.13	1.08
6	21.6	1080	1323	1354	1696	1697	2122	2125	2177	2660
		2.22	1.81	1.85	1.68	1.57	1.54	1.4	1.33	1.27
6.5	25.35	1170	1433	1467	1837	1839	2299	2302	2399	2881
		2.57	2.11	2.15	1.95	1.83	1.79	1.63	1.55	1.48
7	29.4	1260	1544	1580	1978	1980	2476	2479	2540	3103
		2.96	2.42	2.47	2.24	2.1	2.06	1.87	1.78	1.7
7.5	33.75	1350	1654	1693	2120	2122	2653	2656	2722	3325
		3.37	2.76	2.82	2.55	2.39	2.34	2.13	2.03	1.93
8	38.4	1440	1764	1806	2261	2263	2830	2833	2900	3546
		3.81	3.12	3.18	2.88	2.7	2.65	2.41	2.3	2.19
8.5	43.35	1530	1874	1919	2420	2405	3007	3010	3085	3768
		4.27	3.5	3.57	3.23	3.03	2.97	2.71	2.58	2.45
9	48.6	1620	1985	2032	2544	2546	3184	3188	3266	3989
		4.76	3.9	3.98	3.61	3.38	3.31	3.02	2.87	2.73

速度/(m/s)	动压/Pa	风管断面宽×高(mm)　上行:风量(m³/h)　下行:单位摩擦阻力(Pa/m)								
		400	630	500	400	500	630	500	630	800
		320	250	320	400	400	320	500	400	320
1	0.6	454	558	569	569	712	716	891	896	910
		0.04	0.04	0.04	0.04	0.03	0.04	0.03	0.03	0.03
1.5	1.35	682	836	853	853	1068	1073	1337	1344	1363
		0.09	0.09	0.08	0.08	0.07	0.07	0.06	0.06	0.07
2	2.4	909	1115	1137	1138	1424	1431	1782	1792	1819
		0.15	0.15	0.14	0.13	0.12	0.12	0.1	0.1	0.11
2.5	3.75	1136	1394	1422	1422	1780	1789	2228	2240	2274
		0.23	0.23	0.21	0.2	0.17	0.19	0.15	0.16	0.17
3	5.4	1363	1673	1706	1706	2136	2147	2673	2688	2729
		0.32	0.32	0.29	0.28	0.24	0.26	0.21	0.22	0.24
3.5	7.35	1590	1951	1990	1991	2492	2504	3119	3136	3183
		0.43	0.43	0.38	0.37	0.33	0.35	0.28	0.29	0.32
4	9.6	1817	2230	2275	2275	2848	2862	3564	3584	3638
		0.55	0.55	0.49	0.47	0.42	0.44	0.36	0.37	0.4
4.5	12.15	2045	2509	2559	2560	3204	3220	4010	4032	4093
		0.68	0.68	0.61	0.59	0.52	0.55	0.45	0.46	0.5
5	15	2272	2788	2843	2844	3560	3578	4455	4481	4548
		0.83	0.83	0.74	0.72	0.63	0.67	0.55	0.56	0.61
5.5	18.15	2499	3066	3128	3129	3916	3935	4901	4929	5002
		0.99	0.99	0.89	0.86	0.76	0.8	0.65	0.67	0.73
6	21.6	2726	3345	3412	3413	4272	4293	5346	5377	5457
		1.17	1.17	1.04	1.01	0.89	0.94	0.77	0.79	0.86
6.5	25.35	2935	3624	3696	3697	4627	4651	5792	5825	5912
		1.36	1.36	1.21	1.18	1.03	1.1	0.9	0.92	1
7	29.4	3180	3903	3980	3982	4983	5009	6237	6273	6367
		4.57	1.56	1.4	1.35	1.19	1.26	1.03	1.06	1.15
7.5	33.75	3405	4148	4265	4266	5339	5366	6683	6721	6822
		1.78	1.78	1.59	1.54	1.36	1.44	1.17	1.21	1.31
8	38.4	3635	4460	4549	4551	5695	5724	7158	7169	7276
		2.02	2.01	1.8	1.74	1.53	1.63	1.33	1.36	1.48
8.5	43.35	3862	4739	4833	4835	6051	6082	7574	7617	7731
		2.26	2.25	2.02	1.96	1.72	1.82	1.49	1.53	1.67
9	48.6	4089	5018	5118	5119	6407	6440	8019	8065	8186
		2.52	2.51	2.25	2.18	1.92	2.03	1.66	1.71	1.86

附表 68　局部阻力系数

序号	名称	图形和断面	局部阻力系数 ζ（ζ 值以图内所示速度 v 计算）

序号 1　渐扩管

$\dfrac{F_1}{F_0}$	$\alpha/(°)$				
	10	15	20	25	30
1.25	0.02	0.03	0.06	0.06	0.07
1.50	0.03	0.06	0.10	0.12	0.13
1.75	0.05	0.09	0.14	0.17	0.19
2.00	0.06	0.13	0.20	0.23	0.26
2.25	0.08	0.16	0.26	0.38	0.33
3.50	0.09	0.19	0.30	0.36	0.39

序号 2　渐扩管

$\alpha/(°)$	22.5	30	45	90
ζ	0.6	0.8	0.9	1.0

序号 3　突扩

$\dfrac{F_1}{F_2}$	0	0.1	0.2	0.3	0.4	0.5	0.6	0.7	0.9	1.0
ζ_2	1.0	0.81	0.64	0.49	0.36	0.25	0.16	0.09	0.01	0

序号 4　突缩

$\dfrac{F_1}{F_2}$	0	0.1	0.2	0.3	0.4	0.5	0.6	0.7	0.9	1.0
ζ_1	0.5	0.47	0.42	0.38	0.34	0.30	0.25	0.20	0.09	0

序号 5　矩形弯头

r/b	a/b										
	0.25	0.5	0.75	1.0	1.5	2.0	3.0	4.0	5.0	6.0	8.0
0.5	1.5	1.4	1.3	1.2	1.1	1.0	1.0	1.1	1.1	1.2	1.2
0.75	0.57	0.52	0.48	0.44	0.40	0.39	0.39	0.40	0.42	0.43	0.44
1.0	0.27	0.25	0.23	0.21	0.19	0.18	0.18	0.19	0.20	0.27	0.21
1.5	0.22	0.20	0.19	0.17	0.15	0.14	0.14	0.15	0.16	0.17	0.17
2.0	0.20	0.18	0.16	0.15	0.14	0.13	0.13	0.14	0.14	0.15	0.15

序号 6　圆方弯管

序号	名称	图形和断面	局部阻力系数 ζ（ζ值以图内所示速度υ计算）

7　合流三通

图形：$v_1F_1 \rightarrow$，α，$\rightarrow v_3F_3$，v_2F_2；$F_1+F_2=F_3$；$\alpha=30°$

局部阻力系数 ζ （ζ_1、ζ_2值以图内所示速度v_1、v_2计算）

F_2/F_3	\multicolumn{12}{c}{L_2/L_3}
	0	0.03	0.05	0.1	0.2	0.3	0.4	0.5	0.6	0.7	0.8	1.0
\multicolumn{13}{c}{ζ_2}
0.06	−0.13	−0.07	−0.30	1.82	10.1	23.3	41.5	65.2	—	—	—	—
0.10	−1.22	−1.00	−0.76	0.02	2.88	7.34	13.4	21.1	29.4	—	—	—
0.20	−1.50	−1.35	−1.22	−0.84	0.05	1.4	2.70	4.46	6.48	8.70	11.4	17.3
0.33	−2.00	−1.80	−1.70	−1.40	−0.72	−0.12	0.52	1.20	1.89	2.56	3.30	4.80
0.50	−3.00	−2.80	−2.6	−2.24	−1.44	−0.91	−0.36	−0.14	0.56	0.84	1.18	1.53
\multicolumn{13}{c}{ζ_1}
0.01	0	0.06	0.04	−0.10	−0.81	−2.10	−4.07	−6.60	—	—	—	—
0.10	0.01	0.10	0.08	0.04	−0.33	−1.05	−2.14	−3.60	5.40	—	—	—
0.20	0.06	0.10	0.13	0.16	0.06	−0.24	−0.73	−1.40	−2.30	−3.34	−3.59	−8.64
0.33	0.42	0.45	0.48	0.51	0.52	0.32	0.07	−0.32	−0.83	−1.49	−2.19	−4.00
0.50	1.40	1.40	1.40	1.36	1.26	1.09	0.86	0.53	0.15	−0.52	−0.82	−2.07

8　合流三通分支管

图形：$v_1F_1 \rightarrow$，$\alpha \rightarrow v_3F_3$，$v_2F_2$；$F_1+F_2>F_3$；$F_1=F_2$；$\alpha=30°$

L_2/L_3	\multicolumn{7}{c}{F_2/F_3}
	0.1	0.2	0.3	0.4	0.6	0.8	1.0
\multicolumn{8}{c}{ζ_2}
0	−1.00	−1.00	−1.00	−1.00	−1.00	−1.00	−1.00
0.1	0.21	−0.46	−0.57	−0.60	−0.62	−0.63	−0.63
0.2	3.1	0.37	−0.06	−0.20	−0.28	−0.30	−0.35
0.3	7.6	1.5	0.50	0.20	0.05	−0.08	−0.10
0.4	13.50	2.95	1.15	0.59	0.26	0.18	0.16
0.5	21.2	4.58	1.78	0.97	0.44	0.35	0.27
0.6	30.4	6.42	2.60	1.37	0.64	0.46	0.31
0.7	41.3	8.5	3.40	1.77	0.76	0.56	0.40
0.8	53.8	11.5	4.22	2.14	0.85	0.53	0.45
0.9	58.0	14.2	5.30	2.58	0.89	0.52	0.40
1.0	83.7	17.3	6.33	2.92	0.89	0.39	0.27

序号	名称	图形和断面	局部阻力系数 ζ(ζ 值以图内所示速度 v 计算)

序号 9　合流三通分直管

$F_1+F_2>F_3$
$F_1=F_3$
$\alpha=30°$

L_2/L_3	\multicolumn{7}{c}{F_2/F_3}						
	0.1	0.2	0.3	0.4	0.6	0.8	1.0
	\multicolumn{7}{c}{ζ_1}						
0	0	0	0	0	0	0	0
0.1	0.02	0.11	0.13	0.15	0.16	0.17	0.17
0.2	−0.33	0.01	0.13	0.18	0.20	0.24	0.29
0.3	−1.10	−0.25	−0.01	0.10	0.22	0.30	0.35
0.4	−2.15	−0.75	−0.30	−0.05	0.17	0.26	0.36
0.5	−3.60	−1.43	−0.70	−0.35	0.00	0.21	0.32
0.6	−5.40	−2.35	−1.25	−0.70	−0.20	0.06	0.25
0.7	−7.60	−3.40	−1.95	−1.2	−0.50	−0.15	0.10
0.8	−10.1	−4.61	−2.74	−1.82	−0.90	−0.43	−0.15
0.9	−13.0	−6.02	−3.70	−2.55	−1.40	−0.80	−0.45
1.0	−16.30	−7.70	−4.75	−3.35	−1.90	−1.17	−0.75

序号 10　90°矩形断面吸入三通

L_2/L_1	\multicolumn{3}{c}{F_2/F_3}			\multicolumn{2}{c}{F_2/F_3}		
	0.25	0.50	1.00	0.50	1.00
	\multicolumn{3}{c}{ζ_2}			\multicolumn{2}{c}{ζ_3}		
0.1	−0.6	−0.6	−0.6	0.20	0.20
0.2	0.0	−0.2	−0.3	0.20	0.22
0.3	0.4	0.0	−0.1	0.10	0.25
0.4	1.2	0.25	0.0	0.0	0.24
0.5	2.3	0.40	0.10	−0.1	0.20
0.6	3.6	0.70	0.2	−0.2	0.18
0.7	—	1.0	0.3	−0.3	0.15
0.8	—	1.5	0.4	−0.4	0.00

序号 11　矩形三通

F_2/F_1	0.50	1.00
分流	0.304	0.247
合流	0.233	0.072

序号	名称	图形和断面	局部阻力系数 ζ（ζ值以图内所示速度 v 计算）					

序号 12　直角三通

v_2/v_1	0.6	0.8	1.0	1.2	1.4	1.6
ζ_{12}	1.18	1.32	1.50	1.72	1.98	2.28
ζ_{21}	0.6	0.8	1.0	1.6	1.9	2.5

序号 13　矩形送出三通

$v_1/v_2<1$ 时可不计，$v_1/v_2\geq1.0$ 时

χ	0.25	0.5	0.75	1.0	1.25	
$\zeta_{直通}$	0.21	0.07	0.05	0.15	0.36	$\Delta H=\zeta\dfrac{\rho v_1^2}{2}$
$\zeta_{分支}$	0.30	0.20	0.30	0.40	0.65	

表中：$\chi=\left(\dfrac{v_3}{v_1}\right)\times\left(\dfrac{a}{b}\right)^{\frac{1}{4}}$

序号 14　矩形吸入三通

v_1/v_3	0.4	0.6	0.8	1.0	1.2	1.5	
$F_1/F_3=0.75$	−1.2	−0.3	0.35	0.8	1.1	—	$\Delta H=\zeta\dfrac{\rho v_3^2}{2}$
0.67	−1.7	−0.9	−0.3	−0.1	0.45	0.7	ζ 直通的值
0.60	−2.1	−0.3	−0.8	0.4	0.1	0.2	
$\zeta_{分支}$	−1.3	−0.9	−0.5	0.1	0.55	1.4	$\Delta H=\zeta\dfrac{\rho v_3^2}{2}$

序号 15　侧孔吸风

F_2/F_1	L_2/L_0				
	0.1	0.2	0.3	0.4	0.5
	ζ_0				
0.1	0.8	1.3	1.4	1.4	1.4
0.2	−1.4	0.9	1.3	1.4	1.4
0.4	−9.5	0.2	0.9	1.2	1.3
0.6	−21.2	−2.5	0.3	1.0	1.2

F_2/F_1	L_2/L_0			
	0.1	0.2	0.3	0.4
	ζ_1			
0.1	0.1	−0.1	−0.8	−2.6
0.2	0.1	0.2	−0.01	−0.6
0.4	0.2	0.3	0.3	0.2
0.6	0.2	0.3	0.4	0.4

序号	名称	图形和断面	局部阻力系数 ζ（ζ 值以图内所示速度 v 计算）											
16	侧面送风口		$\zeta=2.04$											

序号	名称	图形和断面													
17	墙孔		l/h	0.0	0.2	0.4	0.6	0.8	1.0	1.2	1.4	1.6	1.8	2.0	4.0
			ζ	2.83	2.72	2.60	2.34	1.95	1.76	1.67	1.62	1.6	1.6	1.55	1.55

序号	名称	图形和断面	$\alpha/(°)$ ＼ n	1	2	3	4	5
18	风量调节阀		0	0.4	0.35	0.25	—	—
			15	0.6	1.1	0.7	0.5	0.4
			20	3.5	3.3	2.8	2	1.8
			45	17	10	6.5	6	5.2
			60	95	30	20	15	13
			75	800	90	60	—	—

序号	名称	图形和断面	v	开孔率					
				0.2	0.3	0.4	0.5	0.6	$\Delta H=\zeta\dfrac{v^2\rho}{2}$ 式中 v 为面风速
19	孔板送风口		0.5	30	12	6.0	3.6	2.3	
			1.0	33	13	6.8	4.1	2.7	
			1.5	35	14.5	7.4	4.6	3.0	
			2.0	39	15.5	7.8	4.9	3.2	
			2.5	40	16.5	8.3	5.2	3.4	
			3.0	41	17.5	8.0	5.5	3.7	

附表 69　冷冻水、冷却水管道单位沿程阻力计算表

水流速/(m/s)	公称内径/mm	15	20	25	32	40	50	65	80	100	125	150	200	250	300	350	400
	实际内径/mm	15.8	21.3	27	35.7	41	53	68	80.5	106	131	156	203	255	305	353	402
0.2	冷量/kW	0.8196	1.4895	2.393	4.184	5.519	9.222	15.18	21.27	36.89	56.34	79.89	135.3	213.5	305.4	409.1	530.5
	流量/(m³/h)	0.14117	0.25656	0.4122	0.7207	0.9506	1.5885	2.6148	3.6645	6.3538	9.7043	13.762	23.303	36.771	56.605	70.465	91.385
	冷冻水/(Pa/m)	72	49	35	24	20	14.4	10	8	6	4	4	3	2	2	1	1
	冷却水/(Pa/m)	83	54	39	27	22	16	11	9	6	4.75	4	3	2	2	1	1
0.3	冷量/kW	1.2293	2.2342	3.59	6.276	8.278	13.83	22.77	31.91	55.33	84.51	119.8	202.9	320.2	458.1	613.6	795.8
	流量/(m³/h)	0.21175	0.38483	0.6184	1.0811	1.4259	2.3827	3.9222	5.4968	9.5307	14.557	20.643	34.955	55.156	78.907	105.7	137.08
	冷冻水/(Pa/m)	150	100	73	50	42	30	22	18	12	9	8	5	4	3	3	2
	冷却水/(Pa/m)	180	118	85	58	48	34	24	20	14	10	8	6	4	4	3	2
0.4	冷量/kW	1.6391	2.9789	4.787	8.368	11.04	18.44	30.36	42.55	73.77	112.7	159.8	270.6	427	610.8	818.2	1061
	流量/(m³/h)	0.28234	0.51311	0.8245	1.4414	1.9012	3.1769	5.2296	7.329	12.708	19.409	27.523	46.606	73.542	105.21	140.93	182.77
	冷冻水/(Pa/m)	255	170	124	86	71	51	37	30	21	16	13	9	7	6	5	4
	冷却水/(Pa/m)	314	206	148	101	84	59	43	34	24	18	14	10	8	6	5	4
0.5	冷量/kW	2.0489	3.7236	5.983	10.46	13.8	23.05	37.95	53.19	92.22	140.8	199.7	338.2	533.7	763.5	1023	1326
	流量/(m³/h)	0.35292	0.64139	1.0306	1.8018	2.3765	3.9711	6.537	9.1613	15.885	24.261	34.404	58.258	91.927	131.51	176.16	228.46
	冷冻水/(Pa/m)	385	258	188	130	108	78	56	45	32	24	20	14	11	9	7	6
	冷却水/(Pa/m)	485	318	229	156	130	92	66	53	37	28	22	16	12	10	8	7

水流速/(m/s)	公称内径/mm	15	20	25	32	40	50	65	80	100	125	150	200	250	300	350	400
	实际内径/mm	15.8	21.3	27	35.7	41	53	68	80.5	106	131	156	203	255	305	353	402
0.6	冷量/kW	2.4587	4.4684	7.18	12.55	16.56	27.67	45.54	63.82	110.7	169	239.7	405.9	640.4	916.2	1227	1592
	流量/(m³/h)	0.42351	0.76967	1.2367	2.1621	2.8518	4.7654	7.8444	10.994	19.061	29.113	41.285	69.91	110.31	157.81	211.39	274.16
	冷冻水/(Pa/m)	542	363	264	183	153	109	79	64	45	34	28	20	15	12	10	9
	冷却水/(Pa/m)	693	455	328	224	185	131	94	75	53	40	32	23	17	14	11	10
0.7	冷量/kW	2.8685	5.2131	8.377	14.64	19.32	32.28	53.13	74.46	129.1	197.2	279.6	473.5	747.2	1069	1432	1857
	流量/(m³/h)	0.49409	0.89795	1.4428	2.5225	3.327	5.5596	9.1519	12.826	22.238	33.965	48.166	81.561	128.7	184.12	246.63	319.85
	冷冻水/(Pa/m)	726	485	354	245	204	146	106	86	60	46	37	27	20	16	13	11
	冷却水/(Pa/m)	938	616	444	302	251	178	128	102	71	54	43	31	23	18	15	13
0.8	冷量/kW	3.2782	5.9578	9.573	16.74	22.07	36.89	60.72	85.1	147.5	225.4	319.6	541.2	853.9	1222	1636	2122
	流量/(m³/h)	0.56467	1.02623	1.649	2.8828	3.8023	6.3538	10.459	14.658	25.415	38.817	55.047	93.213	147.08	210.42	281.86	365.54
	冷冻水/(Pa/m)	920	625	456	316	263	189	137	110	78	60	48	34	26	21	17	15
	冷却水/(Pa/m)	1220	801	577	394	326	231	166	133	93	71	56	40	30	24	20	17
0.9	冷量/kW	3.688	6.7025	10.77	18.83	24.83	41.5	68.31	95.74	166	253.5	359.5	608.8	960.6	1374	1841	2387
	流量/(m³/h)	0.63526	1.1545	1.8551	3.2432	4.2776	7.1481	11.767	16.49	28.592	43.67	61.928	104.86	165.47	236.72	317.09	411.23
	冷冻水/(Pa/m)	1170	783	571	395	330	236	172	138	97	75	60	43	32	26	22	19
	冷却水/(Pa/m)	1539	1011	727	496	412	292	210	168	117	89	71	51	38	30	25	20

水流速/(m/s)	公称内径/mm	15	20	25	32	40	50	65	80	100	125	150	200	250	300	350	400
	实际内径/mm	15.8	21.3	27	35.7	41	53	68	80.5	106	131	156	203	255	305	353	402
1.0	冷量/kW	4.0978	7.4473	11.97	20.92	27.59	46.11	75.9	106.4	184.4	281.7	399.5	676.4	1067	1527	2045	2653
	流量/(m³/h)	0.70584	1.28278	2.0612	3.6035	4.7529	7.9423	13.074	18.323	31.769	48.522	68.809	116.52	183.85	263.02	352.32	456.93
	冷冻水/(Pa/m)	1431	958	699	484	404	289	210	169	119	91	73	53	40	32	27	23
	冷却水/(Pa/m)	1895	1245	896	612	507	359	258	207	144	110	88	62	47	37	31	26
1.1	冷量/kW	4.5076	8.192	13.16	23.01	30.35	50.72	83.49	117	202.9	309.9	439.4	744.1	1174	1680	2250	2918
	流量/(m³/h)	0.77643	1.41106	2.2673	3.9639	5.2282	8.7365	14.381	20.155	34.946	53.374	75.689	128.17	202.24	289.32	387.56	502.62
	冷冻水/(Pa/m)	1734	1150	839	581	485	348	252	203	143	110	88	63	48	38	32	27
	冷却水/(Pa/m)	2288	1503	1081	738	612	434	311	249	174	132	106	75	56	45	38	32
1.2	冷量/kW	4.9174	8.9367	14.36	25.1	33.11	55.33	91.08	127.6	221.3	338	479.4	811.7	1281	1832	2455	3183
	流量/(m³/h)	0.84701	1.53934	2.4734	4.3243	5.7035	9.5307	15.689	21.987	38.123	58.226	82.57	139.82	220.63	315.63	422.79	548.31
	冷冻水/(Pa/m)	2032.32	1360	992	687	574	411	298	240	170	130	104	75	57	45	38	32
	冷却水/(Pa/m)	2717	1785	1284	877	727	515	370	296	207	157	126	90	67	54	45	38

续表

水流速/(m/s)	公称内径/mm	400	350	300	250	200	150	125	100	80	65	50	40	32	25	20	15
	实际内径/mm	402	353	305	255	203	156	131	106	80.5	68	53	41	35.7	27	21.3	15.8
1.3	冷量/kW	3449	2659	1985	1388	879.4	519.3	366.2	239.8	138.3	98.67	59.94	35.87	27.2	15.56	9.6814	5.3271
	流量/(m³/h)	594	458.02	341.93	239.01	151.47	89.451	63.078	41.3	23.819	16.996	10.325	6.1788	4.6846	2.6796	1.66762	0.91759
	冷冻水/(Pa/m)	38	44	53	66	88	122	152	198	281	348	480	669	802	1159	1587	2374
	冷却水/(Pa/m)	44	52	63	79	105	147	184	242	347	434	603	852	1028	1506	2091	3184
1.4	冷量/kW	3714	2864	2138	1494	947	559.3	394.4	258.2	148.9	106.3	64.55	38.63	29.29	16.75	10.426	5.7369
	流量/(m³/h)	639.7	493.25	368.23	257.4	163.12	96.332	67.93	44.477	25.652	18.304	11.119	6.6541	5.045	2.8857	1.79589	0.98818
	冷冻水/(Pa/m)	44	51	61	76	101	141	175	228	324	402	554	773	926	1337	1832	2737
	冷却水/(Pa/m)	51	60	73	91	122	170	213	281	402	502	699	987	1190	1744	2422	3688
1.5	冷量/kW	3979	3068	2290	1601	1015	599.2	422.5	276.7	159.6	113.9	69.16	41.39	31.38	17.95	11.171	6.1467
	流量/(m³/h)	685.39	528.49	394.53	275.78	174.77	103.21	72.783	47.654	27.484	19.611	11.913	7.1294	5.4053	3.0918	1.92417	1.05876
	冷冻水/(Pa/m)	50	58	70	87	116	161	200	261	370	460	633	883	1058	1528	2094	3129
	冷却水/(Pa/m)	59	69	83	104	140	195	245	322	461	576	801	1131	1364	2000	2778	4229

水流速/(m/s)	公称内径/mm	15	20	25	32	40	50	65	80	100	125	150	200	250	300	350	400
	实际内径/mm	15.8	21.3	27	35.7	41	53	68	80.5	106	131	156	203	255	305	353	402
1.6	冷量/kW	6.5565	11.916	19.15	33.47	44.15	73.77	124.4	170.2	295.1	450.7	639.2	1082	1708	2443	3273	4244
	流量/(m³/h)	1.12935	2.05245	3.2979	5.7657	7.6047	12.708	20.919	29.316	50.831	77.635	110.09	186.43	294.17	420.84	563.72	731.08
	冷冻水/(Pa/m)	3546	2374	1732	1200	1001	718	521	420	296	227	182	131	99	79	66	56
	冷却水/(Pa/m)	4806	3157	2273	1551	1286	911	654	524	366	278	222	159	119	95	79	67
1.7	冷量/kW	6.9663	12.66	20.34	35.56	46.94	78.39	129	180.8	313.5	478.9	679.1	1150	1815	2596	3477	4510
	流量/(m³/h)	1.19993	2.18073	3.504	6.126	8.08	13.502	22.226	31.148	54.007	82.487	116.97	198.08	312.55	447.14	598.95	776.77
	冷冻水/(Pa/m)	3990	2671	1949	1350	1126	807	856	472	333	255	205	148	111	89	74	63
	冷却水/(Pa/m)	5421	3561	2563	1749	1450	1027	738	591	413	314	250	179	134	107	89	76
1.8	冷量/kW	7.3761	13.405	21.54	37.66	9.67	83	136.6	191.5	332	507.1	719	1218	1921	2749	3682	4775
	流量/(m³/h)	1.27052	2.30901	3.7102	6.4864	8.5553	14.296	23.533	32.981	57.184	87.339	123.86	209.73	330.94	473.44	634.18	822.47
	冷冻水/(Pa/m)	4456	2985	2413	1508	1259	903	655	528	372	285	229	165	124	100	83	71
	冷却水/(Pa/m)	6073	3989	2871	1959	1625	1152	827	663	462	351	281	200	150	120	100	85

水流速/(m/s)		公称内径/mm	15	20	25	32	40	50	65	80	100	125	150	200	250	300	350	400
		实际内径/mm	15.8	21.3	27	35.7	41	53	68	80.5	106	131	156	203	255	305	353	402
1.9		冷量/kW	7.7858	14.15	22.74	39.75	52.43	87.61	144.2	202.1	350.4	535.2	759	1285	2028	2901	3886	5040
		流量/(m³/h)	1.3411	2.43728	3.9163	6.8467	9.0306	15.09	24.841	34.813	60.361	92.191	130.74	221.38	349.32	499.74	669.42	868.16
		冷冻水/(Pa/m)	4947	3317	2420	1676	1399	1003	728	587	414	317	255	183	138	111	93	79
		冷却水/(Pa/m)	6761	4441	3196	2182	1809	1282	920	741	515	391	312	223	167	133	111	94
2.0		冷量/kW	8.1956	14.895	23.93	41.83	55.19	92.22	151.8	212.7	368.9	563.4	798.9	1353	2135	3054	4091	5305
		流量/(m³/h)	1.41168	2.56556	4.1224	7.2071	9.5059	15.885	26.148	36.645	63.538	97.043	137.62	233.03	367.71	526.05	704.65	913.85
		冷冻水/(Pa/m)	5477	3666	2675	1853	1547	1108	805	649	458	350	281	203	153	122	102	87
		冷却水/(Pa/m)	7487	4918	3539	2416	2003	1418	1019	816	570	433	346	247	185	148	123	104
2.1		冷量/kW	8.6054	15.639	25.13	43.93	57.95	96.83	159.4	223.4	387.3	591.6	838.9	1421	2241	3207	4295	5571
		流量/(m³/h)	1.48227	2.69384	4.3285	7.5674	9.9811	16.679	27.456	38.447	66.715	101.9	144.5	244.68	386.09	552.35	739.88	959.54
		冷冻水/(Pa/m)	6024	4033	2943	2038	1701	1220	886	714	503	385	310	223	168	135	113	96
		冷却水/(Pa/m)	8249	5418	3901	2662	2207	1564	1123	899	628	477	381	272	204	163	135	115

水流速/(m/s)	公称内径/mm	15	20	25	32	40	50	65	80	100	125	150	200	250	300	350	400
	实际内径/mm	15.8	21.3	27	35.7	41	53	68	80.5	106	131	156	203	255	305	353	402
2.2	冷量/kW	9.0152	16.384	26.33	46.03	60.71	101.4	167	234	405.8	619.7	878.8	1488	2348	3359	4500	5836
	流量/(m³/h)	1.55285	2.82212	4.5346	7.9278	10.456	17.473	28.763	40.31	69.892	106.75	151.38	256.34	404.48	578.65	775.11	1005.2
	冷冻水/(Pa/m)	6598	4417	3224	2232	1865	1335	969	782	551	422	339	244	184	148	123	105
	冷却水/(Pa/m)	9048	5943	4279	2920	2422	1715	1232	986	689	523	418	299	224	178	148	126
2.3	冷量/kW	9.425	17.129	27.52	48.12	63.46	106.1	174.6	244.7	421.2	647.9	918.8	1556	2455	3512	4705	6101
	流量/(m³/h)	1.62344	2.9504	4.7408	8.2882	10.932	18.267	30.07	42.142	73.069	111.6	158.26	267.99	422.86	604.95	810.35	1050.9
	冷冻水/(Pa/m)	7198	4818	3516	2425	2032	1458	1058	853	601	461	370	266	201	161	134	115
	冷却水/(Pa/m)	9885	6493	4674	3190	2644	1874	1346	1078	752	572	457	326	244	195	162	138
2.4	冷量/kW	9.8347	17.873	28.72	50.21	66.22	110.7	182.2	255.3	442.6	676.1	958.7	1623	2562	3665	4909	6366
	流量/(m³/h)	1.69402	3.07868	4.9469	8.6485	11.407	19.061	31.378	43.974	76.246	116.45	165.14	279.64	441.25	631.25	845.58	1096.6
	冷冻水/(Pa/m)	7823	5237	3822	2647	2211	1584	1150	927	654	501	402	290	218	175	146	125
	冷却水/(Pa/m)	10758	7066	5087	3472	2880	2039	1465	1173	819	622	497	355	266	212	176	150

续表

水流速/(m/s)		公称内径/mm	15	20	25	32	40	50	65	80	100	125	150	200	250	300	350	400
		实际内径/mm	15.8	21.3	27	35.7	41	53	68	80.5	106	131	156	203	255	305	353	402
2.5		冷量/kW	10.245	18.618	29.92	52.3	68.98	115.3	189.8	265.9	461.1	704.2	998.7	1691	2668	3817	5114	6632
		流量/(m³/h)	1.76461	3.20695	5.153	9.0089	11.882	19.856	32.685	45.806	79.423	121.3	172.02	291.29	459.64	657.56	880.81	1142.3
		冷冻水/(Pa/m)	8475	5673	4140	2868	2393	1717	1246	1004	708	542	436	314	236	190	158	135
		冷却水/(Pa/m)	11669	7665	5517	3766	3120	2213	1589	1272	888	675	539	385	288	230	191	163
2.6		冷量/kW	10.654	19.393	31.11	54.39	71.74	119.9	197.3	276.6	479.5	732.4	1039	1759	2775	3970	5318	6897
		流量/(m³/h)	1.83519	3.33523	5.3591	9.3692	12.358	20.65	33.993	47.639	82.6	126.16	178.9	302.94	478.02	683.86	916.04	1188
		冷冻水/(Pa/m)	9152	6127	4471	3097	2586	1853	1345	1085	765	586	470	339	255	205	171	146
		冷却水/(Pa/m)	12616	8286	5965	4071	3377	2391	1717	1375	960	730	583	416	312	249	207	176
2.7		冷量/kW	11.064	20.108	32.31	56.49	74.5	124.5	204.9	287.2	498	760.6	1079	1826	2882	4123	5523	7162
		流量/(m³/h)	1.90577	3.46351	5.5653	9.7296	12.833	21.444	35.3	49.471	85.777	131.01	185.78	314.59	496.41	170.16	951.28	1233.7
		冷冻水/(Pa/m)	9856	6598	4815	3335	2783	1995	1449	1168	824	631	507	365	275	220	184	157
		冷却水/(Pa/m)	13600	8933	6430	4389	3637	2577	1852	1483	1035	787	622	449	336	268	223	190

水流速/(m/s)		公称内径/mm	15	20	25	32	40	50	65	80	100	125	150	200	250	300	350	400
		实际内径/mm	15.8	21.3	27	35.7	41	53	68	80.5	106	131	156	203	255	305	353	402
2.8		冷量/kW	11.474	20.852	33.51	58.58	77.26	129.1	212.5	297.8	516.4	788.7	1119	1894	2989	4276	5727	7428
		流量/(m³/h)	1.97636	3.59179	5.7714	10.09	13.308	22.238	36.607	51.303	88.954	135.86	192.66	323.24	514.79	736.46	986.51	1279.4
		冷冻水/(Pa/m)	10581	7087	5171	3582	2991	2144	1556	1254	885	677	544	392	295	237	198	169
		冷却水/(Pa/m)	14621	9604	6913	4718	3913	2772	1991	1594	1113	846	675	482	361	288	240	204
2.9		冷量/kW	11.884	21.597	34.7	60.67	80.02	133.7	220.1	308.5	534.9	816.9	1158	1962	3095	4428	5932	7693
		流量/(m³/h)	2.04694	3.72007	5.9775	10.45	13.783	23.033	37.915	53.135	92.13	140.71	199.54	337.9	533.18	762.77	1021.7	1325.1
		冷冻水/(Pa/m)	11587	7593	5540	3837	3202	2296	1667	1344	948	726	853	420	316	254	212	181
		冷却水/(Pa/m)	15679	10200	7413	5059	4193	2972	2134	1710	1198	907	724	517	387	309	257	219
3.0		冷量/kW	12.293	22.342	35.9	62.76	82.78	138.3	227.7	319.1	553.3	845.1	1198	2029	3202	4581	6136	7958
		流量/(m³/h)	2.11753	3.84834	6.1836	10.811	14.259	23.827	39.222	54.968	95.307	145.57	206.43	349.55	551.56	789.07	1057	1370.8
		冷冻水/(Pa/m)	12123	8116	5923	4102	3425	2456	1782	1437	1013	776	623	449	338	271	227	193
		冷却水/(Pa/m)	16775	11018	7933	5412	4489	3181	2284	1829	1277	970	775	553	414	331	275	233

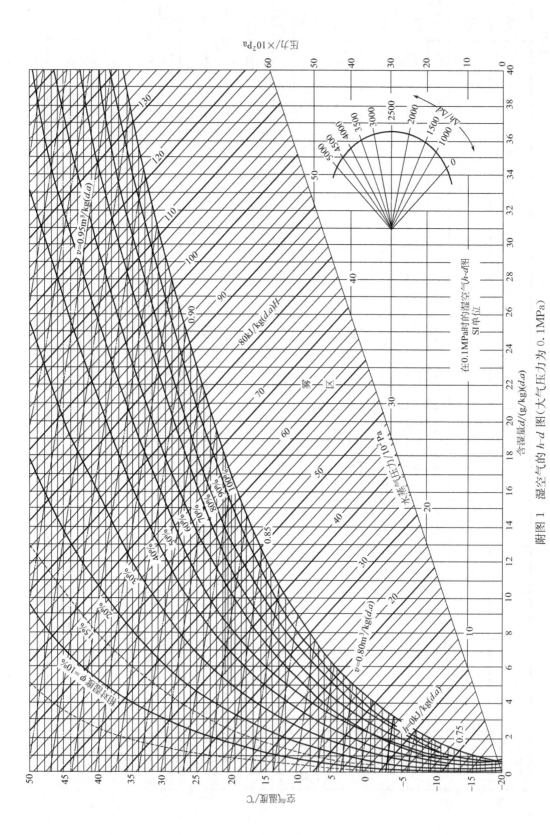

附图 1　湿空气的 h-d 图（大气压力为 0.1MPa）

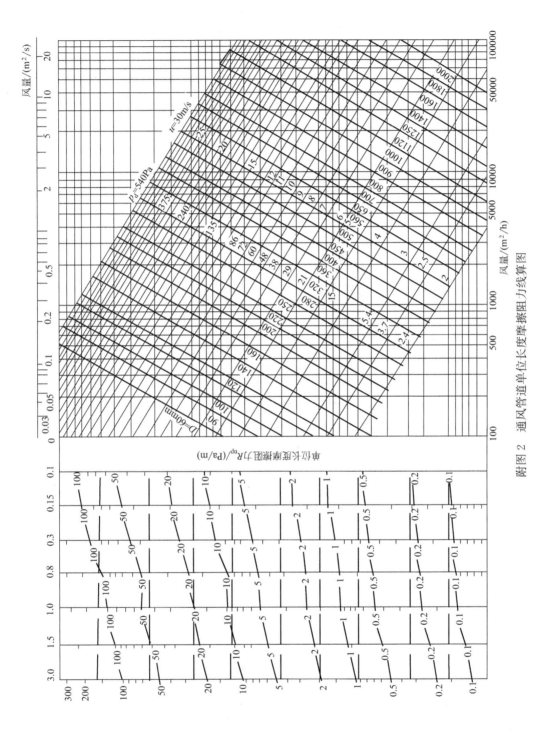

附图 2　通风管道单位长度摩擦阻力线算图

参 考 文 献

［1］ 吴继红，李佐周．中央空调工程设计与施工［M］．北京：高等教育出版社，2001.

［2］ 何耀东．中央空调实用技术［M］．北京：冶金工业出版社，2006.

［3］ 陈焰华．家用中央空调系统设计与实例［M］．北京：机械工业出版社，2003.

［4］ 张国东．地源热泵应用技术［M］．北京：化学工业出版社，2014.

［5］ 戴路玲．空调系统及设计实例［M］．北京：化学工业出版社，2013.

［6］ 尉迟斌，卢士勋，周祖毅．实用制冷与空调工程手册［M］．第2版．北京：机械工业出版社，2013.

［7］ 朱勇等．中央空调［M］．北京：人民邮电出版社，2003.

［8］ 何耀东等．中央空调［M］．北京：冶金工业出版社，1998.

［9］ 陆耀庆．暖通空调设计指南［M］．北京：中国建筑工业出版社，1996.

［10］ 申小中．空调技术［M］．北京：化学工业出版社，2006.

［11］ 马最良等．民用建筑空调设计［M］．北京：化学工业出版社，2003.

［12］ 盖潇筱，卢毓斌，冯杰．江苏盛泽医院暖通空调设计［J］．制冷与空调，2008（1）：68-71.

［13］ 刘玉春等．北京望京绿地中心暖通空调设计［J］．暖通空调，2015（2）：87-89.